生物化学与细胞分子生物学实验

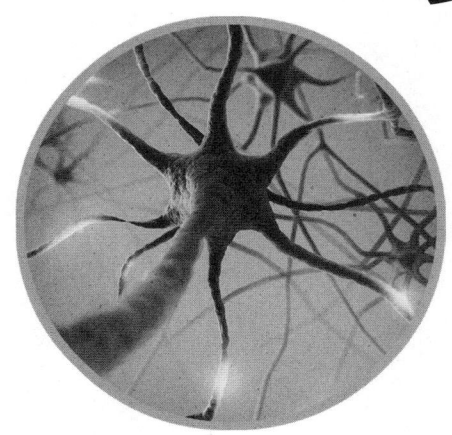

SHENGWU HUAXUE
YU XIBAO FENZI SHENGWUXUE
SHIYAN

主 编 ◎ 赵佳福

西南大学出版社
国家一级出版社 全国百佳图书出版单位

图书在版编目(CIP)数据

生物化学与细胞分子生物学实验/赵佳福主编. --重庆:西南大学出版社,2023.5
ISBN 978-7-5697-1849-2

Ⅰ.①生… Ⅱ.①赵… Ⅲ.①生物化学-高等学校-教材②细胞生物学-分子生物学-实验-高等学校-教材 Ⅳ.①Q5②Q7-33

中国国家版本馆CIP数据核字(2023)第082183号

生物化学与细胞分子生物学实验
主编　赵佳福

责任编辑:伯古娟
责任校对:杨光明
整体设计:闻江文化
排　　版:杜霖森
出版发行:西南大学出版社
印　　刷:重庆天旭印务有限责任公司
幅面尺寸:195 mm×255 mm
印　　张:15.75
字　　数:351千字
版　　次:2023年5月　第1版
印　　次:2023年5月　第1次印刷
书　　号:ISBN 978-7-5697-1849-2
定　　价:58.00元

编委会

主 编

赵佳福

副主编

段志强　马小彦　王　彬　陈　祥

编 者

马小彦(贵州理工学院)　　王　玲(西南大学)

王　彬(贵州大学)　　　　许存宾(贵州理工学院)

刘金河(贵州医科大学)　　朱　敏(贵州大学)

李　利(四川农业大学)　　李　辉(贵州大学)

李文婷(河南农业大学)　　李世军(贵州大学)

陈　伟(贵州大学)　　　　陈　祥(贵州大学)

林瑞意(福建农林大学)　　易　琼(贵州大学)

段志强(贵州大学)　　　　贺晓龙(延安大学)

赵佳福(贵州大学)　　　　郭俊峰(贵州中医药大学)

龚　婷(贵州大学)

前言

随着生物化学与细胞分子生物学实验技术的快速发展,生命科学研究在理论与应用上都取得了惊人的进展。生物化学与细胞分子生物学作为现代生命科学的重要分支,其相关技术已成为生命科学各领域研究的常规技术。在目前乃至今后很长一段时间内,生物化学与细胞分子生物学学科仍将以实验实践为核心。生物化学与细胞分子生物学在很多农林牧渔类本科院校的相关专业被列为专业选修课程,然而在全国硕士研究生扩招的大背景下,传统的农林牧渔类专业核心课,并不能满足学生在硕士阶段的知识储备和实验技术需求。因此,在大学期间加强对本科生生物化学与细胞分子生物学实验技术能力的培养显得尤为重要。本教材编写委员会通过对不同高校农林牧渔类相关专业本科教学培养方案的调研、分析和评估,从实际出发,组织贵州理工学院、西南大学、贵州大学、贵州医科大学、河南农业大学、四川农业大学、福建农林大学、延安大学和贵州中医药大学9所高校从事生物化学、分子生物学、细胞生物学教学的一线教师编写了本实验教材。

本教材针对农林牧渔类相关专业生物化学、分子生物学、细胞生物学学科发展特点,综合考虑了不同教学单位的教学资源、实验材料来源、教学课时设置等状况,并从实验的重要性、实用性、学生创新能力培养等方面进行综合考量编写而成。全书分为生物化学实验、分子生物学实验和细胞生物学实验三部分,每部分分为基础实验和综合实验。其中,基础实验安排了生物化学、分子生物学和细胞生物学实验课程中较为常用的10个实验,主要供本科生实验教学使用;综合实验安排了6个综合性实验,主要供农林牧渔相关专业硕士研究生参考。此外,我们在附录中编写了实验室常用仪器设备使用和日常维护注意事项,供广大读者在实验室仪器的日常管理中作参考。全书共编写实验48个,基本涵盖了生物化学、分子生物学、细胞生物学实验教学的主要内容,除适用于农林牧渔类相关专业本科生、研究生学习使用外，对理学、医学各科学生的实验操作也有一定的参考价值。

尽管本书参编人员均为从事生物化学、分子生物学和细胞生物学教学多年的一线教师，大家也付出了最大的努力来编写本教材，但受能力所限，本书难免会有诸多不尽如人意的地方。恳请读者在使用过程中提出宝贵意见，以便更好地完善本教材，使教材更好地适应生命科学学科发展和创新型人才培养的需求。

赵佳福
2023 年 2 月

目录
CONTENTS

Part 1 第一部分 生物化学实验

一、基础实验 ……………………………………………………………… 2
实验一　糖的呈色反应和定性鉴定 ………………………………… 2
实验二　还原糖和总糖的测定 ……………………………………… 7
实验三　粗脂肪的提取和测定 ……………………………………… 11
实验四　茚三酮法测定氨基酸总量 ………………………………… 15
实验五　细胞总蛋白的提取 ………………………………………… 19
实验六　细胞蛋白浓度的测定 ……………………………………… 24
实验七　等电聚焦-聚丙烯酰胺凝胶电泳法测定蛋白质等电点 …… 29
实验八　酶活力的测定 ……………………………………………… 33
实验九　酶的特异性及温度、pH对酶活性的影响 ………………… 39
实验十　蔗糖酶动力学参数的测定 ………………………………… 43

二、综合实验 ……………………………………………………………… 49
实验十一　蛋白质印迹法检测目的蛋白的表达 …………………… 49
实验十二　实验动物血清、血浆和无蛋白血滤液的制备 ………… 57
实验十三　血清中葡萄糖、尿素的测定 …………………………… 60
实验十四　血清中胆固醇、甘油三酯的测定 ……………………… 65
实验十五　血清中磷脂、游离脂肪酸的测定 ……………………… 70
实验十六　酮体测定法检测动物肝脏脂肪酸的β-氧化 …………… 74

Part 2 第二部分
分子生物学实验

一、基础实验 ·············· 80
- 实验一　动物组织、细胞基因组DNA的提取与鉴定 ·············· 80
- 实验二　细胞总RNA的提取（Trizol抽提法）·············· 84
- 实验三　真核细胞mRNA的分离纯化 ·············· 87
- 实验四　PCR技术 ·············· 90
- 实验五　RT-PCR技术 ·············· 93
- 实验六　实时荧光定量PCR技术 ·············· 96
- 实验七　感受态细胞的制备 ·············· 100
- 实验八　连接转化实验 ·············· 103
- 实验九　质粒DNA提取与鉴定 ·············· 108
- 实验十　蛋白质的原核表达和纯化 ·············· 114

二、综合实验 ·············· 120
- 实验十一　酵母双杂交系统检测蛋白质相互作用 ·············· 120
- 实验十二　免疫共沉淀检测蛋白质相互作用 ·············· 128
- 实验十三　Pull-down检测蛋白质相互作用 ·············· 133
- 实验十四　激光共聚焦观察蛋白质的细胞内定位 ·············· 139
- 实验十五　酵母单杂交检测蛋白质与核酸相互作用 ·············· 144
- 实验十六　染色质免疫沉淀检测蛋白质与核酸相互作用 ·············· 150

Part 3 第三部分 细胞生物学实验

一、基础实验 ······ 156
 实验一 原代细胞的分离、培养与鉴定 ······ 156
 实验二 细胞生长曲线及分裂指数的测定 ······ 160
 实验三 细胞冻存与复苏 ······ 163
 实验四 细胞转染 ······ 167
 实验五 细胞增殖检测 ······ 172
 实验六 细胞划痕实验 ······ 177
 实验七 细胞迁移和侵袭的检测 ······ 180
 实验八 细胞集落形成实验 ······ 184
 实验九 细胞周期和细胞凋亡的检测 ······ 187
 实验十 睾丸组织形态学观察 ······ 192

二、综合实验 ······ 197
 实验十一 免疫组织化学实验 ······ 197
 实验十二 双荧光素酶报告基因检测 miRNA 与目的基因的靶向互作 ······ 202
 实验十三 酶联免疫吸附测定实验（ELISA） ······ 206
 实验十四 稳定转染细胞株的构建与筛选 ······ 210
 实验十五 姐妹染色单体交换频率检测 ······ 216
 实验十六 细胞外泌体的分离与鉴定 ······ 220

附 录 ······ 225
 主要参考文献 ······ 241

第一部分

生物化学与细胞分子生物学实验

SHENGWU HUAXUE YU XIBAO FENZI
SHENGWUXUE SHIYAN

生物化学实验

一、基础实验

实验一 糖的呈色反应和定性鉴定

　　糖类是四大类生物大分子之一,广泛存在于生物界中,是地球上数量最多的一类有机化合物,占地球总生物量干重的一半以上。糖类物质来源于植物细胞的光合作用,大多数糖类物质是由碳、氢、氧三种元素构成的多羟基的醛类、酮类或其衍生物,其化学式为$(CH_2O)_n$或者$C_n(H_2O)_m$,其中氢和氧的原子数比例常与水分子相同,为2∶1,因此糖类物质又称为碳水化合物。

　　糖类是生物体生命活动所需能量的主要来源,参与细胞的多种代谢过程。根据糖类物质的聚合度可以分为单糖、寡糖和多糖。单糖是糖的最基本组成单位,是不能被水解成更小分子的糖类,如葡萄糖、果糖、核糖和脱氧核糖等;寡糖和多糖是由单糖组成的。根据分子中的官能团是醛基还是酮基可以将单糖分为醛糖(aldose)和酮糖(ketose)。寡糖是由2~10个单糖组成的糖类,常见如二糖(蔗糖、麦芽糖和乳糖等)、三糖(棉子糖等)。多糖是水解时产生10个以上单糖分子的糖类,根据聚合单糖的种类,多糖可分为同多糖(如淀粉、糖原、纤维素和壳聚糖等)和杂多糖(果胶、半纤维素、肽聚糖和糖胺聚糖等)两类。

　　糖类物质在自然界中分布很广,存在的形式和含量各不相同,因而对糖类物质的分析测定具有十分重要的意义。糖经浓无机酸处理,脱水产生糠醛或糠醛衍生物(如戊糖形成糠醛,己糖形成羟甲基糠醛);糖能与酚类缩合形成有色物质,即糖的呈色反应。此外,还原糖中的自由醛基或酮基,在碱性溶液中能将金属离子(铜、铋、汞、银等)还原,从而发生特定的颜色变化或生成特定颜色的产物,如将Cu^{2+}还原成红色或黄色的Cu_2O,糖本身被氧化成酸类化合物。利用糖的这种呈色反应或生成特定颜色的产物等性质,可以定性地区分不同类型的糖类、鉴定还原糖或定量分析糖的含量。

【实验目的】

(1)学习鉴定糖类及区分不同类型糖的方法。
(2)了解糖的基本性质及还原糖的鉴定方法。

【实验原理】

莫氏(Molisch)实验:糖经浓无机酸(浓硫酸、浓盐酸)脱水产生糠醛或糠醛衍生物,后者在浓无机酸的作用下,能与α-萘酚生成紫红色缩合物,常用来鉴定糖类物质。

蒽酮(Anthrone)实验:糖经浓酸作用后生成的糠醛及其衍生物,能与蒽酮(9,10-二氢蒽-9-酮)作用,生成蓝绿色复合物,可用于鉴定糖类物质或用比色法测定糖的含量。

塞氏(Seliwanoff)实验:该反应是鉴定酮糖的特殊反应。酮糖在浓酸的作用下,脱水生成5-羟甲基糠醛,后者与间苯二酚作用,呈红色反应,反应仅需20~30 s;有时亦同时产生棕色沉淀,此沉淀溶于乙醇后为鲜红色溶液。醛糖只有在浓度较高或长时间煮沸时,才产生微弱的阳性反应。

费林(Fehling)实验:在碱性溶液中,具有自由醛基或酮基的糖将金属离子(铜、铋、汞、银等)还原,糖本身被氧化成酸类化合物。费林试剂和班氏试剂均为含 Cu^{2+} 的碱性溶液,能被还原糖还原成红色或黄色的 Cu_2O。此法常用作还原糖的定性或定量测定。

班氏(Benedict)实验:又称本尼迪克特或班乃德实验,班氏试剂以柠檬酸钠作为络合剂,由碳酸钠提供碱性环境,$CuSO_4$ 与柠檬酸钠溶液和 Na_2CO_3 溶液混合时生成柠檬酸络铜离子,柠檬酸络铜离子与葡萄糖中的醛基反应生成砖红色沉淀。

巴费德氏(Barfoed)实验:在酸性溶液中,单糖和还原二糖的还原速度有明显差异。单糖在巴费德试剂的作用下能将 Cu^{2+} 还原成砖红色的氧化亚铜,时间约为3 min,而还原二糖则需20 min左右。所以,该反应可用于区别单糖和还原二糖。当加热时间过长时,非还原二糖经水解后也能呈现阳性反应。

【实验试剂】

(1)莫氏试剂:称取α-萘酚2.5 g,溶于95%的乙醇并稀释至50 mL。此试剂需新鲜配制,并贮于棕色试剂瓶中。

(2)蒽酮试剂:取0.2 g蒽酮溶于100 mL浓硫酸中,当日配制。

(3)塞氏试剂:溶50 mg间苯二酚于100 mL盐酸中[$V(H_2O):V(HCl)=2:1$],临用时配制。

(4)费林试剂(A液):称取15 g硫酸铜($CuSO_4 \cdot 5H_2O$)及0.05 g次甲基蓝,溶于水中并稀释至1 000 mL。

费林试剂(B液):称取50 g酒石酸钾钠及75 g氢氧化钠,溶于水中,再加入4 g亚铁氰化钾,完全溶解后,用水稀释至1 000 mL,贮存于橡胶塞玻璃瓶内。临用前将A液、B液等量混匀。

(5)班氏试剂:取无水硫酸铜1.74 g溶于100 mL热水中,冷却后加水稀释至150 mL;取柠檬酸钠173 g,无水碳酸钠100 g和600 mL水共热,溶解后冷却并加水至850 mL,然后将150 mL $CuSO_4$ 溶液倒入混合即成。此试剂可长期保存使用。

(6)巴费德试剂:取16.7 g乙酸铜溶于近200 mL水中,加1.5 mL冰醋酸,用水定容到250 mL。

【实验器材】

胶头吸管、1.5 cm×15 cm试管、试管架、50 mL容量瓶、50 mL烧杯、50 mL棕色瓶、移液管或移液器、水浴锅、棉花或滤纸、玻璃棒多根、电炉(配石棉网)多个。

【实验样本】

(1) 1%蔗糖溶液:称取蔗糖0.5 g,溶于蒸馏水并定容至50 mL。

(2) 1%葡萄糖溶液:称取葡萄糖0.5 g,溶于蒸馏水并定容至50 mL。

(3) 1%果糖溶液:称取果糖0.5 g,溶于蒸馏水并定容至50 mL。

(4) 1%淀粉溶液:将0.5 g可溶性淀粉与少量冷蒸馏水混合成薄浆状物,然后缓缓倾入沸蒸馏水中,边加边搅,最后以沸蒸馏水稀释至50 mL。

(5) 纤维素(棉花或滤纸少量浸在1 mL水中)。

【实验步骤】

1. 莫氏实验

(1) 取5支试管,分别加入1%葡萄糖溶液、1%蔗糖溶液、1%果糖溶液、1%淀粉溶液与蒸馏水1 mL,另取一支试管放入少许纤维素,分别编号和记录。

(2) 然后各加莫氏试剂2~3滴,摇匀。

(3) 将试管倾斜,沿管壁慢慢加入浓硫酸1.5 mL,切勿摇匀,小心竖直,硫酸层沉于试管底部,与糖溶液分成两层,观察液面交界处有无紫红色环出现。

(4) 记录实验结果。

注意事项如下。

(1) 一些非糖物质(如糠醛、糖醛酸等)在此实验中亦呈阳性反应。此外,样液中如含高浓度有机化合物,将因浓硫酸的焦化作用而出现红色,故试样浓度不宜过高。

(2) 亦可用麝香草酚蓝或其他苯酚化合物代替α-萘酚。麝香草酚蓝的优点是溶液比较稳定,且灵敏度与萘酚一样。

2. 蒽酮实验

(1) 取3支试管,各加入蒽酮溶液1 mL,分别编号和记录。

(2) 向试管中分别滴加1%葡萄糖溶液、1%蔗糖溶液和1%淀粉溶液2~3滴,充分混匀,观察各试管的颜色变化并记录。

3. 塞氏实验

（1）取3支试管，分别加入1%葡萄糖溶液、1%蔗糖溶液、1%果糖溶液0.5 mL，编号并记录。

（2）向试管中各加入塞氏试剂2.5 mL，摇匀，同时置于沸水中加热，比较各管颜色变化及红色出现的先后次序。

（3）记录实验结果。

注意：观察各试管颜色变化的时间及颜色的变化过程，并做好记录。

4. 费林实验

（1）取3支试管，分别都加入菲林试剂A液和B液各1 mL，混匀，分别编号和记录。

（2）向试管中分别加入1%葡萄糖溶液、1%蔗糖溶液和1%淀粉溶液1 mL，置沸水中加热数分钟，冷却，观察各试管的颜色变化及是否有砖红色沉淀产生。

（3）记录实验结果。

5. 班氏实验

（1）取3支试管，分别加入1%葡萄糖溶液、1%蔗糖溶液和1%淀粉溶液1 mL，进行编号和记录。

（2）然后在每支试管中加入班氏试剂2 mL，置沸水中加热数分钟，取出冷却，观察各试管的颜色变化及是否有砖红色沉淀产生。

（3）记录实验结果。

注意：观察班氏试剂与费林试剂在反应时间和沉淀生成量等方面的区别。

6. 巴费德氏实验

（1）取3支试管，分别加入1%葡萄糖溶液、1%蔗糖溶液和1%淀粉溶液0.5 mL，进行编号和记录。

（2）然后在每支试管中加入巴费德试剂2 mL，置沸水中加热2~3 min，取出冷却，放置20 min以上，观察各试管的变化。

（3）记录实验结果。

【结果分析】

莫氏实验：能形成紫色环，判断样品为糖类物质。

蒽酮实验：能生成蓝绿色复合物，判断样品为糖类物质。

塞氏实验：样品快速反应（20~30 s）后变成红色，则为酮糖；经过一段时间煮沸才变色，则为醛糖。

费林实验：能形成砖红色沉淀，则为还原糖。

班氏实验：能形成砖红色沉淀，则为还原糖。

巴费德氏实验：快速形成砖红色沉淀，为单糖；较长时间形成砖红色沉淀，则为二糖。

【注意事项】

(1)莫氏反应非常灵敏,0.001%的葡萄糖和0.0001%的蔗糖即能呈现阳性反应。因此,不可在样品中混入纸屑等杂物。当果糖浓度过高时,由于浓硫酸对它的焦化作用,实验将呈现红色及褐色而不呈紫色,故需稀释后再做。

(2)果糖与塞氏试剂反应非常迅速,呈鲜红色,而葡萄糖所需时间较长,且颜色只能为黄色至淡黄色。戊糖亦可与塞氏试剂反应,戊糖经酸脱水生成糠醛,与间苯二酚缩合,生成绿色至蓝色产物。

(3)酮基本身没有还原性,只有在变成烯醇式后,才显示还原作用。

(4)由于糖的还原作用,生成氧化亚铜沉淀的颜色取决于Cu_2O颗粒的大小,Cu_2O颗粒的大小又取决于反应速度。反应速度快时,生成的Cu_2O颗粒较小,呈黄绿色;反应速度慢时,生成的Cu_2O颗粒较大,呈红色。溶液中还原糖的浓度可以从生成沉淀的多少来估计,而不能依据沉淀的颜色来判断。

(5)巴费德氏反应产生的Cu_2O沉淀聚集在试管底部,溶液仍为深蓝色。应注意观察试管底部红色的出现。

(6)实验前鉴定塞氏试剂的有效性:试剂与水按体积比1:4混合,加热煮沸无沉淀方可使用。

(7)实验中需用到浓硫酸等强酸试剂,操作过程中需注意安全。

【思考题】

(1)列表总结和比较本实验六种颜色反应的原理和应用。

(2)班氏试剂和费林试剂同为检验糖类还原性的试剂,使用效果上有何区别?为什么?

(3)本实验提供的试样中,哪些糖具有还原性?请根据其还原性强弱排序。

(4)运用本实验的方法,设计一个鉴定未知糖的方案。

(本实验编者 许存宾)

实验二　还原糖和总糖的测定

还原糖(reducing sugar)是指具有还原性的糖类,即能够还原费林试剂或班氏试剂、托伦试剂的糖,其分子结构中含有还原性基团(如游离的醛基或游离的酮基)。含有游离醛基或酮基的单糖(除二羟丙酮外),不论醛糖还是酮糖都是还原糖;含有游离醛基的大部分二糖(除蔗糖等外)也具有还原性。还原糖主要有葡萄糖、果糖、半乳糖、乳糖、麦芽糖等。非还原糖(non-reducing sugar)指不能还原费林试剂、班氏试剂或托伦试剂的糖。二糖中的蔗糖是非还原糖;由于多糖的还原链末端反应性极差,因此也是非还原糖;单糖、双糖或寡糖在与苷元生成糖苷后,也成为非还原糖。非还原糖主要有淀粉、纤维素、海藻糖、蔗糖、棉子糖等。总糖是指样品中原本有的和水解后能产生具有还原糖的糖,包括所有还原糖和酸水解后能生产还原糖的二糖、多糖等。

总糖和还原糖的测定方法较多,如3,5-二硝基水杨酸(DNS)法、铁氰化钾法、碱性铜试剂法、蒽酮比色法、费林氏容量法等。本实验介绍DNS测定总糖和还原糖,该方法具有简单、快速、灵敏度高的优点。

【实验目的】

(1)了解和掌握DNS法测定还原糖和总糖的基本原理。
(2)区分还原糖和总糖测定过程的异同,掌握具体的操作方法。

【实验原理】

在碱性条件下,还原糖与DNS共热,DNS被还原为3-氨基-5-硝基水杨酸(棕红色物质),在540 nm处有最大光吸收,吸收强度与还原糖的量成一定的比例关系。因此,在540 nm波长下测定棕红色物质的吸光度值(A),利用比色法查标准曲线并计算,便可测定样品中还原糖的含量。总糖则是利用酸水解法将非还原糖(蔗糖、多糖等)彻底水解成还原性的单糖,再利用DNS法测定水解液中的还原糖含量,从而获得样品中原本的还原糖和能在反应条件下水解成还原糖的非还原糖的总和。

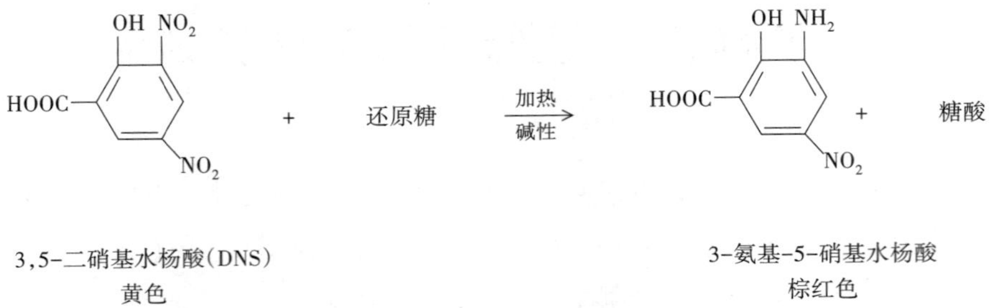

图1-2-1　3,5-二硝基水杨酸法测定还原糖的反应方程式

【实验试剂】

（1）1 mg/mL葡萄糖标准溶液：准确称取105 ℃下烘干至恒重的葡萄糖1.000 0 g，置于小烧杯中，加少量蒸馏水溶解后，转移至1 000 mL容量瓶中，用蒸馏水定容至刻度线，混匀，于4 ℃冰箱中保存备用。

（2）3,5-二硝基水杨酸（DNS）试剂：将6.3 g 3,5-二硝基水杨酸和262 mL 2 mol/L的NaOH（40.0 g氢氧化钠充分溶解于500 mL蒸馏水中）加到含有182 g酒石酸钾钠的500 mL热溶液中，再加入5 g结晶酚和5 g亚硫酸氢钠，搅拌溶解，冷却后加蒸馏水定容到1 000 mL，贮于棕色瓶中。

（3）碘-碘化钾溶液：称取5 g碘、10 g碘化钾溶于100 mL蒸馏水中。

（4）6 mol/L的NaOH：称取120 g NaOH溶于500 mL蒸馏水中。

（5）0.1%的酚酞指示剂：称取0.1 g酚酞，溶于100 mL 70%的乙醇中。

（6）6 mol/L的HCl溶液。

【实验器材】

恒温水浴锅、分光光度计、电子天平、25 mL刻度试管（或比色管）及试管架、玻璃漏斗、50 mL容量瓶、100 mL容量瓶、1 mL和10 mL移液管（或1 mL和5 mL移液器）、10 mL和100 mL量筒等。

【实验样本】

食用面粉或玉米淀粉等。

【实验步骤】

1. 制作葡萄糖标准曲线

取 7 支 25 mL 刻度试管或比色管，编号，按下表操作。

表1-2-1　葡萄糖标准曲线制作加样表

操作项目	试管号						
	0	1	2	3	4	5	6
葡萄糖标准液/mL	0	0.2	0.4	0.6	0.8	1.0	1.2
蒸馏水/mL	2	1.8	1.6	1.4	1.2	1.0	0.8
3,5-二硝基水杨酸/mL	1.5	1.5	1.5	1.5	1.5	1.5	1.5

将各管摇匀，在沸水中加热 5 min，取出后立即放入盛有冷水的烧杯中冷却至室温，再以蒸馏水定容至 25 mL，用试管塞塞住试管口，颠倒混匀。在 540 nm 波长下，用 0 号试管调零，分别读取 1~6 号管的吸光度。

2. 样品中还原糖的提取

准确称取 1 g 食用面粉，放在 100 mL 三角瓶中，先以少量蒸馏水调成糊状，然后加入 40 mL 蒸馏水，搅匀，置于 50 ℃恒温水中保温 20 min，使还原糖浸出。过滤，将滤液全部收集至 50 mL 的容量瓶中，用蒸馏水定容至刻度，混匀，作为还原糖待测液。

3. 样品中总糖的水解和提取

准确称取 1 g 食用面粉，放在 100 mL 的三角瓶中，加入 10 mL 6 mol/L 的 HCl 及 15 mL 蒸馏水，置于沸水中加热水解 30 min，取出1~2滴置于白瓷板上，加1滴碘-碘化钾溶液检测水解是否完全。如已水解完全，则溶液不呈现蓝色；若呈现蓝色则继续加热至完全水解。水解完毕后，取出三角瓶，待水解液冷却后，加入 1 滴酚酞指示剂。以 6 mol/L 的 NaOH 中和至微红色，过滤，再用少量蒸馏水冲洗三角瓶及滤纸，将滤液全部收集到 100 mL 的容量瓶中，用蒸馏水定容至刻度，混匀。精确吸取 10 mL 定容过的水解液，移入另一个 100 mL 的容量瓶中，以水稀释并定容刻度，混匀，作为总糖待测液。

4. 样品中含糖量的测定

分别吸取上述还原糖溶液、总糖溶液或蒸馏水于 25 mL 刻度的试管或比色管中，用与制作标准曲线相同的方法按表1-2-2操作，经沸水浴后于540 nm处测定吸光度值。还原糖和总糖各做3个平行实验。

表1-2-2 含糖量的测定加样表

操作项目	空白 0	还原糖测定试管 1	还原糖测定试管 2	还原糖测定试管 3	总糖测定试管 4	总糖测定试管 5	总糖测定试管 6
还原糖待测液/mL	0	1	1	1	0	0	0
总糖待测液/mL	0	0	0	0	1	1	1
蒸馏水/mL	2	1	1	1	1	1	1
3,5-二硝基水杨酸/mL	1.5	1.5	1.5	1.5	1.5	1.5	1.5

【结果分析】

1. 标准曲线绘制

以吸光度为纵坐标、葡萄糖毫克数为横坐标,绘制标准曲线,并求得标准曲线回归方程,要求$R^2 \geq 0.990$。

2. 测试液还原糖浓度(c)

根据测定的吸光值,在标准曲线上查出相应测试液的还原糖浓度(c)。

3. 还原糖和总糖含量分析

根据测试液的还原糖浓度,计算还原糖和总糖的含量(%),计算方程式如下:

$$含糖量(以葡萄糖计,\%) = c \times V \times 稀释倍数 / (m \times 1\,000) \times 100$$

式中:c——还原糖或总糖提取液的浓度,mg/mL;

V——还原糖或总糖提取液的总体积,mL;

稀释倍数——当含糖量较高时,可对提取液进行适当稀释,本测试中还原糖的稀释倍数为1,总糖的稀释倍数为10;

m——样品质量,g;

1 000——mg换算成g的系数。

【注意事项】

标准曲线制作与样品含糖量测定应同时进行,一起显色和比色。

【思考题】

(1)比色时为什么要设计空白管?

(2)比较费林试剂比色法与3,5-二硝基水杨酸比色法测定可溶性淀粉中还原糖和总糖的结果,这两种方法各有何优点?

(本实验编者 许存宾)

实验三 粗脂肪的提取和测定

脂质(lipid)是一类有机分子,其共同特征是低溶或不溶于水而高溶于非极性溶剂。大多数脂质的化学本质是脂肪酸和醇形成的酯及其衍生物,主要包括油脂和类脂(磷脂、固醇类)。动植物油脂是由甘油和脂肪酸组成的酰基甘油(acylglycerol),其中主要是三酰甘油(triacylglycerol,TAG)或称甘油三酯(triglyceride),此外还有少量二酰甘油和单酰甘油。常温下呈液态的酰基甘油称油(oil),呈固态的称脂或脂肪(fat),脂肪有时也泛指甘油三酯。脂肪广泛存在于许多植物的种子和果实中。测定脂肪的含量,可以作为鉴别种子或果实品质优劣的一个指标。

粗脂肪(crude fat;ether extract,EE)是将分散且干燥的样品用乙醚或石油醚等溶剂回流提取,使样品中的脂肪进入溶剂中,回收溶剂后所得到的残留物。粗脂肪中除真脂肪外,可能还含有其他溶于乙醚或石油醚的有机物质,例如叶绿素、胡萝卜素、有机酸、树脂、脂溶性维生素等。常用于测定脂类的方法有索氏提取法、酸水解法、罗兹-哥特里法、巴布科克氏法、盖勃氏法和氯仿-甲醇提取法等,其中索氏提取法是公认的粗脂肪测定的经典方法,也是我国粮油分析首选的标准方法。

【实验目的】

学习和掌握索氏提取器提取脂肪的原理和方法。

【实验原理】

索氏提取法的原理是将分散且干燥的样品放入滤纸筒内,将滤纸筒置于索氏提取管中,用无水乙醚或石油醚加热回流提取,使样品中的脂肪进入溶剂中,蒸去溶剂后所得到的残留物即为脂肪(或粗脂肪)。样品中的游离脂肪一般都能直接被乙醚、石油醚等有机溶剂抽提,而结合态脂肪不能被直接提取,因此采用这种方法只能测出游离态脂肪。此外,由于索氏提取法提取的脂溶性物质为脂肪类物质的混合物,除含有脂肪外还含有磷脂、色素、树脂、固醇和芳香油等醚溶性物质,所以用索氏提取法测得的脂肪为粗脂肪。

索氏提取法适用于游离的脂类含量较高、结合态的脂类含量较少、能烘干磨细、不宜吸湿结块的样品的测定。此法是抽提脂肪的经典方法,对大多数样品而言结果比较可靠,但费时间,溶剂使用量大,且需专门的索氏提取器(图1-3-1)。

索氏提取器由提取瓶、提取管、冷凝管三部分组成,提取管有虹吸管和通气管。提取时,将待测样品包在脱脂滤纸筒内,再放入提取管内。提取瓶内加入1/2~2/3的无水乙醚或石油醚。加热提取瓶,无水乙醚或石油醚气化,由通气管上升进入冷凝器,凝成液体滴入提取管内,浸提样品中的脂类物质。当提取管内的无水乙醚液面达到一定高度时,溶有粗脂肪的无水乙醚经虹吸管流回提取瓶。流回提取瓶的无水乙醚继续被加热气化、上升、冷凝,滴入提取管内,而粗脂肪留在提取瓶中,如此循环往复,直到样品中的脂肪被抽提完全,流入提取瓶内。最后,将提取瓶中的无水乙醚或石油醚蒸发干,留下不容易蒸发的脂肪,经称重可得粗脂肪含量。

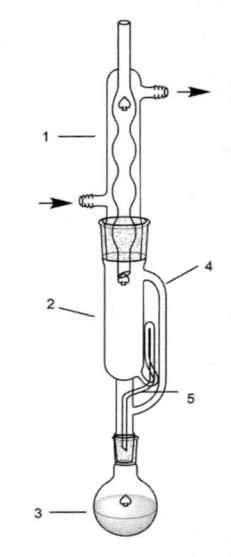

图1-3-1 索氏提取器示意图
1.冷凝管 2.提取管 3.提取瓶 4.通气管 5.虹吸管

【实验试剂】

无水乙醚或石油醚。

【实验器材】

索氏提取器(50 mL),分析天平,烘箱,水浴锅(或加热套、电加热板),脱脂滤纸,脱脂棉,镊子,烧杯等。

【实验样本】

花生仁。

【实验步骤】

1. 滤纸筒制备

将滤纸剪成长方形,卷成圆筒,直径略小于提取管,将圆筒底部封好,最好放一些脱脂棉,避免向外漏样。

2. 样品处理

将干净的花生仁放在80~100 ℃烘箱中烘4 h。待冷却后,称取2.000 0 g,置于研钵中研磨细,将样品及研钵中的残留花生仁一并用脱脂滤纸包扎好,勿使样品漏出。

3. 抽提

(1)将洗净的索氏提取器在105 ℃烘箱内烘干,记录质量。

(2)将无水乙醚加到提取瓶内(约为瓶容积的1/2~2/3),将样品包放入提取管内,连接提取器各部分,注意接口处不能漏气。用电热板加热回馏2~4 h,控制电热板的温度,每小时回馏3~5次为宜,直到用滤纸检验提取管中的乙醚液无油迹为止。

(3)提取完毕,取出滤纸包,再回馏一次,洗涤提取管。当提取管中的无水乙醚液面接近虹吸管口时,倒出无水乙醚。若提取瓶中仍有乙醚,则继续蒸馏,直至提取瓶中无水乙醚完全蒸完。

(4)取下提取瓶,用吹风机在通风橱中将剩下的乙醚吹尽,再放入105 ℃烘箱中烘干至恒重,记录质量。

【结果分析】

分析脂肪含量。

按下式计算样品中粗脂肪的百分含量。

$$粗脂肪的含量(\%) = \frac{(W - W_0)}{m} \times 100$$

式中:W_0——接收瓶重;

W——提取脂肪干燥后接收瓶重;

m——样品质量。

【注意事项】

(1)乙醚易燃、易爆,应注意规范操作,加热时不能用明火。

(2)待测样品若是液体,应将一定体积的样品滴在脱脂滤纸上,在60~80 ℃烘箱中烘干后,放入提取管内。

（3）本法采用沸点低于60 ℃的有机溶剂，不能提取出样品中结合状态的脂类，故此法又称为游离脂类定量测定法。

（4）待测样品若是液体，应将一定体积的样品滴在脱脂滤纸上，在60~80 ℃烘箱中烘干后放入提取管内。

【思考题】

（1）做好本实验应注意哪些事项？

（2）索氏提取法为什么又被称为游离脂类定量测定法？

（本实验编者 许存宾）

实验四 茚三酮法测定氨基酸总量

氨基酸(amino acid, AA)是组成蛋白质的基本单位。自然界中天然存在的氨基酸约300种,组成蛋白质的氨基酸有20余种,称为基本氨基酸。氨基酸分子中都有一个氨基和一个羧基连接在同一个碳原子(C_α)上,这个碳原子还连接一个氢原子和一个侧链基团,这个侧链基团用R表示(如图1-4-1所示),各种氨基酸之间的区别在于R基的不同,如甘氨酸的R基就是一个氢原子(—H),丙氨酸上的R基是一个甲基(—CH_3)。

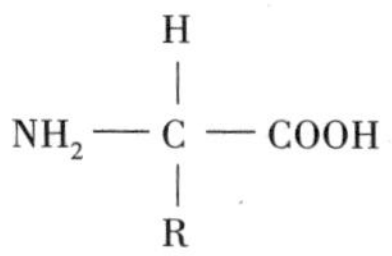

$$NH_2 - \underset{\underset{R}{|}}{\overset{\overset{H}{|}}{C}} - COOH$$

图1-4-1 氨基酸通式

氨基酸在生物体内发挥着重要的生理作用,包括:①合成蛋白质;②变成酸、激素、抗体、肌酸等含氮物质;③转变为碳水化合物和脂肪;④氧化成二氧化碳和水及尿素,产生能量。因此,氨基酸(特别是必需氨基酸)是重要的营养物质,食物中氨基酸的种类、数量及其比例决定了其营养价值。此外,氨基酸具有丰富的味感,在食品中起着调节酸、甜、苦、涩、鲜等滋味的作用,丰富的氨基酸能显著增强食物的鲜味,例如烹饪时添加味精(谷氨酸钠盐)。因此,氨基酸含量的测定,对评价生物体生理状态、食品营养价值等具有重要的意义。

检测氨基酸的方法包括茚三酮反应法、坂口反应法、米伦式反应法、酚试剂反应法、黄蛋白反应法、乙醛酸反应法、埃利希氏反应法、硝普盐反应法、Sulliwan反应法、Folin反应法以及氨基酸分析仪检测法等。茚三酮反应法测定氨基酸含量是目前应用最广泛的方法之一,被用于食品、法医、临床诊断等领域中氨基酸和蛋白质的定性或定量检测。

【实验目的】

掌握茚三酮法测定氨基酸总量的方法和流程。

【实验原理】

凡含有自由氨基的化合物,如蛋白质、多肽、氨基酸(脯氨酸除外)在碱性溶液中与茚三酮共热时生成蓝紫色化合物,反应方程式如图1-4-2所示,该化合物在570 nm处有最大吸收值(A),吸收强度与氨基酸含量成正比,故可用吸光光度法测定样品中氨基酸的含量。

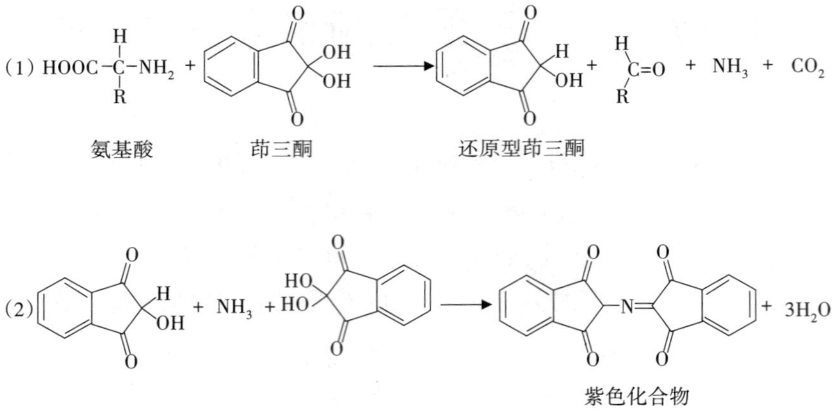

图1-4-2 氨基酸与茚三酮反应方程式

【实验试剂】

1. 2%的茚三酮溶液

称取茚三酮1 g于盛有35 mL热水的烧杯中使其溶解,加入40 mg 氯化亚锡($SnCl_2 \cdot H_2O$),搅拌过滤,滤去残渣。滤液置冷暗处过夜,加蒸馏水定容至50 mL容量瓶中,摇匀备用,保存于冷暗处。

2. pH 8.04的磷酸缓冲液

(1)准确称取磷酸二氢钾(KH_2PO_4) 4.535 0 g于烧杯中,用少量蒸馏水溶解后,定量转入500 mL容量瓶中,用蒸馏水定容至刻度线,摇匀备用。

(2)准确称取磷酸氢二钠(Na_2HPO_4) 11.938 0 g于烧杯中,用少量蒸馏水溶解后,定量转入500 mL容量瓶中,用蒸馏水定容至刻度线,摇匀备用。

(3)取上述配好的磷酸二氢钾溶液10.0 mL与190.0 mL磷酸氢二钠溶液混合均匀即为pH8.04的磷酸缓冲溶液。

3. 200 mg/L的氨基酸标准溶液

准确称取干燥的氨基酸(如甘氨酸、谷氨酸或其他氨基酸)0.200 0 g于烧杯中,先用少量蒸馏水溶解后,定量转入1 000 mL容量瓶中,用蒸馏水定容至刻度线,摇匀,即为200 mg/L的氨基酸标准溶液。

【实验器材】

可见分光光度计、分析天平、容量瓶、移液管(或移液器)、25 mL具塞刻度试管(或比色管)、50 mL烧杯、100 mL烧杯、水浴锅。

【实验样本】

市售酱油。

【实验步骤】

1. 绘制标准曲线

准确吸取 200 mg/L 的氨基酸标准溶液 0.0、0.5、1.0、1.5、2.0、2.5、3.0 mL(相当于 0、100、200、300、400、500、600 μg 氨基酸),分别置于 25 mL 刻度试管(或比色管)中(编号 1~7),各加蒸馏水补充至 4.0 mL,然后加入 2% 的茚三酮溶液和 pH 为 8.04 的磷酸盐缓冲溶液各 1 mL,如表 1-4-1 所示,混合均匀,于水浴锅中沸水加热 15 min,取出迅速冷却至室温,加水至刻度线,摇匀。静置 15 min 后,在 570 nm 波长下,以试管 1(空白)为参比液测定其余各溶液的吸光度 A。以吸光度 A 为纵坐标,氨基酸的微克数为横坐标,绘制标准曲线。

表1-4-1 用茚三酮法绘制氨基酸标准曲线的加样表

操作项目	试管号						
	1	2	3	4	5	6	7
氨基酸标准溶液/mL	0	0.5	1	1.5	2.0	2.5	3.0
蒸馏水/mL	4.0	3.5	3.0	2.5	2.0	1.5	1.0
2%的茚三酮溶液/mL	1	1	1	1	1	1	1
pH8.04的磷酸缓冲溶液/mL	1	1	1	1	1	1	1

2. 样品的处理

量取 0.5 mL 的酱油于 50 mL 烧杯中,加入 5 g 活性炭和 40 mL 蒸馏水,在电炉上加热至 80 ℃ 左右,保持半小时后过滤至 100 mL 容量瓶中,用蒸馏水将滤渣清洗数遍后转移至容量瓶中,定容至刻度线备用。

3. 样品测定

吸取样品溶液 1 mL(根据预实验可适当增减 1~4 mL),按标准曲线制作步骤,在相同条件下测定吸光度 A 值,测得的 A 值在标准曲线上可查得对应的氨基酸微克数,重复三次。

【结果分析】

1. 标准曲线绘制

以吸光度值 A 为纵坐标,氨基酸的微克数为横坐标,绘制标准曲线,并求得标准曲线回归方程,要求 $R^2 \geq 0.990$。

2. 样品溶液氨基酸含量（C）

根据标准曲线,查得样品溶液氨基酸含量（C）。

3. 氨基酸含量分析

$$氨基酸含量（\mu g/mL）= \frac{C \times K}{V} \times 100$$

式中：C——从标准曲线上查得的氨基酸含量，μg；

K——稀释倍数；

V——测定时取样量，mL。

【注意事项】

（1）茚三酮受阳光、空气、温度、湿度等因素的影响而被氧化呈淡红色或深红色，使用前须进行纯化，方法如下：取10 g茚三酮溶于40 mL热水中，加入1 g活性炭，摇动1 min，静置30 min，过滤，将滤液放入冰箱中过夜，即出现蓝色结晶，过滤，用2 mL冷水洗涤结晶，置于干燥器中干燥，装瓶备用。

（2）通常采用的样品处理方法为：准确称取粉碎样品5~10 g或吸取样液样品5~10 mL置于烧杯中，加入50 mL蒸馏水和5 g左右的活性炭，加热煮沸，过滤，用30~40 mL热水洗涤活性炭，收集滤液于100 mL容量瓶中，加水至刻度线，摇匀备测。

【思考题】

如果待测样品中含有蛋白质，是否需要除去蛋白质？

（本实验编者 许存宾）

实验五 细胞总蛋白的提取

蛋白质是包括人类在内的各种生物有机体的重要组成成分,是生命的物质基础之一。生物体的生长、发育、遗传和繁殖等一切生命活动都离不开蛋白质。早在18世纪,人们发现加热鸡蛋清会使其从液态变为固态,并且这个改变过程不可逆。这是对蛋白质的最早认识。法国化学家马凯尔把鸡蛋清类的物质称为"蛋白性"物质。瑞典化学家贝采利乌斯最早提出蛋白质的概念。当时蛋白质被简单地定义为"加热易聚集"的物质,并认为蛋白质是生物机体组织的基本构成形式。

对早期的生物化学家来说,研究蛋白质的困难在于难以纯化大量的蛋白质用于研究。后期蛋白质的分离纯化、结构和性质的研究成为蛋白质的研究重点。20世纪50年代,我国科学家确立了合成胰岛素的课题,并于1965年在世界上首次人工合成了具有生物活性的结晶牛胰岛素。随着对分子生物学、结构生物学、基因组学等领域研究的不断深入,人们意识到仅仅依靠基因来分析阐明生命活动的现象和本质是远远不够的。只有从蛋白质的角度进行研究,才能更科学地掌握生命现象和活动规律,更完善地揭示生命的本质。

因此,许多学者将生命科学领域的研究焦点从基因转向蛋白质,使蛋白质成为揭示生命活动现象和分子生物学机理的重要研究对象。研究蛋白质首要的步骤是将目的蛋白从复杂的大分子混合物中提取分离纯化出来,得到高纯度具有生物学活性的目的物。因此,高效的提取技术是蛋白质研究的重要基础和关键步骤。

【实验目的】

(1)掌握高压破碎法提取蛋白质的原理和步骤。
(2)掌握化学破碎法提取蛋白质的原理和步骤。

【实验原理】

为了深入研究蛋白质,首先需要把蛋白质从原来的细胞中以溶解的状态释放出来并且不丢失生物活性。通过一定方法将细胞破碎后,选择合适的缓冲液把总蛋白提取出来,通过离心或者过滤的方式将细胞碎片等不溶物去除,整个环节中裂解是关键步骤。

裂解方法主要有机械法和非机械法。

1. 机械法

(1) 研磨法

该法较适用于植物细胞的裂解。通常将植物组织样本置于液氮中，组织被冻硬后用组织研磨器研磨。当组织材料被破坏时，可以通过添加溶剂来提取总蛋白。

(2) 珠磨法

珠磨法的剪切力比较温和，适用于各种细胞破碎。通常将细胞悬液与玻璃珠或者陶瓷珠混合涡旋，珠子在旋转过程中与细胞充分碰撞产生切变力从而使细胞裂解。

(3) 超声破碎法

超声破碎法比较适用于植物和真菌细胞的裂解。超声破碎的工作原理为利用超声波在液体中的分散效应，使液体发生空化，形成微小气泡并爆炸，产生局部冲击波并通过压力变化破坏细胞壁，从而使细胞裂解。

(4) 高压破碎法

高压破碎法较适合酵母和细菌细胞的破碎。高压破碎的工作原理是利用高压使细胞悬浮液通过针形阀，由于突然减压和高速冲击撞击环使细胞破碎，细胞悬浮液自高压室针形阀喷出时，速度高达每秒几百米，高速喷出的浆液又射到静止的撞击环上，被迫改变方向从出口管流出。细胞在这一系列高速运动过程中经历了剪切、碰撞及由高压到常压的变化，从而造成细胞破碎。

2. 非机械法

(1) 冻结-融化法

冻结-融化法较适合细胞壁比较脆弱的菌体破碎。该方法通常由冷冻和解冻两部分组成，其原理是在冷冻过程中胞内水结晶形成冰晶粒，引起细胞膨胀而破裂，与此同时冷冻会使细胞膜的疏水键结构破裂，从而增加细胞的亲水性。

(2) 渗透压冲击法

渗透压冲击法比较温和，较适合不具有细胞壁或细胞壁强度较弱的细胞的破碎。该方法将细胞放在高渗透压的溶液中，胞内水分渗出，细胞皱缩，平衡后将细胞转入低渗溶液，细胞快速膨胀而引起破裂，它的内含物随即释放到溶液中。

(3) 化学破碎法

化学破碎法较适合哺乳类的动物细胞或细胞壁较脆弱的细胞的破碎。化学破碎法的作用机理是采用酸、碱、表面活性剂和有机溶剂等化学试剂，通过改变细胞壁或膜的通透性从而使细胞内容物选择性地渗透出来。

(4) 酶溶破碎法

酶溶破碎法通用性差，不同菌种需选择不同的酶。酶溶破碎法的作用机理是利用溶解细胞壁的酶处理菌体细胞，使细胞壁部分或完全被破坏后，再利用渗透压冲击等方法破坏细胞膜，从而进一步增大胞内产物的通透性。

无论用哪一种方法破碎组织细胞,都会使细胞内的蛋白质释放到溶液中。在操作过程中可以优化 pH、温度或离子强度等条件,更高效地提取蛋白质。破碎细胞提取蛋白质的同时会释放蛋白酶,这些蛋白酶需要迅速被抑制以维持蛋白质不被降解,加入二异丙基氟磷酸(DFP)可以抑制或减慢自溶作用;加入碘乙酸可以抑制活性中心有巯基的蛋白水解酶的活性,加入苯甲基磺酰氟化物(PMSF)也能清除蛋白水解酶活力。

【实验试剂】

1. 试剂

RIPA 裂解液、苯甲基磺酰氟(PMSF)、磷酸酶抑制剂、氨苄青霉素(Amp)、氯霉素(Chl)、Tris、咪唑、Triton X-100、异丙基硫代-β-D-半乳糖苷(IPTG)、胰蛋白胨、酵母提取物、NaCl、甘油、磷酸缓冲盐溶液(PBS)。

2. 溶液配制

(1) LB 液体培养基:胰蛋白胨 10 g,酵母提取物 5 g,NaCl 10 g,加入 1 L 超纯水溶解,121 ℃高压灭菌 30 min,冷却至室温。

(2) Buffer A:Tris 4.844 g,NaCl 56.52 g,咪唑 0.068 g,PMSF 0.324 g,Triton X-100 2 mL,甘油 200 mL,超纯水溶解定容至 2 L,HCl 调 pH 至 7.9,0.22 μm 滤膜过滤,4 ℃保存。

(3) Amp(100 mg/mL):氨苄青霉素 1.0 g,加 10 mL 超纯水溶解,按 1 mL/份分装,-20 ℃保存。

(4) Chl(34 mg/mL):氯霉素 0.34 g,加 10 mL 无水乙醇溶解,按 1 mL/份分装,-20 ℃保存。

(5) IPTG 溶液(0.1 mol/L):IPTG 0.6 g,超纯水溶解定容至 25 mL,-20 ℃保存。

(6) PC3 细胞的培养基:DMEM/F12(89%)+FBS(10%)+双抗(1%)。

【实验器材】

高压细胞破碎仪、水浴锅、低温离心机、CO_2 培养箱。

【实验样本】

(1) 菌种:重组大肠杆菌 pET-15b-*BLM*[642-1290]-BL21。
(2) 细胞:PC3 细胞。

【实验步骤】

1. 采用高压破碎法提取大肠杆菌的总蛋白

(1) 菌种复苏:取-80 ℃冻存的重组大肠杆菌 pET-15b-*BLM*[642-1290]-BL21 菌种,按 1∶1 000 的比

例接种于 10 mL LB 液体培养基(50 μg/mL Amp+34 μg/mL Chl)中复苏,然后放置于恒温振荡培养箱中培养 6 h(37 ℃、200 r/min)。

(2)菌种扩大培养:将复苏后的菌液按 1∶1 000 的比例接种于 LB 液体培养基中,置于恒温振荡培养箱中培养(37 ℃、200 r/min)至 OD_{600} 值达到 0.6。

(3)蛋白诱导表达:加入终浓度为 0.4 mmol/L 的 IPTG,置于恒温振荡培养箱中培养 18 h(18 ℃、200 r/min)。

(4)收集菌体:将菌液在 4 ℃、4 000 r/min 的条件下离心 15 min,收集离心管底部菌体,加入 40 mL Buffer A 悬浮菌体。

(5)细胞破碎:利用高压细胞破碎仪(压力为 21 kPa)对收集的菌体进行破碎。将高压破碎后的菌液于 4 ℃ 下 13 000 r/min 离心 45 min,收集上清液。上清液即总蛋白。

2. 采用化学破碎法提取 PC3 细胞的总蛋白

(1)材料准备:将离心管、PBS 等放在冰上预冷。

(2)细胞清洗:弃培养基,于培养板、培养皿或培养瓶中加入预冷的 PBS 清洗细胞。

(3)细胞裂解:每 1 mL 裂解液中加入 10 μL PMSF,按照表 1-5-1 所示的细胞量将相应体积的细胞裂解液均匀地加到整个器皿表面,并于 4 ℃ 摇床中裂解 30 min。

表1-5-1　细胞量与裂解液的对应关系(参考)

细胞量/×10⁶	裂解液/μL
0.3	20
0.5	50
1	100
2	200
3	500

(4)转移样本:裂解完成后,用细胞刮刀刮下细胞。并用移液器反复吹打,将裂解的细胞液转移到预冷的离心管中。

(5)离心:裂解完成后,用 15 000 r/min 恒温振荡,4 ℃ 下离心 5 min。上清液即 PC3 细胞的总蛋白。

【结果分析】

提取得到的总蛋白可采用 BCA 方法测定蛋白浓度,详见下一节"实验六　细胞蛋白浓度的测定"。

【注意事项】

使用高压破碎仪破碎细胞时,细胞浓度不宜过大,浓度过大容易堵塞仪器造成仪器损害,使用完毕后及时用缓冲液、蒸馏水等进行多次清洗,直至喷出液体较清澈为止。

破碎细胞提取蛋白质的同时会释放蛋白酶,这些蛋白酶需要迅速被抑制以维持蛋白质不被降解。因此,在蛋白质提取过程中,需要在细胞破碎前加入蛋白酶抑制剂以防止蛋白水解。常用的PMSF可抑制丝氨酸蛋白酶(如胰凝乳蛋白酶、胰蛋白酶、凝血酶)和巯基蛋白酶(如木瓜蛋白酶)。PMSF难溶于水,且在水溶液中非常不稳定,容易分解,30 min就会降解一半,因此提取蛋白时每一步都要加入新鲜的PMSF,样品处理超过1 h,补加一次。

【思考题】

(1)常见的细胞破碎的方法有哪些?

(2)简述有机溶剂法破碎细胞的原理,常用的有机溶剂有哪些?

(本实验编者 马小彦)

实验六 细胞蛋白浓度的测定

蛋白质的定量分析是生物化学和其他生命学科最常涉及的分析内容,是临床诊断疾病及检查健康情况的重要指标,也是很多生物制品、食品质量检测的重要指标。在蛋白质分离纯化过程中,测定蛋白质的浓度是一个很重要的环节,可以帮助人们计算产率、进行物质平衡或测定靶蛋白的特定活力/效力。

蛋白质的定量分析方法最早出现在20世纪50年代早期,大批物理学家和化学家进入生物学领域,并将他们的技术应用于蛋白质的分析和测量当中。Lowry蛋白质分析方法是第一个确定溶液中蛋白质总水平的生化分析方法。

当前蛋白质组的定量分析研究已经引起广泛关注,这为蛋白质的定量研究带来了新的挑战和机遇。常用的蛋白质组的定量分析法包括同位素标记的质谱定量方法以及非标定量法(Label-free)两类。

【实验目的】

(1)掌握紫外吸收法、Folin-酚试剂法(Lowry法)、考马斯亮蓝染色法(Bradford法)以及双辛可宁酸法(BCA法)测定蛋白质浓度的原理。

(2)掌握紫外吸收法和BCA法测定蛋白浓度的步骤。

(3)了解BCA法的优缺点和适用范围。

【实验原理】

蛋白质的浓度可根据蛋白质的与物理和化学性质相关的数据进行推算。其中蛋白质的物理性质包括紫外吸收、折射率、密度等;化学性质包括还原性、络合反应等。

1. 根据蛋白质物理性质测定蛋白质浓度的方法

紫外吸收法:紫外吸收法是常见的测定蛋白质浓度的方法之一。其原理为蛋白质分子中芳香族的氨基酸如酪氨酸、苯丙氨酸和色氨酸残基含有共轭双键,该共轭双键使蛋白质在280 nm附近具有吸收紫外光的性质。蛋白质在0.01~1.0 mg/mL的浓度范围内其吸光度值(也可换算为光密度值)与蛋白质含量成正比。因此可以通过测蛋白质在280 nm下的吸光度值来计算蛋白质的浓度。蛋白样品中如在280 nm附近有吸收杂质会影响实验结果,其中核酸在260 nm处有吸收峰,对实验结果的影响较大。如蛋白样品包含核酸可通过以下公式纠正结果,尽量消除核酸对结果的影响。

$$蛋白质浓度(mg/mL) = 1.45 A_{280} - 0.74 A_{260}$$

另外也可通过测定样品A_{280}与A_{260}的比值来判断蛋白质的纯度。该方法的优点为简单、易操作，蛋白可回收利用；缺点为准确性较差，若样品中含有核酸类物质，对实验结果的影响较大。此外，溶液的pH值会影响蛋白质的吸收峰，因此测定样品时的pH值要尽量与测定标准曲线的pH值一致。

2. 根据蛋白质化学性质测定蛋白质浓度的方法（化学呈色定量法）

化学呈色定量法是最为经典的测定蛋白质浓度的方法，该方法的基本原理是蛋白质与某显色物质结合后，在某个波长下最大吸收峰发生改变。在一定浓度范围内，蛋白浓度与吸光度值成正比。目前最常见的化学呈色定量法包括Folin-酚试剂法、考马斯亮蓝染色法以及双辛可宁酸法。

（1）Folin-酚试剂法

Folin-酚试剂包括Folin-酚甲试剂和Folin-酚乙试剂。Folin-酚甲试剂由酒石酸钾钠、氢氧化钠、碳酸钠以及硫酸铜组成。Folin-酚乙试剂包括磷酸、浓盐酸、钨酸钠、钼酸钠、硫酸锂、溴等。首先蛋白质溶液与Folin-酚甲试剂混合，蛋白质中的肽键在碱性条件下与酒石酸钾钠络铜盐溶液反应生成紫红色络合物。随后加入Folin-酚乙试剂，试剂中的磷钼酸盐-磷钨酸盐被蛋白质中的酪氨酸和苯丙氨酸残基还原，产生深蓝色颜色反应（钼兰和钨兰的混合物）。在一定的反应条件下，蓝色的深浅与蛋白的量成正比。因此，可以通过可见分光光度计测定650 nm处的光吸收值（即吸光度值），利用标准曲线法测定蛋白质的浓度。该方法灵敏度较高，但需要较多试剂，操作过程比较复杂。

（2）考马斯亮蓝染色法

考马斯亮蓝G-250是一种氨基三苯甲烷染料，其结构式如图1-6-1所示。

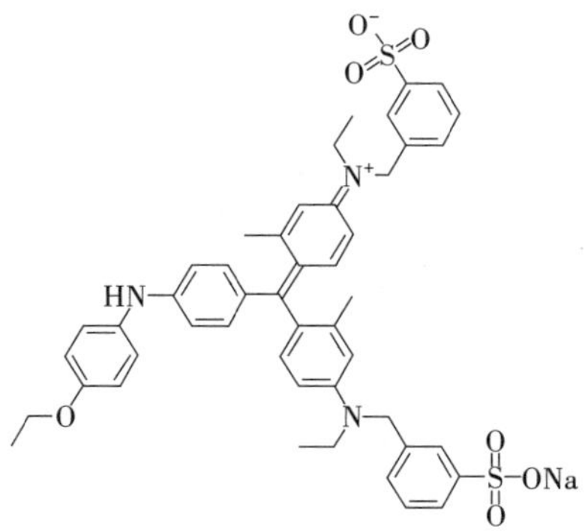

图1-6-1 考马斯亮蓝G-250的分子结构

考马斯亮蓝G-250溶液为棕黑色，最大吸收峰在405 nm，其在酸性环境下可与蛋白质相互作用形成蓝色复合物，最大吸收峰变为595 nm。蛋白浓度在一定的范围内，在595 nm处的吸光度与蛋白质含量成正比，可以用该方法测定蛋白质的含量。考马斯亮蓝染色法的优点在于：灵敏度高，蛋白含量高于10 μg均可以用此方法来测定浓度；简便，可操作性好，干扰因素较少。

（3）双辛可宁酸法（BCA法）

双辛可宁酸,化学名称为2,2-联喹啉-4,4-二甲酸二钠(BCA),其化学结构式如图1-6-2所示。

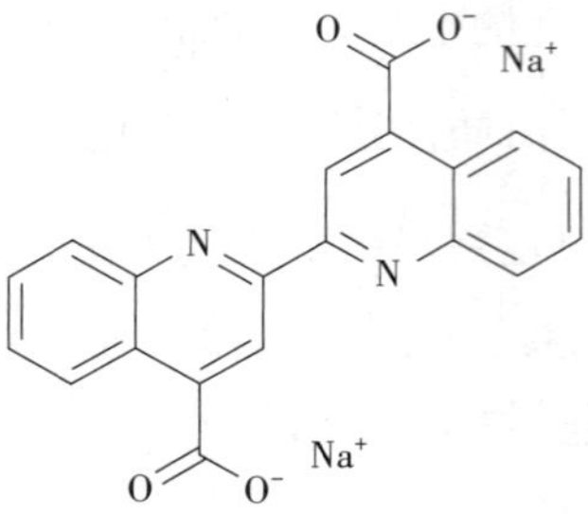

图1-6-2　2,2-联喹啉-4,4-二甲酸二钠(BCA)的分子结构

BCA法的工作原理为在碱性条件下,蛋白质将硫酸铜中的二价铜离子还原成一价铜离子,一价铜离子与BCA螯合形成紫色复合物。该复合物在562 nm处有明显的吸收峰。蛋白质浓度在一定范围内,吸光度值与蛋白质浓度呈现较好的线性关系,因此可通过该方法推算蛋白质浓度。

【实验试剂】

（1）标准牛血清蛋白溶液（1 mg/mL）。

（2）BCA定量试剂盒：含A液和B液。

A液：BCA碱性溶液（1% BCA二钠盐,0.4%氢氧化钠,0.16%酒石酸钠,2%无水碳酸钠,0.95%碳酸氢钠,这些液体混合后再调pH值至11.25）。

B液：4%硫酸铜。

A液与B液按照50∶1（体积）进行混合,得到BCA工作液。

【实验器材】

紫外分光光度计、石英比色皿、试管和试管架、微量移液器和枪头,恒温培养箱。

【实验样本】

PC3细胞总蛋白溶液（来自实验五细胞总蛋白的提取）。

【实验步骤】

1. 紫外分光光度法测定PC3细胞总蛋白的浓度

(1) 用直接测定法测定PC3细胞总蛋白的浓度

使用紫外分光光度计,选择光程1 cm的比色皿,采用PC3细胞总蛋白溶液相应的溶剂作为调零管,分别测定280 nm和260 nm处PC3细胞总蛋白溶液的吸光度值,并利用下面的公式计算蛋白浓度:

$$蛋白质浓度(mg/mL)=1.55A_{280}-0.75A_{260}$$

(2) 用标准曲线法测定PC3细胞总蛋白的浓度

① 绘制蛋白质标准浓度曲线。配制不同浓度的标准蛋白溶液:选择9支试管,编号0~8,按照表1-6-1所示向各试管中分别加入蒸馏水以及标准蛋白溶液,混匀。用紫外分光光度计测定标准蛋白溶液浓度:选择光程1 cm的比色皿,用0号管调零,测定1~8号管280 nm处的吸光度值,并做好记录。绘制标准曲线:以蛋白质浓度(mg/mL)为横坐标,吸光度值为纵坐标绘制标准曲线。

表1-6-1　标准曲线的制备表——紫外分光光度法

试剂	试管编号								
	0	1	2	3	4	5	6	7	8
蒸馏水/mL	4	3.5	3	2.5	2	1.5	1	0.5	0
蛋白质标准溶液/mL	0	0.5	1	1.5	2	2.5	3	3.5	4
蛋白质浓度/mg·mL^{-1}	0	0.125	0.25	0.375	0.5	0.625	0.75	0.875	1

② 测定PC3细胞总蛋白的浓度。测定PC3细胞总蛋白在280 nm处测定吸光度,从标准曲线上读取待测蛋白溶液的浓度值。

2. BCA法测定PC3细胞总蛋白的浓度

(1) 绘制标准曲线:取6支试管,编号0~5,按照表1-6-2里0~5列中的内容加入相应试剂,完成后混匀,水浴锅37 ℃水浴30 min,用紫外分光光度计测定562 nm处的吸光度值。以标准蛋白浓度为横坐标,A_{562}为纵坐标绘制标准曲线。

表1-6-2　标准曲线的制备表——BCA法

试剂	试管编号								
	0	1	2	3	4	5	6	7	8
蒸馏水/μL	100	20	40	60	80	100	80	60	40
蛋白质标准溶液/μL	0	80	60	40	20	0	—	—	—
待测蛋白溶液/μL	—	—	—	—	—	—	20	40	80
蛋白质浓度/mg·mL^{-1}	0	0.2	0.4	0.6	0.8	1			
BCA工作液/mL	2	2	2	2	2	2	2	2	2

(2)测定PC3细胞总蛋白的浓度

另取3支试管,编号6~8,按照表1-6-2中7~9列中的内容加入相应试剂,混匀,37 ℃水浴30 min,用紫外分光光度计测定562 nm处的吸光度值。在标准曲线中读取PC3细胞总蛋白的稀释浓度,每组乘以相应稀释倍数后得到PC3细胞总蛋白的浓度,取平均值,最终得到PC3细胞总蛋白的浓度。

【注意事项】

(1)紫外分光光度法适合测定的蛋白浓度范围为0.01~1.0 mg/mL,如果蛋白浓度超过1.0 mg/mL,须将蛋白稀释到该浓度范围内。

(2)如果采用标准曲线法测定蛋白浓度,所测定的蛋白含有酪氨酸和色氨酸的含量尽量与标准蛋白一致,否则会产生较大的误差。

(3)BCA工作液在室温下24 h内稳定,故现用现配。螯合剂如EDTA,还原剂如DTT等会影响BCA法测定蛋白浓度的实验结果,因此实验试剂应避免出现该类试剂。

(4)BCA法测定蛋白浓度时,吸光度可随时间的延长不断增加,且显色反应会随温度升高而加快,故如果浓度较低,适合较高温度孵育或延长孵育时间。

(5)标准蛋白液的加量应当准确,如果加量不准确,会导致制作出来的标准曲线出现偏差,影响待测样品的浓度计算,所以一方面需要用梯度稀释的方法来配制标准蛋白液,另一方面应使用精确度高的移液枪。

【思考题】

(1)描述采用紫外吸收法测定蛋白质浓度的优点和缺点。

(2)如果蛋白质样品中含有一些紫外吸收类的杂质,应该如何进行校正?

(3)简述BCA法测定蛋白浓度的优缺点。

(本实验编者 马小彦)

实验七 等电聚焦-聚丙烯酰胺凝胶电泳法测定蛋白质等电点

蛋白质既含有能解离成带正电荷的氨基,又含有能解离成带负电荷的羧基,蛋白质是典型的两性物质。蛋白质在溶液中的游离状态受溶液 pH 值的影响,在酸性环境中,蛋白质分子电离成阳离子,在碱性环境中,则电离成阴离子,蛋白质在某一 pH 值的溶液中所带正、负电荷的量相等时,被称为兼性离子(两性离子)。蛋白质以兼性离子状态存在时溶液的 pH 值即为该蛋白质的等电点(PI)。在等电点时,蛋白质溶解度最小,容易以沉淀形式析出。因此,可以调节蛋白质溶液的 pH,通过观察蛋白质的沉淀情况来粗略测定该蛋白质的等电点。

等电聚焦是 20 世纪 60 年代中期问世的一种利用有 pH 梯度的介质分离等电点不同的蛋白质的电泳技术。该方法分辨率高(精密度可达 0.01pH 单位),灵敏度高(最低检出量达 0.1 ng),电泳区带狭窄并且重复性好,因此该方法广泛应用于生物学的各个领域。

【实验目的】

(1)初步学会沉淀法粗测蛋白质的等电点。
(2)掌握聚丙烯酰胺凝胶垂直管式等电聚焦电泳技术。

【实验原理】

蛋白质分子是两性电解质,当调节溶液的酸碱度,使蛋白质分子上所带的正负电荷相等时,在电场中,该蛋白质分子既不向正极移动,也不向负极移动,这时溶液的 pH 值,就是该蛋白质的等电点。不同蛋白质的等电点不同。在等电点时,蛋白质的溶解度最小,容易沉淀析出。因此,可以借助在不同 pH 溶液中的某蛋白质的溶解度来粗略测定该蛋白质的等电点。

等电聚焦就是在电泳介质中放入载体两性电解质,当通以直流电时,两性电解质即形成一个由阳极到阴极的线性 pH 梯度,在此体系中,两性物质处在低于其本身等电点的环境中则带正电荷,向负极移动;若其处在高于其本身等电点的环境中,则带负电向正极移动。当泳动到其自身特有的等电点时,其净电荷为零,泳动速度下降到零,不同的两性物质即移动到或聚焦于其相当的等电点位置上,也就是说被聚焦于一个狭窄的区带中,完成不同等电点物质的分离和鉴定。等电聚焦的特点就在于它利用了一种称为载体两性电解质的物质在电场中构成连续的 pH 梯度,使蛋白质或其他具有两性电解质性质的样品进行聚焦,从而达到分离、测定和鉴定的目的。

【实验试剂】

实验1试剂:1 mol/L的醋酸(每组自配0.1 mol/L的醋酸、0.01 mol/L的醋酸)。0.5%的酪蛋白溶液:称取2.5 g酪蛋白,放入烧杯中,加入40 ℃的蒸馏水,再加入50 mL 1 mol/L的氢氧化钠溶液,微热搅拌直到蛋白质完全溶解为止。将溶解好的蛋白溶液转到500 mL容量瓶中,并用少量蒸馏水洗净烧杯,一并倒入容量瓶。在容量瓶中再加入1 mol/L的醋酸溶液50 mL,摇匀,再加蒸馏水定容至500 mL,得到略显混浊的、在0.1 mol/L NaAc溶液中的酪蛋白溶液。

实验2试剂:30%的丙烯酰胺:甲叉双丙烯酰胺(29∶1);载体两性电解质 Ampholine(40%,pH 3.5~9.5);10%的过硫酸铵溶液;N,N,N',N'四甲基乙二胺(TEMED);5%的磷酸溶液;2%的NaOH溶液;10%的三氯乙酸溶液;人血红蛋白溶液。

【实验器材】

实验1器材:天平、水浴锅、移液器及枪头、试管等。

实验2器材:电泳仪、垂直管式圆盘电泳槽一套、注射器与针头、移液器及枪头、小烧杯若干、培养皿一套、直尺、小刀、pH计、塑料薄膜和橡皮筋。

【实验步骤】

1. 沉淀法粗测酪蛋白的等电点

(1)取5支同种规格的试管,编号,按表1-7-1的顺序准确加入各种试剂,特别注意0.5%的酪蛋白溶液最后加入,然后逐一振荡试管,使试管混合均匀。

表1-7-1 沉淀法粗测酪蛋白的等电点加样表

编号	蒸馏水/mL	1 mol/L的醋酸/mL	0.1 mol/L的醋酸/mL	0.01 mol/L的醋酸/mL	溶液pH值	0.5%的酪蛋白溶液/mL	浑浊度
1	8.4			0.6	5.9	1.0	
2	8.7		0.3		5.3	1.0	
3	8.0		1.0		4.7	1.0	
4			9.0		4.1	1.0	
5	7.4	1.6			3.5	1.0	

(2)将上述试管于试管架上静置15 min后,仔细观察,比较各管的浑浊度,将观察的结果记录于表格内,并指出酪蛋白的等电点。

2. 等电聚焦电泳精确测定酪蛋白的等电点

(1) 制备凝胶：按表1-7-2配制10 mL工作胶液，均匀后立即注入已准备好的凝胶管中，胶液加至离管顶部1 cm处，缓慢在胶面上再覆盖3 mm厚的水层，室温下放置20~30 min即可聚合。每组平行制备两个凝胶管。

表1-7-2　凝胶配制表

试剂	加入量
蒸馏水	7.4 mL
30%的丙烯酰胺:甲叉双丙烯酰胺(29:1)	2.0 mL
两性电解质Ampholine(40%,pH3.5~9.5)	0.4 mL
人血红蛋白溶液	0.1 mL
10%的过硫酸铵	0.1 mL
TEMED	0.01 mL

(2) 电泳：吸去凝胶柱表面上的水层，将凝胶管垂直固定于圆盘电泳槽中。于电泳槽下槽加入0.2%的500 mL NaOH负极；上槽加入5%的500 mL磷酸正极，用注射器吸去管口的气泡。打开电源，将电压恒定为200 V，聚焦2~3 h，至电流近于零不再降低时，停止电泳。

(3) 剥胶：电泳结束后，取下凝胶管，用水洗去胶管两端的电极液，用注射器沿管壁轻轻插入针头，在转动胶管和内插针头的同时分别向胶管两端注入少量蒸馏水，胶条自行滑出。胶条的正极为"头"，负极为"尾"，正极端呈酸性，负极端呈碱性。

(4) 固定：取出1个凝胶条置于小培养皿内，倒入10%的三氯乙酸固定液于室温固定30 min，直至可看到胶条内蛋白质的白色沉淀带。固定完毕，用直尺量出胶条长度并标记为L_1和正极端到蛋白质白色沉淀带中心的长度并标记为L_2。

(5) 测定pH梯度：取另一未固定的胶条，用直尺量出待测pH胶条的长度L_1'。按照由正极至负极的顺序，用镊子和小刀依次将胶条切成10 mm长的小段，分别置于小试管中，加入1 mL蒸馏水，浸泡半小时以上或过夜，用pH计测出每管浸出液的pH值。

【结果分析】

1. 实验1

本实验各种试剂的浓度及用量均要求很准确，以确保缓冲液的pH值准确；浑浊度可用一、+、++、+++等符号表示，最浑浊的一管的pH值即最接近酪蛋白的等电点。

2. 实验2

(1) 绘制pH梯度曲线：以胶条长度(mm)为横坐标，pH值为纵坐标作图，得到一条pH梯度曲线。所测每管的pH值为10 mm胶条的pH值的混合平均值。作图时此pH值为10 mm小段中心即5 mm处的pH值。

(2)修正蛋白质聚焦部位至胶条正极端的实际长度。用下式进行修正:

$$L_2' = L_1' \times \frac{L_2}{L_1}$$

上式中:L_1'——测 pH 值的胶条的长度;

L_2——量出蛋白质的白色沉淀带中心至胶条正极端的长度;

L_1——固定后胶条的长度。

(3)读取蛋白等电点:根据计算出的 L_2',由 pH 梯度曲线上查出相应的 pH 值,即为该蛋白质的等电点。

【注意事项】

在进行等电聚焦电泳测蛋白质等电点实验时,样品溶液含盐会影响实验结果。因为盐会增大电流量,产生热量;盐分子移至两极时,将产生酸或碱,中和两性电解质。因此要注意操作过程中不要混入盐溶液。

【思考题】

(1)在等电点时,蛋白质溶液为什么容易发生沉淀?

(2)聚丙烯酰胺凝胶电泳法与等电聚焦-聚丙烯酰胺凝胶电泳法有何区别?

(本实验编者 马小彦 贺晓龙)

实验八 酶活力的测定

酶是具有生物催化功能的生物大分子。酶作为生物催化剂具有催化效率高、专一性强、作用条件温和等特点,酶在医药、食品、轻工、化工、环保、能源、生物工程等领域均具有广泛的应用。

几千年来,人们不自觉地在生活中利用酶来制造食品和治疗疾病。19世纪30年代开始,人们才真正认识到酶的存在和作用。此后,人们对酶的认识经历了一个不断发展和逐步深入的过程。核酶的发现,改变了酶的概念——酶是具有生物催化功能的生物大分子(蛋白质或RNA)。

酶是生物体内的一种具有催化活性的蛋白质,生物体内几乎所有的反应都离不开酶的催化。作为生物体内的催化剂,催化效率——即酶的活力是酶的一个重要指标。酶活力的大小可用在一定条件下,酶催化某一化学反应的速度来表示,酶催化反应的速度愈大,酶的活力愈高,反之活力愈低。测定酶活力实际就是测定酶促反应的速度。酶促反应速度可用单位时间内、单位体积中底物的减少量或产物的增加量来表示。在一般的酶促反应体系中,底物往往是过量的,测定初速度时,底物减少量占总量的极少部分,不易准确检测,而产物则是从无到有,只要测定方法灵敏,就可准确测定。因此一般以测定产物的增量来表示酶促反应速度较为合适。

【实验目的】

(1)掌握淀粉酶活性的测定原理和方法。
(2)了解影响淀粉酶活性的因素。

【实验原理】

酶活力(enzyme activity)也称为酶活性,是指酶的催化能力。酶活力单位的定义:1个IU是指在最适条件下每分钟催化1微摩尔底物转化的酶量,或者1个katal(kat)被定义为每秒钟催化1摩尔分子底物转化的酶量(1 kat = 6×10^7 IU,1 IU=16.67×10^{-9} kat)。比活性或比活力(specific activity)是指单位质量(通常是每毫克)酶所含有的活力单位数。测定酶活力的基本原理:测定一种酶的活力实际上就是测定它所催化的化学反应的最佳反应速度。而测定反应速度的方法原则上有两种,一种是检测单位时间内底物的减少量,另一种是测定单位时间内产物的增加量。测定酶活的基本条件:反应条件为最适条件,包括最适pH、最适温度和最适离子强度等,反应速度为初速度,底物浓度过量。

酶活力的测定方法主要包括以下几种。

1. 分光光度法

分光光度法主要利用底物和产物在紫外光或可见光部分的光吸收度不同,选择一适当的波长,测定反应过程中反应进行的情况。其优点是简便、节省时间和样品,检测灵敏度高。该方法可以连续地读出反应过程中光吸收的变化值,已成为酶活力测定中一种重要的方法之一。由于分光光度法有其独特的优点,因此可以把一些原来没有光吸收变化的酶反应通过与一些能引起光吸收变化的酶反应偶联,使第一个酶反应的产物转变成为第二个酶的具有光吸收变化的产物来进行测量,这种方法称为酶偶联测定法。几乎所有的氧化还原酶都可以用此法测定。下面以分光光度法测定淀粉酶活性为例,详细介绍分光光度法测定酶活力的原理。

淀粉酶是水解淀粉和糖原的酶类总称,以 α-淀粉酶和 β-淀粉酶较为常见。α-淀粉酶和 β-淀粉酶各有特性,如 β-淀粉酶不耐热,在高温下易钝化而 α-淀粉酶不耐酸,在 pH3.6 以下则发生钝化。通常提取液同时有两种淀粉酶存在,测定时,可根据它们的特性分别加以处理,钝化其中之一,即可测出另一酶的活性。将提取液加热到 70 ℃维持 15 min 以钝化 β-淀粉酶,便可测定 α-淀粉酶的活性。或者将提取液用 pH3.6 的醋酸在 0 ℃下加以处理,钝化 α-淀粉酶的活性,以测出 β-淀粉酶的活性。淀粉酶水解淀粉生成的麦芽糖,可用 3,5-二硝基水杨酸(DNS)试剂测定。DNS 与还原糖——麦芽糖发生氧化还原反应,生成 3-氨基-5-硝基水杨酸,该产物在煮沸条件下显棕红色,且在一定浓度范围内颜色深浅与麦芽糖含量成正比,故可求出麦芽糖的含量,以麦芽糖的毫克数表示淀粉酶活性的大小。

2. 荧光法

荧光法主要是根据底物或产物荧光性质的差别来进行测定。由于荧光方法的灵敏度往往比分光光度法要高若干个数量级,而且荧光强度和激光的光源有关,因此在酶学研究中越来越多地被采用,特别是一些快速反应的测定。该法缺点:易受其他物质干扰,有些物质如蛋白质能吸收和发射荧光,这种干扰在紫外区尤为显著,故用荧光法测定酶活力时,应尽可能选择可见光范围的荧光进行测定。

3. 同位素测定法

用带有放射性同位素标记的底物经酶作用后得到产物,通过适当的分离,测定产物的脉冲数即可换算出酶的活力单位。已知六大类酶几乎都可以用此方法测定。通常用于底物标记的同位素有 ^3H、^{14}C、^{32}P 等。该方法的优点:反应灵敏度极高,可直接用于酶活力的测定,也可用于体内酶活性测定;特别适用于低浓度的酶和底物的测定。缺点:操作繁琐,样品需分离,反应过程无法连续跟踪,且同位素对人体有损伤作用;辐射猝灭会引起测定误差,如 ^3H 发射的射线很弱,甚至会被纸吸收。

4. 电化学方法

电化学方法包括:pH测定法和离子选择电极法等。pH测定法最常用的是玻璃电极,配合高灵敏度的pH计,跟踪反应过程中H^+变化的情况,用pH的变化来测定酶的反应速率。也可以用恒定pH测定法,在酶反应过程中,会引起的H^+的变化,用不断加入碱或酸来保持反应pH恒定,用加入的碱或酸的速率来表示反应速率。用此法可以测定许多酯酶的活力。在使用离子选择电极法测定某些酶活力时,用氧电极可以测定一些耗氧的酶反应,如葡萄糖氧化酶的活力就可以用该方法进行测定。

5. 其他方法

除了以上方法之外,旋光法/量气法、量热法等方法也可以用于测定酶活力。

【实验试剂】

(1) 1%的淀粉溶液:称取1 g可溶性淀粉,加入100 mL蒸馏水加热溶解。

(2) 0.4 mol/L的NaOH溶液。

(3) pH5.6的柠檬酸缓冲液。配制A液:称取柠檬酸21.01 g,溶解后稀释至1 L。配制B液:称取柠檬酸钠29.41 g,溶解后稀释至1 L。量取A液55 mL、B液145 mL,混匀,即为pH5.6的柠檬酸缓冲液。

(4) DNS溶液:称取3,5-二硝基水杨酸6.3 g,用少量水溶解,45 ℃水浴,加入2 mol/L NaOH溶液262 mL,充分搅拌溶解,逐步加入酒石酸钾钠182.0 g,苯酚5.0 g,偏重亚硫酸钠5.0 g,搅拌至全溶,定容至1 000 mL。溶液盛于棕色瓶中,放置10天后便可使用。

(5) 麦芽糖标准液:称取麦芽糖0.1 g溶于少量蒸馏水中,仔细移入100 mL容量瓶中,定容至100 mL,即为浓度1 mg/mL的麦芽糖标准溶液。

【实验器材】

电子天平、研钵、容量瓶(100 mL×1)、20 mL具塞刻度试管20支、试管12支、移液器以及枪头、比色皿、石英砂、离心机、恒温水浴锅、分光光度计。

【实验样本】

萌发的小麦(芽长1 cm左右)。

【实验步骤】

1. 酶液的提取

称取 2 g 萌发的小麦种子(芽长 1 cm 左右),至研钵中加 1 g 石英砂,磨成匀浆倒入 20 mL 具塞刻度试管中,用蒸馏水稀释至刻度,混匀后在室温(20 ℃)下放置,每隔数分钟振荡一次,放置 15~20 min,离心,取上清液补足至 20 mL 得到粗酶液备用。

2. α-淀粉酶活性的测定

取试管 6 支,1~3 号为对照组,4~6 号为反应组。按照下表 1-8-1 进行处理。

表1-8-1　α-淀粉酶的酶促反应

试剂	试管编号						
	1	2	3	4	5	6
粗酶液(稀释酶液)/mL	1	1	1	1	1	1
70 ℃±0.5 ℃恒温水浴 15 min 钝化 β-淀粉酶					
pH5.6 柠檬酸缓冲液/mL	1	1	1	1	1	1
0.4 mol/L 氢氧化钠/mL	4	4	4	0	0	0
40 ℃±0.5 ℃恒温水浴保温 15 min					
40 ℃预热淀粉溶液/mL	2	2	2	2	2	2
40 ℃±0.5 ℃恒温水浴保温 5 min					
0.4 mol/L 氢氧化钠/mL	0	0	0	4	4	4

3. α-淀粉酶和 β-淀粉酶总活性的测定

另取试管 6 支,7~9 号为对照组,10~12 号为反应组。按照下表 1-8-2 进行处理。

表1-8-2　α-淀粉酶及 β-淀粉酶的酶促反应

试剂	试管编号					
	7	8	9	10	11	12
粗酶液(稀释酶液)/mL	1	1	1	1	1	1
pH5.6 柠檬酸缓冲液/mL	1	1	1	1	1	1
0.4 mol/L 氢氧化钠/mL	4	4	4	0	0	0
40 ℃±0.5 ℃恒温水浴保温 15 min					
40 ℃预热淀粉溶液/mL	2	2	2	2	2	2
40 ℃±0.5 ℃恒温水浴保温 5 min					
0.4 mol/L 氢氧化钠/mL	0	0	0	4	4	4

4. 麦芽糖浓度的测定

(1)制备标准曲线:取 20 mL 刻度试管 7 支,编号,按照表 1-8-3 加入试剂并进行相应处理。

表1-8-3　麦芽糖浓度测定标准曲线的制备表

试剂	试管编号						
	1	2	3	4	5	6	7
蒸馏水/mL	2.0	1.8	1.4	1.0	0.6	0.2	0
1 mg/mL麦芽糖标准液/mL	0	0.2	0.6	1.0	1.4	1.8	2.0
麦芽糖含量/mg	0	0.2	0.6	1.0	1.4	1.8	2.0
DNS溶液/mL	2	2	2	2	2	2	2
沸水浴5 min							
蒸馏水/mL	16	16	16	16	16	16	16

用分光光度计在520 nm波长下进行比色,记录OD值,以OD值为纵坐标,以麦芽糖含量为横坐标绘制标准曲线。

(2)样品的测定:取以上各管中酶作用后的溶液及对照管中的溶液各2 mL,分别放入20 mL具塞刻度试管中,再加入2 mL 3,5-二硝基水杨酸试剂,混匀,置沸水中煮沸5 min,取出冷却,用蒸馏水稀释至20 mL,混匀。用分光光度计在520 nm波长下进行比色,记录OD值,从麦芽糖标准曲线中查出麦芽糖含量,然后进行结果计算。

$$\alpha\text{-淀粉酶水解活性 [麦芽糖(mg)/鲜重(g)·5 min]} = \frac{(A-A')\times 酶液稀释总体积}{样品质量(g)\times V}$$

$$(\alpha+\beta)\text{-淀粉酶水解活性 [麦芽糖(mg)/鲜重(g)·5 min]} = \frac{(B-B')\times 酶液稀释总体积}{样品质量(g)\times V}$$

注:A——α-淀粉酶活性的测定中反应组即4~6管中α-淀粉酶水解淀粉生成的麦芽糖含量的平均值;

A'——α-淀粉酶活性的测定中对照组即1~3管中麦芽糖含量的平均值;

B——α-淀粉酶和β-淀粉酶总活性的测定中反应组即10~12管中α-淀粉酶以及β-淀粉酶水解淀粉生成的麦芽糖含量的平均值;

B'——α-淀粉酶和β-淀粉酶总活性的测定中对照组即7~9管中麦芽糖含量的平均值;

V——实验时所用酶液的体积。

【注意事项】

(1)配制DNS溶液需注意以下细节:药品中的氢氧化钠要配制成溶液;如直接加颗粒,可能产生鸡蛋花。加入氢氧化钠溶液时,溶液的温度会上升,所以要慢慢加,不停地搅拌,同时溶液的温度不能超过48 ℃;温度高了,溶液颜色变黑。所有试剂加完后,需耐心搅拌至全部溶解。

(2)反应的温度以及溶液的pH值等因素会影响实验结果,在实验过程中需要严格控制这些因素。

【思考题】

（1）简述淀粉酶活性测定的原理。

（2）淀粉酶活力测定实验中有哪些影响因素？

（本实验编者 马小彦）

实验九 酶的特异性及温度、pH对酶活性的影响

　　酶与一般催化剂不同,酶对所有催化反应的底物和反应类型具有选择性,这种现象称为特异性。根据酶对其底物结构选择的严格程度,一般可以将酶的特异性分为绝对特异性、相对特异性、立体异构特异性三类。绝对特异性是指一种酶只能催化一种底物发生一种化学反应。相对特异性又叫键专一性,是指一种酶可以催化一类底物或者一种化学键发生一种反应。立体异构特异性又称几何专一性,是指一种酶只能催化两种立体异构体中的一种发生化学反应。1961年国际酶学委员会根据酶的催化反应类型将酶分为六大类:氧化还原酶类、转移酶类、水解酶类、裂解酶类、异构酶类、合成酶类。氧化还原酶是催化氧化还原的酶,是酶分类中的主群之一。生物体内的氧化还原反应的类型有氢原子对的移动(传递)型、电子的移动型,或氧原子添加型。转移酶是能够催化除氢以外的各种化学功能团(官能团)从一种底物转移到另一种底物的酶类。水解酶是催化水解反应的一类酶的总称(如胰蛋白酶就是水解多肽链的一种水解酶),也可以说它们是一类特殊的转移酶,用水作为被转移基团的受体。裂解酶也称裂合酶类,它催化从底物上移去一个基团而形成双键的反应或其逆反应,这类酶包括醛缩酶、水化酶及脱氨酶等。异构酶亦称异构化酶,是催化生成异构体反应的酶的总称,根据反应方式可分为:差向异构酶、消旋酶、顺反异构酶等。合成酶又称连接酶,它是一种催化两种大分子以一种新的化学键结合在一起的酶,一般会涉及水解其中一个分子的团。由于酶催化的反应具有极高的专一性,它只催化一种(类)物质的一种(类)反应,因此具有反应过程中副反应少、生产效率高等优点。

　　酶催化反应的另一个特点为反应条件温和,温度、pH等因素会影响酶的活性。酶在生物体内所处的环境十分温和,因在细胞内存在大量的水,酶基本处于水溶液中,近似于中性的酸碱度,低浓度的盐分,温度适中,接近室温,压力很低,接近一个大气压。这也就是大多数酶催化反应所需的条件。如果将酶从生物体内分离出来,给予相应的反应条件,也可以在体外催化反应,人们可以利用酶来催化相应反应,得到相应产物。与化学方法相比,酶不需要化学反应的高温、高压、强酸、强碱、大量的有机溶剂和贵重的化学催化剂,只需在常温、常压、接近中性的水溶液中进行反应;需要使用的反应容器也不必用耐压、耐腐蚀的材料制造;生产过程消耗的能量大大降低,生产的成本也会降低。

　　基于以上的优点,人们十分关注酶的特异性以及酶催化反应的条件。酶的特异性以及催化条件优化等方面成为研究热点。

【实验目的】

(1)加深对酶的性质的认识。
(2)掌握温度、pH对酶活性的影响。

【实验原理】

酶是一种生物催化剂,具有高度的特异性(专一性),即每一种酶只能使一种或一类物质发生化学反应。本实验以唾液淀粉酶及蔗糖酶催化不同底物的水解作用来观察酶的特异性。淀粉、蔗糖没有还原性,经过酶的水解作用之后释放出还原糖,可用班氏试剂加以检查。

温度对酶活性有显著影响,在一定温度范围内,温度升高,酶促反应加快,反之则降低。当温度升高至某一特定值时,酶活性最高,此温度称为该酶的最适温度。高于此温度,酶蛋白变性,逐渐失活,反应速度下降。本实验以唾液淀粉酶在不同温度下对淀粉的水解作用为例,观察温度对酶活性的影响,淀粉的水解程度采用淀粉与碘液的呈色反应加以观察。

pH直接关系到酶蛋白及底物分子的解离和带电状况,影响酶和底物的结合,从而影响酶促反应速度。当溶液的pH达到某一特定值时,酶的活力最高,该pH称为最适pH,每种酶都有其特定的最适pH。

【实验试剂】

(1)1%的淀粉溶液(含0.3% NaCl)。
(2)1%的蔗糖溶液。
(3)班氏试剂:称取柠檬酸钠173 g和无水碳酸钠100 g,溶于700 mL热蒸馏水中,冷却,慢慢倾入17.3%的$CuSO_4$溶液100 mL,边加边摇,加蒸馏水至1 000 mL。
(4)碘–碘化钾溶液:碘4 g及碘化钾6 g溶于100 mL蒸馏水中,于棕色瓶中保存。
(5)0.2 mol/L的磷酸氢二钠溶液。
(6)0.1 mol/L的柠檬酸溶液。

【实验器材】

试管及试管架、漏斗1个、研钵1个、恒温水浴锅1个、电炉1个、温度计1支、500 mL烧杯3个、反应板1块、50 mL锥形瓶5个、10 mL吸量管3支。

【实验样本】

人的唾液、鲜酵母。

【实验步骤】

1. 酶的特异性实验

（1）漱口后收集唾液，用小漏斗加少量脱脂棉过滤，滤液稀释10倍备用。

（2）取少量鲜酵母，于研钵中加少量水研磨，研磨均匀再加少量水稀释后用滤纸过滤，滤液即为酵母蔗糖酶提取液。

（3）取小试管6支，按表1-9-1添加试剂。

表1-9-1　酶的特异性实验加样顺序

试剂	试管号					
	1	2	3	4	5	6
1%的淀粉溶液/滴	2	—	—	2	—	—
1%的蔗糖溶液/滴	—	2	—	—	2	—
唾液/滴	2	2	2	—	—	—
蔗糖酶提取液/滴	—	—	—	2	2	2
现象						

加毕，各管置37 ℃水浴10 min后，各加班氏试剂2滴，沸水浴3 min观察结果，并解释现象。

2. 温度对酶活性的影响

（1）收集和稀释唾液。

（2）取试管3支，按照表1-9-2进行如下操作。

表1-9-2　温度对酶活性影响实验的加样顺序

试剂	试管号		
	1	2	3
1%的淀粉溶液/mL	1	1	1
放置条件	沸水浴	37 ℃水浴	冰浴
唾液/滴	4	4	4
现象			

加毕，分别按上述放置条件继续放置10 min。

（3）从三管中各取出溶液1滴滴于反应板上，加上1滴碘-碘化钾溶液，观察呈色现象，记录结果并解释原因。

3. pH对酶活性的影响

（1）不同pH缓冲液的配制：取50 mL锥形瓶5个，按表1-9-3吸取溶液混合而成。

表1-9-3　不同pH缓冲液的配制表

锥形瓶号	0.2 mol/L的磷酸氢二钠/mL	0.1 mol/L的柠檬酸/mL	pH	现象
1	5.15	4.85	5.0	
2	6.61	3.39	6.2	
3	7.72	2.28	6.8	
4	9.08	0.92	7.4	
5	9.72	0.28	8.0	

（2）收集唾液的方法同前，将其稀释10倍。

（3）取5支试管，编号，各加入相应pH的缓冲液3 mL、0.5%的淀粉溶液（含0.3%的NaCl）2 mL及稀释10倍的唾液1 mL混合后，置37 ℃水浴中保温。每隔1 min由第三管中取出1滴反应液于白瓷板上，加1滴碘液，检定淀粉的水解程度。当颜色为橙黄色时，向5支试管中各加1滴碘液，观察颜色并加以说明。

【注意事项】

（1）唾液稀释倍数一般为100倍。由于每个人唾液内淀粉酶活性并不相同，有时差别很大，稀释倍数可以是50～300倍，甚至超出此范围。

（2）实验时必须严格遵守操作规程，做酶学实验所用的玻璃仪器等一切器皿必须洁净，以除去抑制酶活性的杂质。

【思考题】

（1）什么是酶的专一性？本实验结果为什么能说明酶具有这种性质？

（2）什么是酶的最适温度、最适pH？有何实际意义？

（本实验编者　马小彦　贺晓龙）

实验十 蔗糖酶动力学参数的测定

酶促反应动力学是研究酶促反应的速度以及影响此速度的各种因素的科学,是酶工程研究中的一个重要内容。底物浓度、pH、温度、抑制剂、激活剂、酶浓度等因素都是影响酶反应速度的因素,其中底物浓度是非常重要的影响酶反应速度的因素。

长久以来,人们在社会生产实践中逐渐认识到化学反应的速率随着反应物浓度的提高而加快。巴黎索邦大学的Victor Henri在用蔗糖酶水解蔗糖的实验中,在固定了蔗糖酶浓度探究改变蔗糖浓度对酶的影响时,以底物浓度为横坐标、反应速度为纵坐标作图得到一条矩形双曲线。在底物浓度很低时,反应速度随底物浓度的增加而急剧加快,两者成正比关系,表现为一级反应。随着底物浓度的升高,反应速度不再呈正比例加快,反应速度增加的幅度不断下降。如果继续加大底物浓度,反应速度不再增加,表现为零级反应。此时即出现了酶的底物饱和现象。所有酶都有饱和现象,只是饱和时所需的底物浓度不同而已。借由这一实验结果,Henri和Wutz作出了一个假设,认为在酶催化底物转变为产物的过程中,会产生一个由酶和底物分子结合形成的不稳定的中间产物,这个中间产物不仅容易生成,而且容易分解出产物,释放出原来的酶,即著名的中间络合物假说。同时Henri针对蔗糖酶的转化反应提出了一个初步的公式:

$$v = \frac{K\varphi[S]}{1 + m[S] + n[P]}$$

其中K、φ、m、n均为常数,v为反应速率,[S]为底物浓度,[P]为产物浓度。

1913年Michaelis和Menten在前人工作的基础上,提出反应速度与底物浓度关系的数学方程式,即米—曼氏方程式,简称米氏方程。

$$v = \frac{v_{max}[S]}{K_m + [S]}$$

其中v为不同[S]时的反应速率,v_{max}为酶促反应的最大速度,[S]为底物浓度,而K_m为解离常数。根据上述理论和反应规律,酶促反应可按下式进行。

$$E + S \underset{K_2}{\overset{K_1}{\rightleftharpoons}} ES \overset{K_3}{\longrightarrow} E + P$$

其中E表示游离状态下的酶,而S为反应底物,ES为不稳定的中间产物,P为产物。

尽管该模型在解释酶促反应的动力学机理上取得了重大的突破,但其假设仍有不完美之处。因此1925年,Briggs G.E.和Haldane J.B.S.对米氏方程进行了修正,提出了酶促反应的稳态理论。

第一步:酶与底物反应,形成酶-底物复合物。

$$E + S \underset{K_{-1}}{\overset{K_1}{\rightleftharpoons}} ES$$

第二步:ES分解成产物,释放游离酶。

$$ES \underset{K_{-2}}{\overset{K_2}{\rightleftharpoons}} E + P$$

在稳态理论中，Briggs提出以下假设。

(1)在反应开始的初期，由于产物浓度极低，因此第二步中 E + P → ES 的速率极低，该步骤可忽略不计。

(2)反应起始时，底物浓度远大于酶浓度，底物浓度可近似认为在反应初期保持恒定。

(3)当反应开始后，经过一个极短的时间（几毫秒）后，ES浓度达到一个基本恒定的状态。在一定时间内，尽管S和P的浓度不断变化，但ES的生成速率和分解速率基本上相等，ES净生成速率基本保持为0。

从形式上来看，由稳态平衡模型和快速平衡模型推导出的式子具有相同的数学形式，但前者相比于后者有着更高的普遍性。为了纪念Michaelis和Menten两人，人们将以上两个式子均称为米氏方程，而K_m则被称为米氏常数。

【实验目的】

(1)巩固酶促反应有关参数的知识，加深理解米氏常数(K_m)的定义。

(2)以蔗糖酶为例，掌握测定K_m的方法。

【实验原理】

$$米氏方程：v = \frac{v_{max}[S]}{K_m + [S]}$$

其中v为酶促反应的速率，v_{max}为酶促反应的最大速度，[S]为底物浓度，而K_m为米氏常数。米氏方程曲线如图1-10-1所示。

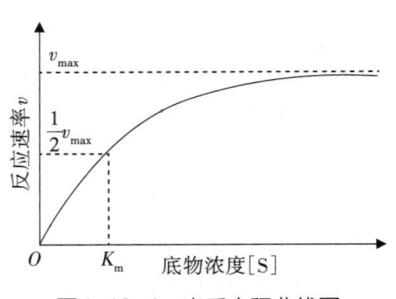

图1-10-1 米氏方程曲线图

米氏方程成立的条件：底物单一，pH、温度、酶浓度不变，底物为液态，底物浓度远远大于酶浓度，反应处于稳态。

其中K_m是酶的重要特性常数，K_m具有以下意义：(1)K_m值与pH、温度、离子强度、酶及底物都有关，与酶浓度无关，可以鉴定酶。(2)可以判断酶的专一性和天然底物，K_m值最小的底物——最适底物/天然底物。(3)测定不同抑制剂对某个酶K_m及v_{max}的影响，可以区别该抑制剂是竞争性还是非竞争性抑制剂。(4)K_m可帮助判断某代谢反应的方向,催化可逆反应的酶对正/逆两向底物的K_m不同,K_m较小者为主要底物。

可根据以下方法测定K_m值。

1. Lineweaver-Burk 双倒数作图法

米氏方程两边取倒数:

$$\frac{1}{v} = \frac{K_m + [S]}{V_{max}[S]}$$

进一步推导得:

$$\frac{1}{v} = \frac{K_m}{v_{max}[S]} + \frac{[S]}{v_{max}[S]}$$

$$\frac{1}{v} = \frac{K_m}{v_{max}} \cdot \frac{1}{[S]} + \frac{1}{v_{max}}$$

以$\frac{1}{v}$为纵坐标,$\frac{1}{[S]}$为横坐标作图,即可得到K_m值。

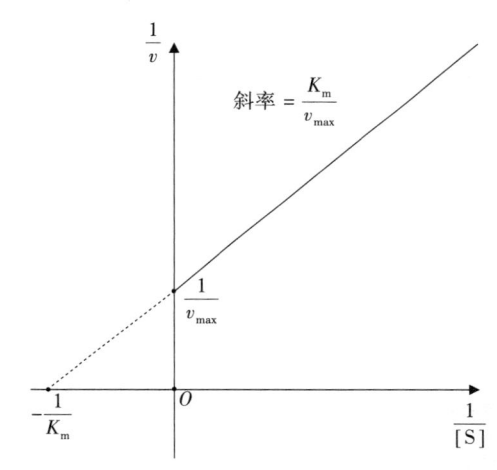

图 1-10-2　Lineweaver-Burk 双倒数图

2. Eadie-Hofstee 作图法

$$v = \frac{v_{max}[S]}{K_m + [S]}$$

$$v(K_m + [S]) = v_{max}[S]$$

$$vK_m + v[S] = v_{max}[S]$$

两边同时除以[S]:

$$K_m \frac{v}{[S]} + v = v_{max}$$

$$v = -K_m \frac{v}{[S]} + v_{max}$$

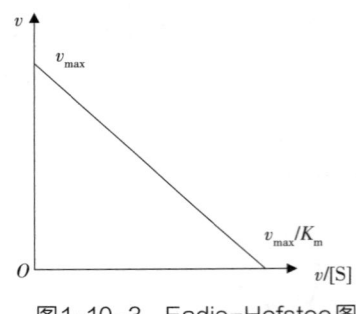

图1-10-3　Eadie-Hofstee图

【实验试剂】

3,5-二硝基水杨酸(DNS)试剂:配制过程见本章实验八;1%的葡萄糖溶液;0.1 mol/L的蔗糖溶液;0.2 mol/L的乙酸缓冲液,pH4.5。

【实验器材】

试管及试管架、可见分光光度计及1 cm玻璃比色皿、恒温水浴锅、移液管、移液器以及枪头。

【实验样本】

蔗糖酶。

【实验步骤】

1. DNS法测定并绘制葡萄糖标准曲线

准备6支试管,编号1~6,按照表1-10-1加入相应试剂到各个试管中。

表1-10-1　DNS法测定葡萄糖的标准曲线

试剂	试管号					
	1	2	3	4	5	6
1%的葡萄糖/mL	0	0.1	0.2	0.3	0.4	0.5
蒸馏水/mL	2	1.9	1.8	1.7	1.6	1.5
DNS试剂/mL	0.5	0.5	0.5	0.5	0.5	0.5
100 ℃水浴5 min后,迅速用冷水冷却至室温							
蒸馏水/mL	6.0	6.0	6.0	6.0	6.0	6.0

测定各试管溶液在520 nm波长下的吸光度值,记录数据,以葡萄糖量为横坐标,A_{520}为纵坐标绘制葡萄糖标准曲线。

2. 双倒数法求取K_m值

取7支试管,按照表1-10-2加入相应的试剂。正式实验之前应进行预实验以确定酶的稀释倍数。采用7号的溶液配制方式,加入不同稀释倍数的蔗糖酶,测定520 nm波长下的吸光度值,确定吸光度值在标准曲线范围内,将蔗糖酶稀释到相应倍数。

表1-10-2 底物浓度对酶催化速率的影响

试剂	试管编号						
	1	2	3	4	5	6	7
0.1 mol/L的蔗糖溶液/mL	0	0.1	0.2	0.3	0.4	0.5	0.6
0.2 mol/L的乙酸缓冲液/mL	0.2	0.2	0.2	0.2	0.2	0.2	0.2
蒸馏水/mL	1.7	1.6	1.5	1.4	1.3	1.2	1.1
	冰上配制						
稀释的蔗糖酶溶液/mL	0.1	0.1	0.1	0.1	0.1	0.1	0.1
	50 ℃保温15 min						
0.1 mol/L的NaOH/mL	2.5	2.5	2.5	2.5	2.5	2.5	2.5
DNS溶液/mL	0.5	0.5	0.5	0.5	0.5	0.5	0.5
却至室温	100 ℃水浴5 min后,迅速用冷水冷						
蒸馏水/mL	3.5	3.5	3.5	3.5	3.5	3.5	3.5

测定520 nm波长下的吸光度值,并根据表1-10-3处理数据,以$1/v$为纵坐标,$1/[S]$为横坐标作图,得到K_m值。

表1-10-3 结果处理表

结果	试管编号						
	1	2	3	4	5	6	7
A_{520}							
葡萄糖产量/mg							
$v=$葡萄糖产量$\times 10/15/$(mg/mL·min)							
$1/v$							
$[S]=0.1V_1/2/$(mol/L)							
$1/[S]$							

注:v表示蔗糖酶的反应速率,即1 mL蔗糖酶1 min时间反应生成的葡萄糖的量;[S]表示底物蔗糖的浓度。

其中0.1指蔗糖溶液浓度为0.1 mol/L;V_1指1~7号试管分别加入底物蔗糖的体积(mL);2指反应的总体积为2 mL。

【注意事项】

影响酶促反应速度的因素有：底物浓度、酶的浓度、pH值、环境温度等。在实验操作过程中要维持温度、pH值和酶浓度等条件相对恒定，酶促反应的初速度v_0才会随底物浓度增大而增大，直到酶全部被底物所饱和时达到最大速度v_{max}。

【思考题】

(1) 除了双倒数作图外，试列举出其他能将酶动力学数据作出直线图的方法。

(2) 为什么进行此种酶动力学测定时，所用各底物浓度不是按等差递增？

(3) 酶动力学实验中，哪些因素需严格控制？

（本实验编者 马小彦）

二、综合实验

实验十一　蛋白质印迹法检测目的蛋白的表达

蛋白质印迹法（Western Blot）是由瑞士米歇尔弗雷德里希生物研究所（Friedrich Miescher Institute）的 Harry Towbin 在 1979 年提出的。其在尼尔·伯奈特（Neal Burnette）于 1981 年所著的《分析生物化学》（Analytical Biochemistry）中首次被称为 Western Blot。值得一提的是 Western Blot 这个名称的由来很有意思。最开始做印迹工作的是一个叫做 Edwin Southern 的科学家，但印迹的对象是 DNA 链，他把这种技术称为 Southern Blot。后来出现了两个过程相似、但是对象不同的印迹方法，一个针对 RNA，一个针对蛋白质，人们把这两种技术分别称为 Northern Blot（由斯坦福大学的 George Stark 发明）和 Western Blot。这两个技术的命名与发明人的名字没有关系了。SDS 聚丙烯酰胺凝胶电泳技术首先在 1967 年由 Shapiro 建立，其原理为：聚丙烯酰胺凝胶是由丙烯酰胺（简称 Acr）和交联剂 N,N'-亚甲基双丙烯酰胺（简称 Bis）在催化剂过硫酸铵（APS）和 N,N,N',N'四甲基乙二胺（TEMED）的作用下，聚合交联形成的具有网状立体结构的凝胶，并以此为支持物进行电泳。蛋白免疫印迹是将电泳分离后的细胞或组织中蛋白质从凝胶转移到固相支持物硝酸纤维素膜（NC 膜）或聚偏二氟乙烯膜（PVDF 膜）上，然后用特异性抗体检测某特定抗原的一种蛋白质检测技术，现已广泛应用于基因在蛋白水平的表达研究、抗体活性检测和疾病早期诊断等多个方面。

【实验目的】

（1）掌握蛋白质印迹的原理及作用。
（2）熟悉蛋白质印迹的操作流程。

【实验原理】

蛋白质印迹技术是检测蛋白质和蛋白质翻译后修饰的常用方法，可以在简单或复杂的生物样本中提供关于目的蛋白的半定量或定量数据，通常涉及蛋白质的提取和蛋白质浓度的检测。RIPA 裂解液（RIPA Lysis Buffer）是一种传统的细胞组织快速裂解液，裂解得到的蛋白样品可以用于常规的Western、IP等,用BCA法测定裂解所得到的蛋白样品的浓度,在碱性条件下,蛋白将Cu^{2+}还原为Cu^+,Cu^+与BCA试剂形成紫蓝色的络合物,测定其在562 nm处的吸收值,并与标准曲线对比,即可计算待测蛋白的浓度。随后将等量的不同样本蛋白用SDS聚丙烯酰胺凝胶电泳分离蛋白质,其中,APS提供自由基,TEMED是催化剂,催化自由基引起的聚合反应。十二烷基硫酸钠(SDS)为阴离子去污剂,作用有四:去蛋白质电荷、解离蛋白质之间的氢键、取消蛋白分子内的疏水作用、去多肽折叠。

由于蛋白中含有很多的氨基(+)和羧基(−),不同的蛋白在不同的pH值下表现出不同的电荷,为了使蛋白在电泳中的迁移率只与分子量有关,在上样前,往样品中加入含有SDS和β-巯基乙醇的上样缓冲液。SDS即十二烷基硫酸钠是一种阴离子表面活性剂,它可以断开分子内和分子间的氢键,破坏蛋白质分子的二级和三级结构;β-巯基乙醇是强还原剂,它可以断开半胱氨酸残基之间的二硫键。电泳样品加入样品处理液后,经过高温处理,其目的是将SDS与蛋白质充分结合,以使蛋白质完全变性和解聚,并形成棒状结构,同时使整个蛋白带上负电荷;样品处理液中通常还加入溴酚蓝染料,用于监控整个电泳过程;同时,加入适量的蔗糖或甘油以增大溶液密度,使加样时样品溶液可以快速沉入样品凹槽底部。当样品上样并接通两极间电流后(电泳槽的上方为负极,下方为正极),在凝胶中形成移动界面并带动凝胶中带负电荷的多肽复合物向正极推进。样品首先通过高度多孔性的浓缩胶,使样品中所含SDS多肽复合物在分离胶表面聚集成一条很薄的区带(或称积层)。电泳启动时,蛋白样品处于pH6.8的上层,pH8.8的分离胶层在下层,上槽为负极,下槽为正极,出现了pH不连续和胶孔径大小不连续:启动时Cl^-解离度大,蛋白质解离度居中,甘氨酸解离度小,迁移顺序为(pH6.8)Cl^->蛋白质>甘氨酸。在Cl^-与蛋白质之间和蛋白质与甘氨酸之间都将出现低离子区,同时也出现高电势,高电势迫使蛋白质向Cl^-迁移,甘氨酸向蛋白质迁移。如一个Cl^-领路,甘氨酸推动,蛋白在中间,这样就起到浓缩的作用了。在浓缩胶运动中,由于胶联度小,孔径大,蛋白质受阻小,因此不同的蛋白质就浓缩到分离胶之上成层,起浓缩效应,使全部蛋白质处于同一起跑线上。当蛋白质进入分离胶时,此时蛋白质、Cl^-、甘氨酸在pH8.8的溶液中,Cl^-完全电离而很快到达正极,甘氨酸电离度加大很快越过蛋白质,而到达正极,只有蛋白质分子在分离胶中较为缓慢地移动。由于蛋白质在电泳过程中,受到溶液离子的变化的影响而导致pH值发生变化,但每一瞬间,其所带电荷数除以单位质量是不同的,所以带负电荷多者迁移快,反之则慢,这就体现了电荷效应。由于胶孔径小,而且成为一个整体的筛状结构,它们对大分子阻力大,小分子阻力小,起着分子筛效应,也就是蛋白质在分离胶中,因分子筛效应和电荷效应而出现迁移速度的差异,最终达到彼此分开。

电泳结束后,将蛋白转移固定在硝酸纤维素膜或聚偏二氟乙烯膜中,阻断膜中的非特异性蛋白质,经一抗孵育,与标记化学发光或荧光分子的二抗孵育,检测反映抗原或抗体结合的信号,使用软件进行目的蛋白带的密度测定分析。

【实验试剂】

RIPA 裂解液、蛋白酶抑制剂、PBS 缓冲液、SDS-PAGE 蛋白上样缓冲液（5×）、SDS-PAGE 凝胶配制试剂盒、蛋白 Maker、ECL 显色液、电泳液、转膜液、一抗、二抗、脱脂奶粉、1×TBST。

【实验器材】

1. 实验器材

PVDF 膜、剪刀、镊子、抗体孵育盒、细胞刮刀、薄玻璃板、厚玻璃板、梳子、架子、移液枪、培养皿、转膜液、滤纸、转膜夹板、海绵等。

2. 实验配方

（1）1×TBST：Tris-HCl 12.114 g、NaCl 9 g、1 mL Tween 20，ddH_2O 定容至 1 L。
（2）1×转膜液：Tris 3.05 g、Glycine 14.4 g、甲醇 200 mL，ddH_2O 定容至 1 L。
（3）1×电泳液：Glycine 18.80 g、Tris 3.02 g、SDS 1 g，ddH_2O 定容至 1 L。

【实验样本】

贵州黑山羊卵巢颗粒细胞总蛋白。

【实验步骤】

1. 制胶

（1）准备材料：薄玻璃板、厚玻璃板、梳子、架子、移液枪。
（2）清洗玻璃板：在自来水中加入洗洁精擦拭玻璃板，冲洗干净后再用蒸馏水冲洗一次，随后置于 37 ℃ 烘箱中烘干备用。
（3）灌胶：将玻璃板固定在架子中，薄玻璃板在前、厚玻璃板在后，根据 SDS-PAGE 凝胶配制试剂盒说明书，将下层胶（分离胶）配好后轻轻混匀，用移液器转移至玻璃板中，随后继续轻轻加入水或醇封装，将下层胶压平，放置于 37 ℃ 烘箱中 25 min 等待凝固。将上层水或醇倒掉，用滤纸吸取多余水分，按照说明书配制上层胶（浓缩胶如表 1-11-1 所示），加到玻璃板中，立马插上梳子，放置于 37 ℃ 烘箱中 10 min 等待凝固。
（4）根据目的蛋白的分子量大小选择合适的凝胶浓度，再按照表 1-11-2、表 1-11-3 配制 SDS-PAGE 的分离胶（即下层胶）。

表1-11-1　配制不同体积5%的SDS-PAGE浓缩胶所需各成分的体积

（单位：mL）

试剂	总体积					
	2	3	4	6	8	10
蒸馏水	1.4	2.1	2.7	4.1	5.5	6.8
30%Acr-Bis(29:1)	0.33	0.5	0.67	1.0	1.3	1.7
1 mol/L Tris,pH 6.8	0.25	0.38	0.5	0.75	1.0	1.25
10% SDS	0.02	0.03	0.04	0.06	0.08	0.1
10%凝胶聚合催化剂	0.02	0.03	0.04	0.06	0.08	0.1
TEMED	0.002	0.003	0.004	0.006	0.008	0.01

注：表格中每一个体积列所添加的试剂总体积与理论总体积不完全一致，是因为对数据进行了四舍五入处理。下同。

表1-11-2　不同浓度的SDS-PAGE分离胶的最佳分离范围

SDS-PAGE分离胶浓度	最佳分离范围
6%胶	50-150 kD
8%胶	30-90 kD
10%胶	20-80 kD
12%胶	12-60 kD
15%胶	10-40 kD

表1-11-3　配制不同体积SDS-PAGE分离胶所需各成分的体积(mL)

（单位：mL）

浓度	试剂	总体积					
		5	10	15	20	30	50
6%胶	蒸馏水	2.0	4.0	6.0	8.0	12.0	20.0
	30%Acr-Bis(29:1)	1.0	2.0	3.0	4.0	6.0	10.0
	1 mol/L Tris,pH 8.8	1.9	3.8	5.7	7.6	11.4	19.0
	10% SDS	0.05	0.1	0.15	0.2	0.3	0.5
	10%凝胶聚合催化剂	0.05	0.1	0.15	0.2	0.3	0.5
	TEMED	0.004	0.008	0.012	0.016	0.024	0.04
8%胶	蒸馏水	1.7	3.3	5	6.7	10.0	16.7
	30%Acr-Bis(29:1)	1.3	2.7	4.0	5.3	8.0	13.3
	1 mol/L Tris,pH 8.8	1.9	3.8	5.7	7.6	11.4	19.0
	10% SDS	0.05	0.1	0.15	0.2	0.3	0.5
	10%凝胶聚合催化剂	0.05	0.1	0.15	0.2	0.3	0.5
	TEMED	0.003	0.006	0.009	0.012	0.018	0.03

续表

浓度	试剂	总体积					
		5	10	15	20	30	50
10%胶	蒸馏水	1.3	2.7	4.0	5.3	8.0	13.3
	30%Acr-Bis(29:1)	1.7	3.3	5.0	6.7	10.0	16.7
	1 mol/L Tris, pH 8.8	1.9	3.8	5.7	7.6	11.4	19.0
	10% SDS	0.05	0.1	0.15	0.2	0.3	0.5
	10%凝胶聚合催化剂	0.05	0.1	0.15	0.2	0.3	0.5
	TEMED	0.002	0.004	0.006	0.008	0.012	0.02
12%胶	蒸馏水	1.0	2.0	3.0	4.0	6.0	10.0
	30%Acr-Bis(29:1)	2.0	4.0	6.0	8.0	12.0	20.0
	1 mol/L Tris, pH 8.8	1.9	3.8	5.7	7.6	11.4	19.0
	10% SDS	0.05	0.1	0.15	0.2	0.3	0.5
	10%凝胶聚合催化剂	0.05	0.1	0.15	0.2	0.3	0.5
	TEMED	0.002	0.004	0.006	0.008	0.012	0.02
15%胶	蒸馏水	0.5	1.0	1.5	2.0	3.0	5.0
	30%Acr-Bis(29:1)	2.5	5.0	7.5	10.0	15.0	25.0
	1 mol/L Tris, pH 8.8	1.9	3.8	5.7	7.6	11.4	19.0
	10% SDS	0.05	0.1	0.15	0.2	0.3	0.5
	10%凝胶聚合催化剂	0.05	0.1	0.15	0.2	0.3	0.5
	TEMED	0.002	0.004	0.006	0.008	0.012	0.02

2. 电泳

(1)准备材料:蛋白样品、蛋白Maker、移液枪。

(2)装板:将胶板取出,装入电极夹板(一定要夹紧,先将胶板下方对齐卡槽的下方,然后向上顶住胶板,使薄板上方边缘牢牢抵住弹棉,而后卡牢),将夹板装入电泳槽,正极对正极(红对红,黑对黑),向电泳槽中倒入1×电泳液至电泳槽容量的1/3左右,再往夹板中加满电泳液。上样时根据蛋白浓度,一般选择20~30 μg蛋白上样量,拔掉梳子,用10 μL移液枪插至加样孔中缓慢加入样品,样品两边加入5 μL蛋白Maker,插上电极(红对红,黑对黑),80 V浓缩30 min,110 V分离1 h左右,待蓝色溴酚蓝电泳至玻璃板底部即可。此后可预冷1×转膜液备用。

3. 转膜

(1)材料:培养皿、PVDF膜、剪刀、镊子、转膜液、滤纸、转膜夹板、海绵。

(2)预冷:将滤纸、海绵、夹板放入提前预冷的转膜液中浸泡备用。

(3)切胶:取出电泳完成的玻璃板,撬开薄板,根据蛋白Maker及目的蛋白大小,切掉多余胶。

(4)活化膜:裁剪与胶大小相同的PVDF膜,将PVDF膜放入甲醇中10~15 s,活化备用。

(5)装夹:将转膜夹板黑色面朝下,依次为黑色面(正极)—海绵—滤纸—胶—PVDF膜—滤纸—胶—白色面(负极)叠放卡紧(三明治结构),注意胶与PVDF及滤纸都要保持湿润,不要有气泡。

(6)转膜:将转膜夹板插入电极中,插入电泳槽,正极对正极(红对红,黑对黑),倒入预冷的转膜液,在电泳槽中放置一块冰袋,安装好电泳槽后,将电泳槽置于冰浴中进行转膜,转膜条件为110 V 70 min(可将1-289 kDa大小的蛋白转入PVDF膜上)。

4. 封闭

(1)材料:脱脂奶粉、1×TBST、抗体孵育盒。

(2)洗膜:转膜结束后,回收转膜液,取出PVDF膜放入1×TBST中清洗3次。

(3)封闭:使用5%脱脂奶粉或5%BSA在抗体孵育盒中置于37 ℃摇床中封闭2 h。

5. 一抗孵育

(1)材料:目标蛋白一抗、1×TBST、抗体孵育盒。

(2)稀释抗体:先将需要的抗体准备好,根据抗体说明书采用5%的脱脂奶粉稀释一抗。

(3)孵育:将PVDF膜转移至抗体孵育盒中,加入一抗稀释液至完全覆盖PVDF膜,4 ℃、50 r/min过夜孵育。

6. 二抗孵育

(1)材料:二抗、1×TBST缓冲液、抗体孵育盒。

(2)回收一抗:采用1 000 μL移液器将一抗回收至一新的无菌10 mL离心管中,置于4 ℃保存(在脱脂奶粉没有变质的情况下可反复使用3~4次)。

(3)洗膜:1×TBST洗膜3次,每次10 min。

(4)二抗孵育:根据二抗使用说明书,采用5%脱脂奶粉稀释二抗,在37 ℃摇床中孵育1.5 h。

7. 显影

(1)材料:ECL化学发光显色液。

(2)洗膜:弃掉二抗溶液,1×TBST洗膜3次,每次10 min。

(3)显影:避光配制显影液(A液+B液等比例混合)进行显色,将PVDF膜浸泡于显色液中1 min,随后使用凝胶成像系统进行成像分析。

【结果分析】

使用ImageJ软件分析蛋白条带的灰度值,表达量按照目的蛋白的灰度值/内参的灰度值,由图1-11-1可知,pcDNA3.1(+)-*COL1A1*组中COL1A1的表达量极显著地高于pcDNA3.1(+)空载体组。

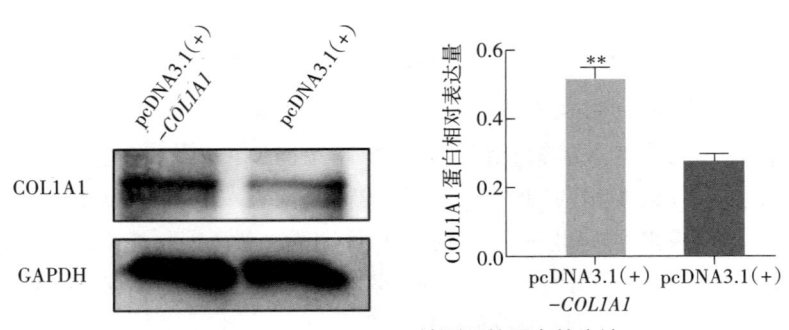

图1-11-1　western blot检测目的蛋白的表达

【注意事项】

(1)在裂解蛋白前,应保证细胞量足够且无污染。

(2)在制备蛋白样品时,应随时保持在冰上进行,防止蛋白降解,RIPA裂解液与蛋白酶抑制剂或磷酸酶抑制剂应现配现用。

(3)RIPA的使用量与细胞或组织的量有关,要获得高浓度的蛋白样品应适当减少RIPA的使用量。

(4)长期不用时,Cu试剂与PBS稀释液可置于2~8 ℃保存,如发现被污染则应丢弃。BCA试剂在低温条件下出现结晶沉淀时,可37 ℃温育使其完全溶解,不影响使用。

(5)在使用96孔板测定蛋白浓度时,加样后要保证孔内无气泡,气泡会影响吸光度,可以使用1 mL注射器戳破。

(6)凝胶聚合催化剂配制成10%的溶液后,应当在-20 ℃下保存。同时应尽量减少室温存放时间,以防失效。

(7)TEMED易挥发,使用后请盖紧瓶盖。另外凝胶凝固的速度与温度及光照关系密切,可通过适当调节凝胶聚合催化剂和TEMED的用量,不同的室内环境下凝胶凝固的速度不同。

(8)具体的凝固时间和温度及光照有关,说明书中10%的凝胶聚合催化剂和TEMED的正常推荐用量是室温为25 ℃时的推荐用量。为达到与25 ℃时相近的凝固时间,当室温低于25 ℃时,可以适当同时加大10%凝胶聚合催化剂和TEMED的用量,例如20 ℃时建议用量是正常推荐用量的1.5倍,15 ℃时建议用量是正常推荐用量的2倍。

(9)制胶的质量直接影响最后的实验结果,胶内要没有气泡,浓缩胶与分离胶界面要水平。

(10)为防止蛋白质条带扩散,上样后应尽快完成电泳,电泳完成后也应直接转膜。

(11)由于膜的疏水性,需先在甲醇中完全浸湿激活PVDF膜,且在以后的操作中,膜也必须随时保持湿润。

(12)电泳、转膜时要特别注意正负极(红对红,黑对黑),转膜时"三明治"的叠放次序不能错,同时应避免产生气泡,尽量让电转温度保持在10 ℃以下,冰浴为宜。

(13)一抗、二抗的浓度一般需参照抗体说明书选择最适当的比例,一抗、二抗的选择直接影响实验结果,以及封闭液、一抗溶液和二抗溶液在孵育时均需要完全覆盖PVDF膜。

(14)电泳中常出现的一些现象及可能原因分析。

条带呈笑脸状:凝胶不均匀冷却,中间冷却不好。

条带呈皱眉状:可能由于装置不合适,特别是凝胶和玻璃挡板底部有气泡,或者两边聚合不完全导致。

拖尾:样品溶解不好。

纹理(纵向条纹):样品中含有不溶性颗粒。

条带偏斜:电极不平衡,或者加样位置偏斜。

条带两边扩散:加样量过多。

（15）TEMED易燃，有腐蚀性，操作时请小心，并注意有效防护以避免直接接触人体或腐蚀其他物品。

【思考题】

（1）显影后PVDF膜背景太高的原因是什么？

（2）显影后PVDF膜上无背景、无条带的原因是什么？

（本实验编者 赵佳福）

实验十二 实验动物血清、血浆和无蛋白血滤液的制备

血清和血浆均是不含细胞(包括血小板)等有形成分的血液液体部分,其主要区别是血清不含凝血因子和血小板,血浆则含有凝血因子。血清是血液凝固析出的淡黄色透明液体。如将血液自血管内抽出,放入试管中,不加抗凝剂,则凝血反应被激活,血液迅速凝固,成胶冻状。凝血块收缩,其周围所析出的淡黄色透明液体即为血清,也可于凝血后经离心取上清液。凝血过程中,纤维蛋白原转变成纤维蛋白块,而血清中无纤维蛋白原,这一点是与血浆的区别。在凝血反应中,血小板释放出许多物质,各凝血因子也都发生了变化。这些成分都留在血清中并继续发生变化,如凝血酶原变成凝血酶,并随血清存放时间的延长逐渐减少直至消失,这些也都是与血浆的区别之处。但血清中大量未参加凝血反应的物质则与血浆基本相同。为避免抗凝剂的干扰,血液中许多化学成分的分析,都以血清为样品。

血浆,相当于结缔组织的细胞间质,是血液的重要组成成分,呈淡黄色液体(因含有胆红素)。血浆的化学成分中,水分占90%~92%,溶质以血浆蛋白为主。血浆蛋白是多种蛋白质的总称,用盐析法可将其分为白蛋白、球蛋白和纤维蛋白原三类。

血浆蛋白质的功能有:维持血浆胶体渗透压;组成血液缓冲体系,参与维持血液酸碱平衡;运输营养和代谢物质(血浆蛋白质为亲水胶体,许多难溶于水的物质与其结合可变为易溶于水的物质);营养功能(血浆蛋白分解产生的氨基酸,可用于合成组织蛋白质或氧化分解供应能量);参与凝血和免疫作用。血浆的无机盐主要以离子状态存在,正负离子总量相等,保持电中性。这些离子在维持血浆晶体渗透压、酸碱平衡以及神经-肌肉的正常兴奋性等方面起着重要作用。血浆的各种化学成分常在一定范围内不断地变动,其中葡萄糖、蛋白质、脂肪和激素等的浓度最易受营养状况和机体活动情况的影响,而无机盐浓度的变动范围较小。

无蛋白血滤液制备的基本原理是以蛋白质沉淀剂沉淀蛋白,用过滤法或离心法除去沉淀的蛋白。常用的方法有三氯醋酸法、氢氧化锌法、黑灯改良法及福林-吴宪法(钨酸法)。本实验采用钨酸法制备无蛋白血滤液。无蛋白血滤液可供非蛋白氮、血糖、氨基酸、尿素、尿酸及氯化物等项目测定使用。

【实验目的】

(1)掌握制备动物血清和血浆的原理和技术。
(2)掌握制备无蛋白血滤液的原理和技术。

【实验原理】

钨酸钠与硫酸混合,生成钨酸,血液中的蛋白质在pH小于其等电点的溶液中时,可以与钨酸结合生成蛋白质盐沉淀,经过滤或离心将蛋白质除掉,上清液为无色透明、pH约为6的无蛋白血滤液。

【实验试剂】

(1) 100 g/L钨酸钠溶液:称取钨酸钠100 g,溶于水中加水至1 000 mL。
(2) 0.33 mol/L硫酸:取已标定的当量硫酸2份加水1份混合。

【实验器材】

(1) 真空采血管、抗凝真空采血管、一次性注射器、采血针。
(2) 锥形瓶、移液管。

【实验样本】

新鲜鸡血或现场采集的其他实验动物血液。

【实验步骤】

1. 血清的制备

使用采血针和真空采血管采集实验动物血液(如采集血量较少可用灭菌1.5 mL EP管采集血液),采血管37 ℃倾斜静置(4 ℃冰箱静置2 h或者过夜),待血液凝固血清析出后,3 000 r/min离心10 min,得到的上清液即为血清,可小心地将上清液吸出(注意切勿吸出细胞成分),分装备用。

2. 血浆的制备

使用采血针和真空抗凝采血管采集实验动物血液(如采集血量较少可用灭菌的1.5 mL EP管采集血液)后,轻轻颠倒混匀抗凝采血管,使全血与抗凝剂充分混匀,3 000 r/min离心10 min,后所得的上清液即为血浆。血浆可在4 ℃下短期保存,若在-20 ℃或-80 ℃下可保存更久,但要测乳酸脱氢酶活性,必须取血后立即测,以获得准确的结果。

3. 无蛋白血滤液的制备

取50 mL锥形瓶或大试管1支,加入1 mL抗凝血,然后缓慢加入7 mL蒸馏水,轻摇混匀,再加入1 mL 0.33 mol/L硫酸溶液,轻摇混匀,静置约5 min后,若振摇亦不再发生泡沫,说明蛋白质已完全变性沉淀,用滤纸过滤后即得完全无色的无蛋白血滤液。

【注意事项】

(1) 正常的血清或者血浆样本为黄色清液,若偏红,即有红细胞破裂而产生溶血现象。采血时要避免实验动物毛发、油脂沾染血液导致溶血,所用的容器、注射器必须清洁干燥,不能有水或者有机溶剂。抽血时速度不要太快,速度太快会有气泡产生。如果使用止血带时,止血带不要扎得太久。

(2) 抗凝血中草酸盐过剩时,蛋白质沉淀不完全,沉淀不能变为暗褐色,此时可滴加 100 g/L 的硫酸一滴,摇匀,至沉淀变为暗褐色再进行过滤。

【思考题】

(1) 发生溶血的血清对哪些实验结果有影响?
(2) 常用的抗凝剂有哪些?如何选择抗凝剂?
(3) 为什么使用无蛋白血滤液测定非蛋白氮、血糖、氨基酸、尿素、尿酸及氯化物等项目?

(本实验编者 王彬)

实验十三 血清中葡萄糖、尿素的测定

　　血液中的葡萄糖称为血糖。正常哺乳类动物血糖浓度较恒定,如人类血糖维持在 3.9~6.1 mmol/L 之间。相对恒定的血糖浓度是机体进行正常生理活动的前提条件之一,其有着双重实际意义:其一,维持稳定的能源供给,满足机体在各种生理状态下对能量的需求;其二,保证机体不因进食致血糖浓度过高,导致糖的丢失。

　　因此,血糖的测定是生化检验实验室的常规检测项目。血糖测定按其发展过程及反应原理的不同,大致分为三类:酶法,主要包括葡萄糖氧化酶法和己糖激酶法;缩合法,主要包括邻甲苯胺法;氧化还原法。其中葡萄糖氧化酶法是应用最为广泛的测定血糖的方法之一。

　　尿素是体内氨基酸分解代谢的最终产物之一。肝细胞具有使氨生成尿素的作用,所以尿素的生成是肝脏的解毒功能之一。如果尿素在反刍动物的瘤胃中释放氨的速度过快,会导致氨在肝脏合成的尿素通过血液运输至肾脏,通过尿液排出体外。氨在瘤胃液快速积累,当氨的吸收量超过肝脏将氨转化为尿素的量时,家畜开始中毒。因此,测定反刍动物血清中的尿素含量具有重要的临床意义。尿素氮是最早被测定的体液中的物质之一,其测定方法归纳起来主要有两类:一类是直接法,即用某种特殊试剂与尿素直接作用,产生显色反应后再进行测定,如二乙酰一肟法;另一类是间接法,先用脲酶将尿素分解产生氨,然后用不同方法测定氨的量再换算成尿素的量,如脲酶比色法、酶偶联法、电导法、离子选择电极法和指示染料法等。直接法如二乙酰一肟法灵敏度高,精密度较好,操作简便,也可用于自动化分析,目前该法仍被大多数基层医院或实验室所采用,但二乙酰一肟与尿素的显色反应并非专一的,二乙酰一肟与瓜氨酸亦能显色。因此,使用二乙酰一肟法测定尿素氮会影响测定的准确性,还会污染实验室环境。间接法如酶偶联法具有特异性高、灵敏度高、精度好、不受其他含氮化合物干扰等特点,且既可手工操作也可用于自动化分析,是当今实验室广泛应用的方法。但该方法操作较费时,需要经过酶作用保温并沉淀除去蛋白质,还需具备可连续监测吸光度值变化和有恒温装置的分光光度计,而且试剂昂贵,不宜用于基层实验室。

【实验目的】

(1)掌握血清葡萄糖的测定原理和方法。
(2)掌握血清尿素的测定原理和方法。

【实验原理】

　　葡萄糖氧化酶(glucose oxidase,GOD)能将葡萄糖氧化为葡萄糖酸和过氧化氢。过氧化氢在过氧化物酶(peroxidase,POD)的作用下,分解为水和氧的同时将无色的 4-氨基安替比林与酚氧化缩合生成红色的醌类化合物,该反应即为 Trinder 反应。反应生成红色的醌类产物在 505 nm 波长处有吸收峰,并且其颜色的深浅在一定范围内与葡萄糖浓度成正比,与标准管比较可计算出血糖的浓度。反应式如下:

$$葡萄糖 + O_2 + 2H_2O \xrightarrow{GOD} D葡萄糖酸 + H_2O_2$$

$$2H_2O_2 + 4-氨基安替比林 + 酚 \xrightarrow{POD} 红色DD醌类化合物$$

血液中含有许多物质代谢过程中产生的非蛋白含氮化合物,例如尿素、尿酸、肌酸、胆红素及氨等。尿素是体内蛋白质、氨基酸分解代谢的终产物。尿素在肝脏内合成后,释放进入血液,然后经血液循环至肾脏排出体外。正常生理活动下,尿素的生成和排泄处于平衡状态,使血尿素浓度保持相对稳定,正常人的血尿素安静值为 3.2~7.0 mmol/L。二乙酰一肟法测定血清中尿素氮的含量的原理是:在强酸、加热的条件下,稳定的二乙酰一肟水解成不稳定的二乙酰,尿素与二乙酰缩合生成红色的 4,5-二甲基-2-氧咪唑化合物,其颜色深浅与尿素含量成正比。与同样处理的尿素标准液在 540 nm 比色,即可求得血清中的尿素含量。其反应式如下:

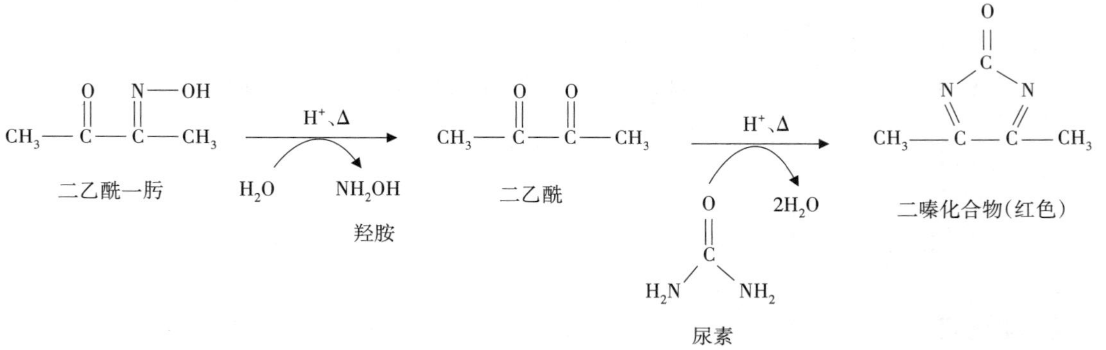

图1-13-1 二乙酰一肟法测定尿素的化学反应方程式

【实验试剂】

1. 血清中葡萄糖的测定

(1) 0.1 mol/L 磷酸盐缓冲液(pH7.0):称取无水磷酸氢二钠 8.67 g 及无水磷酸二氢钾 5.3 g 溶于 800 mL 蒸馏水中,用 1 mol/L 氢氧化钠(或 1 mol/L 盐酸)调节 pH 至 7.0,定容至 1 L。

(2) 酶试剂:称取过氧化物酶 1 200 U,葡萄糖氧化酶 1 200 U,4-氨基安替比林 10 mg,叠氮钠 100 mg,用 80 mL 0.1 mol/L 磷酸盐缓冲液溶解,1 mol/L NaOH 调 pH 至 7.0,加 0.1 mol/L 磷酸盐缓冲液至 100 mL,4 ℃保存。

(3) 酚溶液:称取重蒸馏酚 100 mg 溶于 100 mL 蒸馏水中,置于棕色瓶中保存。

(4) 酶酚混合试剂:取酶试剂与酚溶液 1∶1 混合,4 ℃保存。

(5) 12 mmol/L 的苯甲酸溶液:称取苯甲酸 1.4 g 溶于 800 mL 蒸馏水中,适当加热助溶,冷却后定容至 1 L。

(6) 葡萄糖标准贮存液(100 mmol/L):称取无水葡萄糖 1.8 g,加入 70 mL 12 mmol/L 苯甲酸溶液溶解,并定容至 100 mL。

(7) 葡萄糖标准应用液(5 mmol/L):吸取葡萄糖标准贮存液 5.0 mL 置于 100 mL 容量瓶中,加 12 mmol/L 的苯甲酸溶液定容至 100 mL。

2. 血清中尿素的测定

(1) 酸性试剂:去离子水 100 mL,然后加入浓硫酸 44 mL、85% 的磷酸 66 mL。冷至室温,加入氨基硫脲 50 mg 及硫酸镉($CdSO_4 \cdot 8H_2O$) 2 g,溶解后用去离子水定容至 1 L。置于棕色瓶中,4 ℃下可保存半年。

(2) 179.9 mmol/L 的二乙酰一肟溶液:称二乙酰一肟 20 g 溶于去离子水中并定容至 1 L。置棕色瓶中,4 ℃下可保存半年。

(3) 尿素标准贮存液(100 mmol/L):精确称取于 60~65 ℃下干燥恒重的尿素(相对分子量为 60.06) 0.6 g,溶解于无氨去离子水中,并定容至 100 mL,加 0.1 g 叠氮钠防腐,4 ℃下可保存 6 个月。

(4) 尿素标准应用液(5 mmol/L):取 5 mL 上述贮存液用无氨去离子水稀释至 100 mL。

【实验器材】

试管、吸管、试管架、微量移液器、恒温水浴箱、分光光度计、容量瓶等。

【实验样本】

新鲜山羊血清,无溶血。

【实验步骤】

1. 血清中葡萄糖的测定

(1) 取 4 支试管,按下表 1-13-1 加入试剂。

表 1-13-1 测定血清葡萄糖浓度加样表

(单位:mL)

试剂	标准管	测定管 1	测定管 2	空白管
血清	—	0.02	0.02	—
葡萄糖标准液	0.02	—	—	—
蒸馏水	—	—	—	0.02
酶酚混合试剂	3	3	3	3

（2）各管充分混匀,37 ℃水浴中保温20 min。

（3）冷却至室温后,以空白管调零,505 nm处读取标准管及测定管吸光度值。

2. 血清中尿素的测定

（1）取试管4支,在试管上标明空白管、标准管、测定管1、测定管2,按下表1-13-2进行操作。

表1-13-2　测定血清尿素浓度加样表

（单位:mL）

试剂	空白管	标准管	测定管1	测定管2
血清	0.00	0.00	0.02	0.02
尿素标准应用液	0.00	0.02	0.00	0.00
去离子水	0.02	0.00	0.00	0.00
二乙酰一肟溶液	0.50	0.50	0.50	0.50
酸性试剂	5.00	5.00	5.00	5.00

（2）混匀后于沸水浴中孵育12 min,取出在冷水浴中冷却5 min。

（3）以空白管调零,采用分光光度计在540 nm处读取各管吸光度值。

【结果分析】

1. 血清中葡萄糖的测定

标准管血清葡萄糖浓度为5 mmol/L,根据下列公式计算测定管中的血糖浓度:

$$测定管的血糖浓度（mmol/L）= \frac{测试管吸光度}{标准管吸光度} \times 5$$

两管的平均值即为测定管的血糖浓度。

2. 血清中尿素的测定

标准管血清尿素浓度为5 mmol/L,根据下列公式计算测定管中的血糖浓度:

$$血清尿素（mmol/L）= \frac{测定管吸光度}{标准管吸光度} \times 5$$

两管的平均值即为测定管的血糖浓度。

【注意事项】

1. 血清中葡萄糖的测定

在测定血清的葡萄糖浓度时,如果测定结果超过20 mmol/L,应将样本用生理盐水稀释后再测定,结果乘以稀释倍数。若酶酚混合试剂呈红色,应弃之重配。因样本和葡萄糖标准液的用量少,其加量是否准确对测定结果影响较大,故其加量必须准确。

2. 血清中尿素的测定

（1）本法线性范围达 14 mmol/L 尿素，如遇高于此浓度的样本（如尿液），必须用生理盐水进行适当的稀释后重测（尿液需稀释50倍以上），然后乘以稀释倍数。

（2）试剂中加入硫氨脲和镉离子，增进显色强度和色泽稳定性，但仍有轻度退色现象（每小时小于5%）。加热显色冷却后应及时比色。

（3）以前习惯使用尿素氮（1 mmol/L尿素相当于28 mg/L尿素氮，或 1 mmol/L尿素＝2 mmol/L尿素氮）表示尿素浓度，世界卫生组织推荐用单位 mmol/L 表示尿素浓度，所以我国卫生部临检中心也规定一律使用此表示方法，不再使用尿素氮一词。

【思考题】

（1）血糖有哪些来源和去路？机体是如何调节血糖浓度恒定的？

（2）测定血清中的尿素有何意义？

（本实验编者 赵佳福 马小彦）

实验十四 血清中胆固醇、甘油三酯的测定

血清脂类也称为血脂,主要包括胆固醇、甘油三酯、磷脂和游离脂肪酸,它们是细胞基础代谢的必需物质。血脂中的主要成分是胆固醇和甘油三酯,其中胆固醇主要用于合成细胞浆膜、类固醇激素和胆汁酸,而甘油三酯则参与人体内的能量代谢。血脂在正常情况下是趋于稳定的,但血脂水平也易受非疾病因素的影响,如某人平时空腹血脂正常,食用高脂肪膳食2h后抽血检查血脂,就会发现此时的血脂水平比平时空腹水平高出许多。但是这种膳食所造成的影响只是暂时的,通常在3~6 h之后血脂即可恢复正常。另外,短期饥饿也可因储存脂肪的大量动员,而使血脂含量暂时升高。

血脂测定可及时地反映体内脂类代谢状况,是临床常规分析的重要指标。在临床上,对这些成分的检测由来已久,就方法而言有化学法、酶法、免疫化学比浊法、电泳法、超速离心法等。血清中胆固醇包括胆固醇脂(cholesterol ester,CE)和游离胆固醇(free cholesterol,FC),在低密度脂蛋白(low density lipoprotein,LDL)中最多,在高密度脂蛋白(high density lipoprotein,HDL)和极低密度脂蛋白(very low density lipoprotein,VLDL)中含量次之,在乳糜颗粒(chylomicron,CM)中最少。血清总胆固醇测定方法分为化学法和酶法两大类。化学法一般包括抽提,皂化,毛地黄皂苷沉淀纯化,显色、比色四个阶段。代表性的方法有Abell-Kendall法,目前临床上常用的是胆固醇氧化酶法。甘油三酯(triglyceride,TG)的测定也分为化学法和酶法两类。化学法可使用正庚烷-异丙醇混合溶剂等从血清中抽提出甘油三酯,再经过皂化、氧化、显色反应进行测定,乙酰丙酮显色法是目前常用的测定甘油三酯的化学法。酶法测定甘油三酯具有简便、快速、微量且试剂较稳定等优点,适用于手工和自动化测定。

【实验目的】

(1)了解血清中胆固醇、甘油三酯测定的实验原理。
(2)掌握血清中胆固醇、甘油三酯测定的操作技术。

【实验原理】

(1)血清中总胆固醇(total cholesterol,TC)包括游离胆固醇(free cholesterol,FC)和胆固醇酯(cholesterol ester,CE)两部分。胆固醇氧化酶法测定血清总胆固醇:血清中胆固醇酯可被胆固醇酯酶水解为游离胆固醇和游离脂肪酸(FFA),胆固醇在胆固醇氧化酶的氧化作用下生成Δ^4-胆甾烯酮和过氧化氢(H_2O_2),H_2O_2在4-氨基安替比林(4-AAP)和酚存在时,经过氧化物酶催化,反应生成苯醌亚胺非那腙的红色醌类化合物,其颜色深浅与样本中TC含量成正比。

(2)乙酰丙酮显色法测定血清甘油三酯:血清甘油三酯经过正庚烷-异丙醇混合溶剂抽提,用氢氧化钾皂化生成甘油,在过碘酸的作用下甘油被氧化为甲醛,当有铵离子存在时,甲醛和乙酰丙酮发生缩合反应生成带荧光的黄色物质即3,5-二乙酰-1,4-二氢二甲基吡啶(Hantgsch反应),反应液的颜色深浅与TG的浓度成正比。

【实验试剂】

1. 血清总胆固醇的测定

(1)胆固醇液体酶试剂组成

GOOD'S 缓冲液(pH6.7)	50 mmol/L
胆固醇酯酶	≥200 U/L
胆固醇氧化酶	≥100 U/L
过氧化物酶	≥3 000 U/L
4-AAP	0.3 mmol/L
苯酚	5 mmol/L

(2)胆固醇标准溶液 5.17 mmol/L(2 mg/mL)

精确称取胆固醇200 mg,用异丙醇配成100 mL溶液,分装后,4 ℃保存,临用取出。也可用定值的参考血清作标准。

2. 血清甘油三酯的测定

(1)抽提液:正庚烷(AR)和异丙醇(AR)以4∶7比例(体积比)混合均匀。

(2)40 mmol/L H_2SO_4 溶液:浓硫酸2.24 mL(根据密度和百分含量而定)加蒸馏水稀释至1 000 mL。

(3)皂化剂:称取氢氧化钾6.0 g溶于蒸馏水60 mL中,再加异丙醇40 mL,混匀后置棕色瓶中室温保存。

(4)氧化剂:称取过碘酸钠65 mg,溶于约50 mL蒸馏水中,再加入无水醋酸铵7.7 g,溶解后加冰醋酸6 mL,最后加蒸馏水至100 mL,置棕色瓶中室温保存。

(5)显色剂:取乙酰丙酮0.4 mL加到100 mL异丙醇中,混匀后置棕色瓶室温保存。

(6)2.26 mmol/L(2 mg/mL)的三油酸甘油酯标准液:准确称取三油酸甘油酯(平均分子量为885.4)200 mg,溶于抽提液,用抽提液定容至100 mL容量瓶中,分装后置4 ℃冰箱保存。

【实验器材】

721型分光光度计、量筒、烧杯、万分之一电子天平、水浴锅。

【实验样本】

人血清。

【实验步骤】

1. 血清总胆固醇的测定

(1) 胆固醇氧化法检测 TC 按表 1-14-1 依次加样。

表 1-14-1　胆固醇氧化酶法测定 TC 的操作步骤

加入物	空白管	标准管	测定管
血清/μL	—	—	10
标准液或定值血清/μL	—	10	—
蒸馏水/μL	10	—	—
酶试剂/μL	1 000	1 000	1 000

(2) 混匀后,37 ℃保温 5 min,用分光光度计比色,于 500 nm 波长处以空白管调零,再依次测定各管吸光度。

(3) 根据以下公式计算血清中总胆固醇的含量:

$$\text{血清 TC (mmol/L)} = \frac{\text{测定管吸光度}}{\text{标准管吸光度}} \times \text{胆固醇标准液浓度}$$

2. 血清甘油三酯的测定

(1) 按表 1-14-2 依次加入各物质。

表 1-14-2　乙酰丙酮显色法测定血清甘油三酯的操作步骤

加入物	空白管	标准管	测定管
血清/mL	—	—	0.2
标准液/mL	—	0.2	—
蒸馏水/mL	0.2	—	—
抽提剂/mL	2.5	2.5	2.5
40 mmol/L H_2SO_4/mL	0.5	0.5	0.5
边加边摇,使之充分混匀,静置分层后,分别准确吸取上清液于另外 3 支试管中。			
上清液/mL	0.3	0.3	0.3
皂化剂/mL	1.0	1.0	1.0
加入皂化剂后,充分混匀各管,56 ℃水浴保温 5 min,然后再分别加入下列试剂。			
氧化剂/mL	1.0	1.0	1.0
显色剂/mL	1.0	1.0	1.0

(2)加试剂后充分混匀各管,56 ℃水浴保温25 min,取出冷却,用分光光度计比色,于415 nm波长处以空白管调零,测出各管的吸光度。

(3)根据以下公式计算血清中甘油三酯的含量:

$$血清\ TG(mmol/L) = \frac{测定管吸光度}{标准管吸光度} \times 标准液浓度$$

【结果分析】

1. 血清总胆固醇的测定

(1)血清胆固醇参考值:3.0~5.2 mmol/L;危险阈值:5.2~6.2 mmol/L;高胆固醇血症:≥6.2 mmol/L。

(2)TC增高:常见于动脉粥样硬化、原发性高脂血症(如家族性高胆固醇血症、家族性ApoB缺陷症、多源性高胆固醇血症、混合性高脂蛋白血症等)、糖尿病、肾病综合征、胆总管阻塞、甲状腺功能减退、肥大性骨关节炎、老年性白内障和牛皮癣。

(3)TC降低:常见于低脂蛋白血症、贫血、败血症、甲状腺功能亢进、肝脏疾病、严重感染、营养不良、肠道吸收不良和药物治疗过程中的溶血性黄疸,以及慢性消耗性疾病如癌症晚期等。

(4)在胆固醇氧化酶法中血红蛋白高于2 g/L时引起正干扰;胆红素高于0.1 g/L时有明显负干扰;血中维生素C与甲基多巴浓度高于治疗水平时,会使结果降低。但是在速率法中上述干扰物质影响较小。高TG血症对本法无明显影响。

2. 血清甘油三酯的测定

(1)血清TG正常范围:0.55~1.70 mmol/L;临界阈值:2.30 mmol/l;危险阈值:4.50 mmol/L。

(2)血清TG增高常见于家族性脂类代谢紊乱、肾病综合征、糖尿病、甲状腺功能减退、急性胰腺炎、糖原累积病、胆道梗死、原发性甘油三酯增高、动脉粥样硬化等。

(3)血清TG降低比较少见,慢性阻塞性肺疾患、脑梗死、甲状腺功能亢进、营养不良和消化吸收不良综合征等可引起血清TG的降低。

【注意事项】

1. 血清总胆固醇的测定

(1)试剂中酶的质量影响测定结果。

(2)若需检测游离胆固醇浓度,将酶试剂成分的胆固醇酯酶去掉即可。

(3)检测样本可为血清或者血浆(以肝素或EDTA-2K抗凝)。

(4)本方法检测的样本浓度的线性范围为小于等于19.38 mmol/L(7.5 mg/mL)。

(5)检测TC的血清(浆)标本密闭保存时,在4 ℃下可稳定1周,-20 ℃下可稳定半年以上。

2. 血清甘油三酯的测定

(1)血清TG易受饮食的影响,在进食脂肪后可以观察到血清中甘油三酯明显上升,2~4 h内即可出现血清混浊,8 h以后接近空腹水平。因此,要求空腹12 h后再进行采血,并要求72 h内不饮酒,否则会使检测结果偏高。

(2)显色后吸光度随时间延长会有一定量的增高,故加样后要立即比色,当样本过多时,可置冰箱中逐管进行比色。

(3)本方法所用试剂较稳定,室温下可保存半年,分装使用可避免因试剂污染而引起的空白值升高。

(4)皂化、氧化及显色的时间和温度对吸光度均会有影响,所以每测定一批待测液的吸光度都应该同时做标准对照。

(5)TG在12.93 mmol/L以下时,线性关系良好,当血清明显混浊时,可用生理盐水进行倍比稀释后再测。

(6)以血浆作样本时,还应注意抗凝剂的影响,通常使用EDTA-2K(1 mg/mL)作抗凝剂。

(7)无论是使用血浆还是使用血清作为检测标本,取血后都应及时分离,以免红细胞膜磷脂在磷脂酶的作用下产生游离甘油(free glycerol,FG)导致TG含量降低,或者抗凝剂存在时红细胞内水溢出而稀释血浆降低TG含量。分离血浆前,标本最好放于冰水中,并尽快分离血浆,避免TG自发水解出现误差。

(8)乙酰丙酮显色法测定范围较宽,样本含量在0.28~12.93 mmol/L之间,具有良好的线性关系,回收率为100.4%~117.3%,批内变异系数为2.49%,批间变异系数为2.18%,符合临床检验方法学的要求。

(9)甘油被过碘酸氧化成甲醛的反应是非特异的,血清中磷脂、葡萄糖、游离甘油等也会被碘酸非特异地氧化,乙酰丙酮显色法中采用了分溶抽提,TG分配在正庚烷相中,而磷脂等则分配在异丙醇-水相中,提高了反应的特异性。

【思考题】

(1)测定血清中总胆固醇和甘油三酯的临床意义是什么?

(2)为什么要在空腹状态下抽血分离血清检测?

(本实验编者 段志强)

实验十五　血清中磷脂、游离脂肪酸的测定

血清磷脂包括卵磷脂、溶血卵磷脂、神经磷脂、脑磷脂和其他少量磷脂。如需要分别检测各种磷脂,可以通过薄层层析法、柱层析法和高压液相色谱法进行测定。目前,临床仅测定血清磷脂总量。血清磷脂总量的测定方法有化学法和酶法两大类。化学法是以磷脂中的磷为定量依据,因为每个磷脂分子中都含有一个磷酸根,故将磷脂的磷称为脂性磷。由于血清中磷脂大部分为卵磷脂,其分子量中磷约占4%,故将脂性磷换算成磷脂的系数一般为25。由于化学法均需要抽提,再测抽提液中磷脂的磷,血清中的磷酸盐不可能混入抽提液中,因此血清中的磷酸盐对磷脂测定的干扰很少。酶法是利用磷脂酶进行定量测定的方法,生物体中的磷脂酶包括磷脂酶A1、A2、C和D四种。磷脂酶D的特异性差,均可水解卵磷脂、溶血卵磷脂和神经磷脂,三者约占血清总磷脂的95%,临床多用含磷脂酶D的试剂进行磷脂定量测定。

血清游离脂肪酸属于未酯化的一类脂肪酸,故又称为非酯化脂肪酸,其量很少,必须采用灵敏的方法测定,还需要避免脂肪水解产生脂肪酸的干扰。测定方法有:①滴定法,需要微量滴定装置,因为要通过肉眼观察颜色,难免会有主观因素的影响,所以难以测定准确,不是常规方法;②光度法,常用铜皂法;③酶法,主要采用特异性不强的脂肪酶D进行检测,方法特异,快速准确,已常规应用于临床。

【实验目的】

(1)了解测定血清中磷脂、游离脂肪酸的实验原理。
(2)掌握测定血清中磷脂、游离脂肪酸的操作技术。

【实验原理】

1. 酶法测定血清磷脂

磷脂酶D因特异性不高,能水解血清中卵磷脂、溶血卵磷脂和神经磷脂(三者占血清总磷脂的95%),并释放出胆碱,胆碱在胆碱氧化酶作用下生成甜菜碱和H_2O_2,在过氧化物酶的作用下,H_2O_2、4-氨基安替比林(4-AAP)、酚发生反应生成红色醌亚胺化合物,其颜色深浅与这三种磷脂的含量成正比,在500 nm波长下比色测定吸光度。

2. 酶法测定血清游离脂肪酸

酶法测定游离脂肪酸实验中需要3种酶——乙酰辅酶A合成酶(acyl-CoA synthetase,ACS)、脂酰辅酶A氧化酶(acyl-CoA oxidase,ACOD)和过氧化物酶(peroxidase,POD)。主要原理为血清游离

脂肪酸在ACS的催化下生成脂酰辅酶A,脂酰辅酶A在ACOD的催化下产生过氧化氢,过氧化氢在POD存在下作用于相应底物产生有色的醌类物质,其吸光度的大小与血清游离脂肪酸的浓度成正比。

【实验试剂】

1. 血清磷脂的测定

(1)酶应用液(参考配方):每100 mL Tris-His缓冲液(50 mmol/L,pH7.8)中含有物质如表1-15-1所示。

表1-15-1　酶应用液配方表

试剂	加入量
磷脂酶D	45 U
胆碱氧化酶	100 U
过氧化物酶	220 U
4-氨基安替比林	12 mg
酚	20 mg
$CaCl_2 \cdot 2H_2O$	8 mg
Triton X-100	0.2 g

(2)标准液:纯卵磷脂,临用前配制,5 mg/2.5 mL蒸馏水(含Triton X-100 0.5%)。

2. 血清游离脂肪酸的测定

(1)缓冲液:0.04 mmol/L、pH 6.9的磷酸缓冲液,3 mol/L $MgCl_2$,0.15%的去垢剂。

(2)酶/辅酶:乙酰CoA合成酶≥0.3 U/mL,抗坏血酸氧化酶≥1.5 U/mL,CoA 0.9 mmol/L,ATP 5 mmol/L,4-AAP 1.5 mmol/L,溶于10 mL上述缓冲液中。冷藏后5日内使用。

(3)酶稀释液:苯氧乙醇0.3%(体积比)。

(4)马来酰亚胺混合液:马来酰亚胺10.6 mmol/L,与酶稀释液等体积混合。

(5)酶试剂:乙酰CoA氧化酶≥10 U/mL,过氧化物酶7.5 U/mL,TOOS 0.2 mmol/L,混合上述试剂,再与等体积马来酰亚胺混合液混合。冷藏后5日内使用。

(6)1 mmol/L的游离脂肪酸标准液:冷藏。

【实验器材】

721型分光光度计、量筒、烧杯、万分之一电子天平、水浴锅。

【实验样本】

人血清。

【实验步骤】

1. 血清磷脂的测定

(1) 样本采集:空腹 12 h 抽静脉血,不抗凝分离血清,或抗凝血分离血浆。

(2) 在 3.0 mL 的酶应用液中加入血清(浆)20 μL,标准管加标准液 20 μL,空白管加水 20 μL,放置于 37 ℃水浴锅中加热 10 min 后,于波长 500 nm 比色,空白管调零。

(3) 根据以下公式计算血清中磷脂的含量:

$$\text{血清磷脂(mmol/L)} = \text{血清磷脂(mg/dL)} \times 0.129\,2$$

2. 血清游离脂肪酸的测定

(1) 抽提:准备四支试管,分别标记为试剂空白管、标准管、测定管以及测定空白管。在试剂空白管中加入 25 μL 水和 0.5 mL 酶/辅酶;在标准管中加入 25 μL 1 mmol/L 的游离脂肪酸标准液和 0.5 mL 酶/辅酶;在测定管中加入 25 μL 和 0.5 mL 酶/辅酶;在测定空白管中加入 0.5 mL 酶/辅酶。混匀后在 37 ℃水浴锅中加热 10 min。

(2) 显色:分别向四支试管中加入 1 mL 酶试剂,同时在测定空白管中加入 25 μL 血清,混匀后,在 37 ℃水浴锅中加热 10 min。

(3) 测定:以空白管调节零点,在 550 nm 波长下测定各管的吸光度值,分别记录为标准管($A_{标准}$),测定管($A_{测定}$)和测定空白管($A_{空白}$)。

(4) 根据以下公式计算血清中游离脂肪酸的含量:

$$\text{血清游离脂肪酸}(\mu\text{mol/L}) = \frac{A_{测定} - A_{空白}}{A_{标准}} \times \text{标准值}$$

【结果分析】

1. 血清磷脂的测定

(1) 血清中磷脂的正常参考值为 1.10~2.10 g/L。

(2) 血清磷脂增高常见于梗阻性黄疸、原发性胆汁性肝硬化、原发性硬化性胆管炎、Ziere 综合征、糖原累积病、肥胖症、糖尿病、急慢性胰腺炎、肾病综合征、甲状腺功能减低症、脂肪肝、脂肪营养不良、妊娠、口服避孕药等。

(3) 血清磷脂减少见于重症肝炎、失代偿肝硬化、丹吉尔(Tangier)病、甲状腺功能亢进症、吸收不良综合征、骨髓增殖性疾病、多发性骨髓瘤、Wolman 病、Leye 综合征、多发性硬化症等。

2. 血清游离脂肪酸的测定

(1) 酶法(37 ℃):400 ~ 900 μmol/L。

(2)血清游离脂肪酸升高常见于糖尿病、糖原累积病、甲状腺功能亢进症、褐色细胞瘤、肢端肥大症、巨人症、库欣综合征、重症肝损害、心肌梗死、妊娠后期、阻塞性黄疸、肝炎、肝硬化、血色病等。

(3)血清游离脂肪酸降低见于甲状腺功能减低症、艾迪生病、胰岛细胞瘤、脑垂体功能减退症、降糖药或胰岛素使用过量等。

【注意事项】

1. 血清磷脂的测定

(1)磷脂酶D的水解特异性不高,但血清中的卵磷脂、溶血卵磷脂与神经磷脂三部分占总磷脂的95%左右,故可用磷脂酶D测定磷脂的值代表血清总磷脂。

(2)以上酶配方仅供参考,稳定剂及附加剂均需研究。

2. 血清游离脂肪酸的测定

(1)若血清游离脂肪酸浓度大于2 mmol/L,可适当稀释后再测。

(2)作血清游离脂肪酸测定的样本一定要在4 ℃条件下分离血清并进行测定。因为血中有各种脂肪酶存在,极易促使血中TG和PL的酯型脂肪酸分解成非酯化的FFA,使血中FFA值上升。

(3)贮存的样本仅限于24 h内,保存三天的样本中的FFA值约升高30%,结果不准确。

【思考题】

(1)磷脂酶D在血清磷脂测定中的作用是什么?

(2)血清游离脂肪酸测定的样本为什么要在4 ℃条件下分离血清并进行测定?

(本实验编者 段志强)

实验十六 酮体测定法检测动物肝脏脂肪酸的 β-氧化

1904年Knoop利用苯环在体内不能被氧化的特点,将苯环作为标记物,以各种不同的苯脂酸(如苯甲酸、苯乙酸等)来喂饲狗,然后检查其排出的尿液。结果发现,若用含奇数碳原子的苯脂酸喂狗,在其所排出的尿中有马尿酸;若用含偶数碳原子的苯脂酸喂狗,在其所排出的尿中有苯乙尿酸。他根据这些实验结果,提出了脂肪酸的β-氧化学说:认为脂肪酸的氧化降解是从羧基端的β-位碳原子开始,每次降解出一个二碳单位。每经过一次β-氧化,可产生比原来少两个碳原子的脂酰辅酶A(Acyl-CoA)和一分子乙酰辅酶A(Acetyl-CoA)。Knoop的这一发现在生物化学中是一个里程碑,因为他第一次利用合成标记来解释反应机制。

【实验目的】

(1) 了解脂肪酸的β-氧化作用。
(2) 掌握测定β-氧化作用的方法及其原理。

【实验原理】

在肝脏中,脂肪酸经β-氧化作用生成乙酰CoA。生成的乙酰CoA可经代谢缩合成乙酰乙酸,而乙酰乙酸既可脱羧生成丙酮,也可经β-羟丁酸脱氢酶作用被还原为β-羟丁酸。乙酰乙酸、β-羟丁酸和丙酮三种物质统称为酮体。酮体为机体代谢的正常中间产物,在肝脏中生成后需被运往肝外组织才能被机体所利用。在正常情况下,酮体在动物体内含量甚微;患糖尿病或食用高脂肪膳食时,血中酮体含量增高,尿中也能出现酮体。

本实验用丁酸作底物,将之与新鲜的肝匀浆一起保温后,再测定其中酮体的生成量。因为在碱性溶液中碘可以将丙酮氧化为碘仿(CHI_3),所以通过用硫代硫酸钠($Na_2S_2O_3$)滴定反应中剩余的碘就可以计算出所消耗的碘量,进而可以求出以丙酮为代表的酮体含量。有关的反应式如下:

$$CH_3COCH_3 + 4NaOH + 3I_2 \longrightarrow CHI_3 + CH_3COONa + 3NaI + 3H_2O$$

$$I_2 + 2Na_2S_2O_3 \longleftrightarrow Na_2S_4O_6 + 2NaI$$

根据滴定样品与滴定对照所消耗的硫代硫酸钠溶液体积之差,就可以计算由丁酸氧化生成丙酮的量。

【实验试剂】

（1）10 g/mL（W/V）氢氧化钠溶液：称取 10 g 氢氧化钠，在烧杯中用少量蒸馏水将之溶解后，用蒸馏水定容至 100 mL。

（2）0.1 mol/L 的碘溶液：称取 12.7 g 碘和约 25 g 碘化钾，放置于研钵中。加入少量蒸馏水后，将之研磨至溶解。用蒸馏水定容到 1 000 mL，在棕色瓶中保存。此时可用标准硫代硫酸钠溶液标定其浓度。

（3）0.5 mol/L 的正丁酸：取 5 mL 正丁酸，用 0.5 mol/L 的氢氧化钠溶液中和至 pH 7.6，并用蒸馏水稀释至 100 mL。

（4）0.1 mol/L 碘酸钾（KIO_3）溶液：称取 0.891 8 g 干燥的碘酸钾，用少量蒸馏水将之溶解，最后用蒸馏水定容至 250 mL。

（5）0.1 mol/L 的硫代硫酸钠（$Na_2S_2O_3$）溶液：称取 25 g 硫代硫酸钠，将它溶解于适量煮沸的蒸馏水中，并继续煮沸 5 min。冷却后，用冷却的已煮沸过的蒸馏水定容到 1 000 mL。此时即可用 0.1 mol/L 的碘酸钾溶液标定其浓度。

硫代硫酸钠溶液的标定：将蒸馏水 25 mL、碘化钾 2 g、碳酸氢钠 0.5 g、10% 的盐酸溶液 20 mL 加到一个锥形瓶内，另取 0.1 mol/L 的碘酸钾溶液 25 mL 加入其中，然后用硫代硫酸钠溶液将之滴定至浅黄色。再加入 0.1% 的淀粉溶液 2 mL，然后继续用硫代硫酸钠溶液将之滴定至蓝色消退为止。另设空白对照，其中仅以蒸馏水代替碘酸钾，其余操作相同。计算硫代硫酸钠溶液的浓度所依据的反应式如下：

$$5KI + KIO_3 + 6HCl = 3I_2 + 6KCl + 3H_2O$$

$$I_2 + 2Na_2S_2O_3 = Na_2S_4O_6 + 2NaI$$

（6）标准 0.01 mol/L 的硫代硫酸钠溶液：临用时将已标定的 0.1 mol/L 的硫代硫酸钠溶液稀释成 0.01 mol/L。

（7）10%（体积分数）的盐酸溶液：取 10 mL 盐酸，用蒸馏水稀释到 100 mL。

（8）0.1 g/mL 淀粉溶液：称取 0.1 g 可溶性淀粉，置于研钵中。加入少量预冷的蒸馏水，将淀粉调成糊状。再慢慢倒入煮沸的蒸馏水 90 mL，搅匀后，再用蒸馏水定容到 100 mL。

（9）0.9 g/mL 的氯化钠。

（10）磷酸缓冲液（pH 7.7）：取下列 A 液 90 mL 和 B 液 10 mL，将两者混合即可。

A 液 Na_2HPO_4 溶液：称取 1.187 g $Na_2HPO_4 \cdot 2H_2O$，将之溶解于蒸馏水中，用蒸馏水定容到 100 mL。

B 液 KH_2PO_4 溶液：称取 0.907 8 g KH_2PO_4，将之溶解于蒸馏水中，最后用蒸馏水定容至 100 mL。

（11）15% 的三氯乙酸溶液。

【实验器材】

恒温水浴锅,微量滴定管(5 mL),刻度吸管(5 mL、10 mL),匀浆器或研钵,剪刀,镊子,漏斗,锥形瓶(50 mL),试管,碘量瓶,电子天平,洗耳球,培养皿等。

【实验样本】

实验用小白鼠。

【实验步骤】

1. 肝糜的制备

(1)将动物小鼠采用颈椎脱臼法处死,取出肝脏。

(2)用0.9%的氯化钠溶液洗去肝脏上的污血,然后用滤纸吸去表面的水分。

(3)称取肝组织5 g置于研钵中,加少量0.9%的氯化钠溶液,研磨成细浆,再加0.9%的氯化钠溶液至溶液总体积为10 mL。

2. 保温反应

(1)取2个50 mL的锥形瓶,编号A、B,按表1-16-1操作。

表1-16-1 保温反应加样表

(单位:mL)

试剂	A	B
新鲜肝糜	0	2
预先煮沸的肝糜	2	0
pH7.7的磷酸缓冲液	3	3
0.5 mol/L的正丁酸溶液	2	2

(2)将加好试剂的2个锥形瓶摇匀,放入43 ℃恒温水浴锅中保温40 min后取出。

3. 沉淀蛋白

(1)取出1、2号锥形瓶,分别加入15%的三氯乙酸溶液3 mL,摇匀后,于室温放置10 min。

(2)将锥形瓶中的混合液转移到离心管,4 000 r/min离心10 min收集无蛋白质的上清液(即无蛋白滤液)于事先编号A、B的试管中。

4. 酮体的测定

(1)取碘量瓶2个,根据上述编号顺序按表1-16-2操作。

表1-16-2 酮体测定加样表

(单位:mL)

试剂	A	B
无蛋白滤液	5.0	5.0
0.1 mol/L的碘液	3.0	3.0
10%的NaOH	3.0	3.0

(2)加完试剂后摇匀,将碘量瓶于室温放置10 min。

(3)每个碘量瓶中分别滴加10%的盐酸溶液,使各瓶中溶液中和到中性或微酸性(可用pH试纸进行检测)。

(4)用0.01 mol/L的硫代硫酸钠溶液滴定到碘量瓶中的溶液呈浅黄色时,往瓶中滴加数滴0.1%的淀粉溶液,使瓶中溶液呈蓝色。

(5)继续用0.01 mol/L的硫代硫酸钠溶液滴定到碘量瓶中溶液的蓝色消褪为止。

(6)记录下滴定时所用去的硫代硫酸钠溶液的毫升数,计算样品中丙酮的生成量。

5. 结果计算

根据滴定样品与对照所消耗的硫代硫酸钠溶液体积之差,可以计算由丁酸氧化生成丙酮的量。计算公式如下:

$$每克肝脏的丙酮含量(mmol/g)=(A-B)\times C/(6\times m)$$

式中:

A 为滴定对照所消耗的 0.01 mol/L $Na_2S_2O_3$ 的毫升数;

B 为滴定样品所消耗的 0.01 mol/L $Na_2S_2O_3$ 的毫升数;

C 为标准 $Na_2S_2O_3$ 的浓度(0.01 mol/L);

m 为所滴定的样品里含肝脏的质量(g)。

【注意事项】

(1)肝匀浆必须新鲜,以保证肝脏细胞内酶的活性,放置久了 β-氧化酶会失去氧化脂肪酸的能力。

(2)肝组织需要在冰浴中进行研磨。

(3)实验时,锥形瓶于43 ℃恒温水浴锅中保温的目的是在酶的作用下保证丁酸能够充分反应。

(4)碘量瓶的作用是防止碘液挥发,不能用锥形瓶代替。

【思考题】

(1)为什么说做好本实验的关键是制备新鲜的肝糜?

(2)什么叫酮体?为什么正常代谢时产生的酮体量很少?在什么情况下血中酮体的含量增高,而尿中也能出现酮体?

(本实验编者 赵佳福)

第二部分

生物化学与细胞分子生物学实验

SHENGWU HUAXUE YU XIBAO FENZI
SHENGWUXUE SHIYAN

分子生物学实验

一、基础实验

实验一 动物组织、细胞基因组DNA的提取与鉴定

脱氧核糖核酸(deoxyribonucleic acid,DNA)是脱氧核糖核酸染色体的主要化学成分,同时也是生物细胞内核酸的一种。DNA携带有合成蛋白质和RNA的遗传信息,是生物生存必需的生物大分子。DNA分子结构中,两条脱氧核苷酸链围绕一个共同的中心轴盘绕,构成双螺旋结构。脱氧核糖-磷酸链在螺旋结构的外面,碱基朝向里面。两条脱氧核苷酸链反向互补,通过碱基间的氢键形成的碱基配对相连,形成相当稳定的组合。脱氧核苷酸由碱基、脱氧核糖和磷酸构成,其中碱基有四种,即腺嘌呤(A)、鸟嘌呤(G)、胸腺嘧啶(T)和胞嘧啶(C)。DNA中核苷酸碱基的排列顺序构成了遗传信息,该遗传信息可以通过转录过程形成RNA,然后其中的mRNA通过翻译产生多肽,形成蛋白质。DNA主要存在于细胞核内,此外也有少量被称为核外基因的DNA,如线粒体DNA等。真核细胞的DNA分子比原核生物的DNA分子大得多,并且以核蛋白体形式存在于细胞中,真核细胞基因组DNA提取的主要步骤包括裂解和纯化两大步骤。裂解是使样品中的核酸游离在裂解体系中的过程,纯化则是去除体系中的其他成分,如蛋白质、多糖、脂类及其他不需要的核酸(如RNA)等生物大分子的过程。

【实验目的】

(1)掌握动物组织、细胞基因组DNA分离技术的基本原理。
(2)熟悉动物组织、细胞基因组DNA分离技术的实验方法。

【实验原理】

真核生物的DNA是以染色质的形式存在于细胞核内的。因此,制备DNA的原则是:既要将DNA与蛋白质、脂类和糖类分离,又要保持DNA分子的完整。提取DNA的一般过程是:将分散好的组织细胞在含十二烷基硫酸钠(SDS)和蛋白酶K的溶液中消化分解蛋白质,再用酚和氯仿/异戊醇抽提分离蛋白质,得到的DNA溶液经乙醇沉淀使DNA从溶液中析出。

蛋白酶K的重要特性是能在SDS和EDTA的存在下保持很高的活性,在匀浆后提取DNA的反应体系中,SDS可破坏细胞膜、核膜,并使组织蛋白与DNA分离;EDTA则抑制细胞中DNA酶的活性;而蛋白酶K可将蛋白质降解成小肽或氨基酸,使DNA分子完整地分离出来。DNA的含量及纯度可用紫外分光光度计测定。

【实验试剂】

(1)TBS缓冲液(pH 7.4):称取8 g NaCl、0.2 g KCl、3 g Tris-base,用800 mL蒸馏水溶解,加入0.015 g 酚红,用HCl调pH至7.4,加水定容至1 000 mL。高压灭菌后,室温保存备用。

(2)抽提缓冲液:10 mmol/L Tris-HCl(pH 8.0),0.1 mol/L EDTA(pH 8.0),20 μg/mL RNase A,0.5% SDS。

(3)10%的SDS:称取SDS 10 g,用去离子水溶解后定容至100 mL。

(4)蛋白酶K:用灭菌蒸馏水配制为20 mg/mL贮存液,-20 ℃保存备用。

(5)TE(pH 8.0):10 mmol/L Tris-HCl(pH 8.0),1 mmol/L EDTA(pH 8.0)。高压灭菌后4 ℃保存备用。

(6)10 mol/L NH_4Ac:称取77 g NH_4Ac,溶于80 mL蒸馏水中,溶解后加水定容至100 mL。过滤除菌,室温保存。

【实验器材】

组织捣碎机、玻璃匀浆器、冷冻离心机、水浴锅、紫外分光光度计。

【实验样本】

动物组织或培养的细胞。

【实验步骤】

1. 动物组织

(1)切下组织(0.2~1.0 g),尽量去除其中的纤维结缔组织,称重后剪成小块,置于研钵中加液氮迅速研磨,待研磨结束后再加入抽提缓冲液(100 mg组织加入1.0 mL)。

(2)加入蛋白酶K至终浓度达到200 μg/mL,混匀,50 ℃水浴3 h或过夜,期间不时轻轻振荡。

(3)加入等体积的Tris-饱和酚,缓慢颠倒混合,使两相呈乳浊状态。室温6 000 r/min 离心15 min 收集水相,再依次用等体积酚-氯仿-异戊醇(25∶24∶1)、氯仿-异戊醇(24∶1)抽提两次收集水相。

(4)向水相中加入 1/5 体积 10 mol/L 的 NH_4Ac 和 2 倍体积的无水乙醇,轻轻颠倒混匀,DNA 形成絮状沉淀,室温静置 30 min。

(5)室温 10 000 r/min 离心 10 min,弃上清。用 75% 的乙醇洗涤沉淀 1~2 次,室温晾干,沉淀用 TE 缓冲液重新溶解,使终浓度在 1 mg/mL 左右,-20 ℃保存。

(6)用紫外分光光度计测定 OD_{260} 和 OD_{280},计算 DNA 的含量,检测纯度。

2. 培养细胞

(1)用胰酶消化贴壁细胞,离心收集。

(2)细胞重悬于预冷的 TBS 漂洗一次,离心收集。

(3)重复步骤(2)。

(4)每 10^8 个细胞中加入 1 mL 抽提缓冲液(如细胞量少于 $3×10^7$/mL,最少 0.3 mL),混匀。

(5)加入蛋白酶 K 至终浓度达到 200 μg/mL,混匀,50 ℃水浴 3 h 或过夜,期间不时轻轻振荡。

(6)加入等体积的 Tris-饱和酚,缓慢颠倒混合,使两相呈乳浊状态。室温 6 000 r/min 离心15 min 收集水相。再依次用等体积的酚-氯仿-异戊醇(25∶24∶1)、氯仿-异戊醇(24∶1)抽提两次收集水相。

(7)向水相中加入 1/5 体积 10 mol/L 的 NH_4Ac 和 2 倍体积的无水乙醇,轻轻颠倒混匀,DNA 形成絮状沉淀,室温静置 30 min。

(8)室温 10 000 r/min 离心 10 min,弃上清。用 75% 的乙醇洗涤沉淀 1~2 次,室温晾干,沉淀用 TE 缓冲液重新溶解,使终浓度在 1 mg/mL 左右,-20 ℃保存。

(9)用紫外分光光度计测定 OD_{260} 和 OD_{280},计算 DNA 含量,检测纯度。

【注意事项】

(1)裂解液含有刺激性化学物质,操作过程请做好防护措施,避免直接接触皮肤,防止吸入口鼻,洗涤液在使用前应加入乙醇后充分混匀。

(2)如有机相与水相不能均匀分开,应加入适量抽提缓冲液稀释。

(3)DNA 分子具有一定刚性,在水中呈黏稠状,较易断裂。操作时应避免剧烈摇晃或过高转速离心,DNA 抽提过程中不要剧烈振荡,转移吸取 DNA 时不要猛吸猛放,也不要反复吹吸。

【思考题】

(1)如何才能获得尽可能完整的动物组织DNA？

(2)用乙醇将DNA沉淀后,有时会呈透明胶冻状,分析其可能的原因。

(3)提取的动物细胞DNA有哪些用途？

(本实验编者 李辉 王彬)

实验二　细胞总RNA的提取(Trizol抽提法)

　　核糖核酸(ribonucleic acid,RNA)存在于生物细胞以及部分病毒、类病毒中的遗传信息载体中。RNA由核糖核苷酸经磷酸二酯键缩合成长链状分子。一个核糖核苷酸分子由磷酸、核糖和碱基构成。RNA的碱基主要有4种,即腺嘌呤(A)、鸟嘌呤(G)、胞嘧啶(C)、尿嘧啶(U),核糖核酸在体内的作用主要是引导蛋白质的合成。

　　与DNA相比,RNA种类繁多,分子量较小,含量变化大。RNA可根据结构和功能的不同分为信使RNA(mRNA)和非编码RNA两大类。非编码RNA分为非编码大RNA和非编码小RNA。非编码大RNA包括核糖体RNA(rRNA)、长链非编码RNA(lncRNA)。非编码小RNA包括转移RNA(tRNA)、微RNA(microRNA或miRNA)、小干扰RNA(siRNA)、与Piwi蛋白相作用的RNA(piRNA)、胞质小RNA(scRNA)、核小RNA(snRNA)、核仁小RNA(snoRNA)等。动物细胞中的RNA主要有rRNA、tRNA和mRNA三大类,占细胞总RNA的98%以上。其中rRNA占80%左右,tRNA约占15%,mRNA仅占3%~5%。无论是cDNA文库构建研究、基因表达研究、转录组研究,还是基因表达调控研究,都需要先获得高质量的总RNA。

【实验目的】

(1)了解RNA的理化性质及其生物学功能,学习从动物组织中提取总RNA的技术。
(2)了解紫外分光光度计测定RNA含量的原理。

【实验原理】

　　获得高纯度和完整的RNA是很多分子生物学实验所必需的,如Northern杂交、mRNA分离、RT-PCR、定量PCR、cDNA合成及体外翻译等。由于细胞内大部分RNA是以核蛋白复合体的形式存在的,所以在提取RNA时,要利用高浓度的蛋白质变性剂,迅速破坏细胞结构,使核蛋白与RNA分离,释放出RNA。再通过酚、氯仿等有机溶剂处理然后离心,使RNA与其他细胞组分分离,得到纯化的总RNA。目前普遍使用的RNA提取方法主要有两种:基于异硫氰酸胍/苯酚混合试剂的液相提取法(即Trizol类试剂)和基于硅胶膜特异性吸附的离心柱提取法。

　　本实验采用Trizol一步法提取动物组织中的总RNA。Trizol试剂是一种从细胞和组织中分离RNA的常用试剂。Trizol试剂中的主要成分为异硫氰酸胍和苯酚,异硫氰酸胍属于解偶剂,是一类强力的蛋白变性剂,可溶解蛋白质,主要作用是裂解细胞,使细胞中的蛋白质、核酸物质解聚,并将RNA释放到溶液中。苯酚的作用是有效地使蛋白质变性,但是它不能完全抑制RNA酶的活性,因此Trizol中还加入了8-羟基喹啉、β-巯基乙醇等来抑制内源和外源RNA酶。当加入氯仿时,可以抽提酸性苯酚，而酸性苯酚可促使RNA进入水相，离心后可形成水相层和有机层，这样RNA与仍留在有机相中的蛋白质和DNA分离开。

Trizol试剂可以快速提取人、动物、植物、细菌不同组织的总RNA，该方法对少量的组织(50~100 mg)和细胞($5×10^6$)以及大量的组织(≥1 g)和细胞($>10^7$)均有较好的分离效果。因为操作简单，Trizol抽提法可以同时处理多个样品，所有的操作可以在一小时内完成。Trizol抽提的总RNA能够避免DNA和蛋白的污染。故而能够作RNA印迹分析、斑点杂交、poly(A+)选择、体外翻译、RNA酶保护分析和分子克隆。并且利用DNA、RNA和蛋白质在不同溶液中的溶解性质，可以通过分层分别将不同层中的RNA(上层)、DNA(中层)、蛋白质(下层)分离纯化出来，效率极好。

【实验试剂】

PBS、DEPC、Trizol、氯仿、异丙醇、3.0 moL/L的NaAc(pH 5.2)、75%的乙醇。

【实验器材】

研钵、玻璃匀浆器、低温冷冻离心机、超微量紫外分光光度计、电冰箱、超净工作台。

【实验样本】

新鲜动物组织或培养细胞。

【实验步骤】

(1)细胞或组织样品处理

①贴壁培养细胞：去除培养液后，用预冷无菌PBS冲洗细胞，去除PBS后加入1 mL Trizol 裂解细胞，用枪头吹打混匀，再转移至1.5 mL离心管中，摇匀，室温静置5 min。

②悬浮培养细胞：细胞悬液2 000 r/min离心5 min，用预冷无菌PBS洗涤一次，弃上清，加入1 mL Trizol 裂解细胞，用枪头吹打混匀，再转移至1.5 mL离心管中，摇匀，室温静置5 min。

③组织样品：将组织剪成小块后(0.2~1.0 g)尽量去除纤维结缔组织，称重后剪成小块，可剪2次置于研钵中加液氮迅速研磨，研磨后加入Trizol(100 mg组织中加入1.0 mL Trizol)，摇匀，室温静置5 min。

(2)加氯仿0.2 mL，剧烈振荡15 s，置室温2~3 min。

(3)4 ℃ 12 000 r/min离心15 min，离心后混合物将分为三层：底层为浅红色、中层为酚-氯仿相、上层为无色的水相，RNA包含在上层水相中，水相的体积约相当于所加的Trizol试剂量的60%。

(4)仔细吸取上层水相，移至另一用DEPC处理过的1.5 mL离心管中。

(5)加入等体积的异丙醇，翻转轻轻混合，室温静置10 min。

(6) 4 ℃ 12 000 r/min 离心 15 min 后,弃上清液,轻轻加入用 0.1% 的 DEPC 处理的水配成的 75% 的冰乙醇 1 mL,轻摇,洗涤沉淀,4 ℃ 9 000 r/min 离心 5 min,弃上清液,用 75% 的冰乙醇再洗涤 1 次。

(7) 置于超净工作台中 15~20 min,让其自然干燥,挥发残留的乙醇。

(8) 加入 50 μL DEPC 水、1 μL RNA 酶抑制剂,充分溶解混匀,也可于 -80 ℃ 保存,但保存时间不能太长。

(9) 用紫外分光光度计测定 OD_{260} 和 OD_{280},计算 RNA 含量,检测纯度。

(10) 制备 1% 的琼脂糖凝胶,用 5 V/cm 电泳检测抽提 RNA 质量,如有 28S、18S、5S 三个条带,则 RNA 质量较高。

【结果分析】

用紫外分光光度计测定总 RNA 的浓度,1 OD_{260}=40 μg/mL 单链 RNA。RNA 纯品的 OD_{260}/OD_{280} 值为 1.8~2.0,根据 OD_{260}/OD_{280} 值可以判断 RNA 纯度。OD_{260}/OD_{280} 值低于 1.8,则有残余蛋白质存在,应用酚-氯仿抽提。OD_{260}/OD_{280} 值高于 2.0,则有盐、糖等小分子污染,可用 LiCl 沉淀 RNA 除去杂质。

【注意事项】

(1) 本实验的关键是防止 RNA 酶的污染,RNA 酶生物活性非常稳定,可耐热、耐酸、耐碱。实验过程中,尽可能在无 RNA 酶环境下操作,应该戴手套口罩。所有溶液应加 0.1% 的 DEPC 处理然后高压灭菌,除去残留的 DEPC。

(2) 在提取 RNA 过程中,加入异丙醇或乙醇洗涤步骤可以中断实验,此时样品应在 -20 ℃ 冰箱中保存。

【思考题】

(1) 为什么使用的动物组织或细胞必须是新鲜的或 -80 ℃ 保存的材料?
(2) 细胞中 RNA 具有哪些生物学功能?

(本实验编者 王彬)

实验三 真核细胞 mRNA 的分离纯化

信使 RNA(mRNA),中文译名"信使核糖核酸",是由 DNA 的一条链作为模板转录而来的、携带遗传信息能指导蛋白质合成的一类单链核糖核酸。以细胞中遗传基因为模板,依据碱基互补配对原则转录生成 mRNA 后,mRNA 就含有与 DNA 分子中某些功能片段相对应的碱基序列,可作为蛋白质生物合成的直接模板。mRNA 虽然只占细胞总 RNA 的 2%~5%,但其代谢十分活跃,是半衰期最短的一种 RNA,合成后数分钟至数小时即被分解。将密码子翻译成氨基酸的过程需要另外两种类型的 RNA:转移 RNA(tRNA)和核糖体 RNA(rRNA)。tRNA 介导密码子的识别并提供相应的氨基酸,rRNA 是核糖体蛋白质制造的核心组成部分。

【实验目的】

(1)了解 mRNA 的理化性质及生物学特性。
(2)掌握 mRNA 的分离纯化技术。

【实验原理】

与 rRNA 和 tRNA 不同,真核细胞的 mRNA 分子最显著的结构特征是具有 5'端帽子结构(m7G)和 3'端 poly(A+)。在绝大多数哺乳类动物细胞中,mRNA 3'端的 poly(A+)大约由 20~30 个腺苷酸组成,这为真核细胞 mRNA 的分离纯化提供了非常方便的选择性标记。因此,相比 rRNA 和 tRNA 的分离,mRNA 的分离方法较多,其中寡聚(dT)-纤维素柱层析法最为快捷有效,可从大量的细胞 RNA 中分离 mRNA。此方法利用 mRNA 3'端 poly(A+)的特点,在 RNA 流经寡聚(dT)-纤维素柱时,可在高盐缓冲液的作用下,将 mRNA 特异地结合在柱子上,在采用低盐缓冲液或蒸馏水冲洗的条件下,mRNA 即被洗脱下来,一般经过两次寡聚(dT)-纤维素柱后,即可得到纯度较高的 mRNA。

【实验试剂】

(1)层析柱 1×上样缓冲液:20 mmol/L Tris·Cl,pH7.6;0.5 mol/L NaCl;0.1% SLS;1 mmol/L EDTA,pH 8.0。配制时可先配制 Tris-HCl(pH 7.6)、NaCl、EDTA(pH 8.0)的母液,经高压消毒后按各成分确切含量,经混合后再高压消毒,冷却至 65 ℃时,加入经 65 ℃温育(30 min)的 10%SLS 至终浓度为 0.1%。

(2)层析柱洗脱缓冲液:10 mmol/L Tris·Cl,pH 7.6;0.05 mol/L NaCl;0.1% SDS;1 mmol/L EDTA,pH 8.0。

（3）5 mol/L NaOH：以 100 mL 为例，准确称取固体 NaOH 20 g，用少量蒸馏水溶解，然后移入 100 mL 容量瓶中，定容至 100 mL。

（4）5 mol/L NaCl：以 100 mL 为例，准确称取固体 NaCl 29.22 g，用少量蒸馏水溶解，然后移入 100 mL 容量瓶中，定容至 100 mL。

（5）3 mol/L NaAc(pH5.2)：以 1 000 mL 为例，准确称取固体 NaAc 246.09 g，用 800 mL 蒸馏水溶解，用冰醋酸调 pH 值至 5.2，然后移入 1 000 mL 容量瓶中，定容至 1 000 mL。

（6）无水乙醇

（7）DEPC 水

（8）oligo(dT)-纤维素

【实验器材】

研钵、冷冻台式高速离心机、低温冰箱、冷冻真空干燥器、层析柱、紫外分光光度计、水浴锅、电泳仪、电泳槽。

【实验样本】

动物组织或细胞总 RNA。

【实验步骤】

（1）用 10 mL 5 mol/L 的 NaOH 清洗层析柱，然后用 DEPC 水冲洗。取 0.5 g Oligo(dT)-纤维素干粉加入 1 mL 0.1 mol/L 的 NaOH 重悬，加到层析柱中，加入 10 mL DEPC 水冲洗柱子。

（2）用 10~20 mL 加样缓冲液平衡柱子，至流出液 pH 为 7.5。

（3）将提取的总 RNA 溶液 65 ℃ 温浴 5 min。迅速冷却至室温，加入等体积加样缓冲液。

（4）加 RNA 溶液至层析柱上，收集流出液。当 RNA 溶液全部进入柱体后再加 1 mL 加样缓冲液至层析柱，将收集的流出液重新上柱 2 次。

（5）用 5~10 倍柱体积的加样缓冲液洗柱，流出液每管 1 mL 分管收集，于 260 nm 波长测定 OD 值，由 OD_{260} 计算 RNA 的含量。

（6）当收集液 OD_{260} 为 0 时，用 2~3 倍柱体积洗脱缓冲液进行洗脱，分管收集，每部分为 1/3~1/2 柱体积的洗脱液。

（7）由 OD_{260} 判断 poly(A+)RNA 的分布，合并含 poly(A+)RNA 的收集管。

（8）加入 1/10 体积 3 mol/L 的 NaAc(pH 5.2)、2.5 倍体积的预冷无水乙醇，混匀，−20 ℃ 静置 1 h。

（9）4 ℃，12 000 r/min 离心 15 min，弃上清，室温晾干。

（10）加入 25 μL DEPC 水溶解 RNA，或保存在 70% 乙醇中并贮存于 −70 ℃。

【注意事项】

（1）防止RNA酶污染，所有的试剂和收集管都不能含有RNA酶。

（2）柱子的体积要和RNA的量相匹配，1 mL柱体积的Oligo(dT)-纤维素最大量为10 mg总RNA。

（3）Oligo(dT)-纤维素柱使用后可用0.3 mol/L的NaOH洗净，然后用层析柱加样缓冲液平衡，并加入0.02%的叠氮化钠，于冰箱保存，重复使用。每次使用前用5 mol/L的NaOH和层析柱加样缓冲液冲洗后使用。

【思考题】

（1）在上柱前为什么要对RNA溶液进行温浴？

（2）简述纯化后的mRNA使用、保存的主要注意事项。

（本实验编者 王彬）

实验四 PCR技术

聚合酶链式反应(polymerase chain reaction,PCR)技术是20世纪80年代K.Mullis等建立的一种体外酶促快速扩增特定DNA片段的技术。PCR是在试管中进行的类似体内DNA复制的反应,基本工作原理是以待扩增的DNA分子为模板,以一对与模板两侧互补的寡核苷酸为引物,利用4种脱氧核苷三磷酸(dNTP)在耐热的DNA聚合酶的作用下,按照半保留复制方式和碱基互补配对的原则,合成与模板互补的DNA链,经过多次循环,可使目的基因大量扩增。每进行一轮循环都包括三个基本步骤:变性、退火及延伸,具体过程如下。变性(denaturation):目的DNA在高温下(90~95 ℃)解链成两条单链DNA。退火(annealing):一对引物在适宜温度(一般较T_m低5 ℃)与模板上的目的序列互补结合。延伸(extension):DNA聚合酶在最适温度(70~75 ℃)下,以引物3'-OH为起点,以dNTP为底物合成与模板DNA链互补的新链。以上三步组成一轮循环,产生的DNA可作为下一轮循环的模板,理论上每经一轮循环使目的DNA扩增一倍,这样经过25~30次的循环后可使DNA扩增10^6~10^9倍。PCR技术具有操作简便、灵敏度高、特异性强、省时等特点,因此主要应用于目的基因的克隆、基因体外突变、DNA和RNA的微量分析、测序及基因突变分析。

PCR是一种用于放大扩增特定的DNA片段的分子生物学技术,可看作是生物体外的特殊DNA复制,PCR的最大特点是能将微量的DNA大幅增加。因此,无论是化石中的古生物、历史人物的残骸,还是几十年前凶杀案中凶手所遗留的毛发、皮肤或血液,只要能分离出微量的DNA,就能用PCR加以放大,进行比对,这也是"微量证据"的威力之所在。

【实验目的】

(1)掌握PCR的基本原理。
(2)掌握PCR技术的常规操作。
(3)了解PCR引物及扩增参数的设计。

【实验原理】

耐热DNA聚合酶——Taq酶的发现对于PCR的应用有里程碑的意义,该酶可以耐受90 ℃以上的高温而不失活,所以不需要在每个PCR循环过程中补充Taq酶,这使PCR技术变得非常简便,同时也大大降低了成本。PCR技术得以大量应用,并逐步应用于临床。PCR技术的基本原理类似于DNA的天然复制过程,其特异性依赖于与靶序列两端互补的寡核苷酸引物。PCR由变性-退火-延伸三个基本反应步骤构成。①模板DNA的变性:模板DNA经加热至93 ℃左右并维持一定时间后,模板DNA双链或经PCR扩增形成的DNA双链解离,成为单链,以便与引物结合,为下轮反应做准备;②模板DNA与引物的退火(复性):模板DNA经加热变性成单链后,将温度降至55 ℃左右,引物与模板DNA单链的互补序列配对结合;③引物的延伸:DNA模板-引物结合物在72 ℃、DNA聚合酶(如TaqDNA聚合酶)的作用下,以dNTP为反应原料,靶序列为模板,按碱基互补配对与半保留复制原理,合成一条新的与模板DNA链互补的半保留复制链,重复循环变性-退火-延伸三过程就可获得更多的"半保留复制链",而且这种新链又可成为下次循环的模板。每完成一个循环需2~4 min,2~3 h就能将待扩目的基因扩增放大10^6~10^9倍。

【实验试剂】

(1)引物(10 μmol/L),Taq DNA 聚合酶(5 U/μL),10 × PCR Buffer,$MgCl_2$溶液(25 mmol/L),ddH_2O,琼脂糖,DL2000 Marker。

(2)50×TAE缓冲液

冰醋酸	57.1 mL
Tris	242 g
0.5 mol/L EDTA(PH=8.0)	100 mL

加蒸馏水至1 000 mL,高压灭菌15 min。

(3)1%琼脂糖凝胶

琼脂糖	3 g
1×TAE	300 mL

加热溶解,冷却至60 ℃左右。

Goldview	15 μL

搅动均匀,避免产生气泡。

【实验器材】

微量移液器、高速冷冻离心机、微波炉、PCR仪、电泳仪、凝胶成像仪、吸头、PCR管。

【实验样本】

基因组DNA。

【实验步骤】

(1) 取灭菌 0.2 mL PCR 管置于冰上，按照 PCR 反应体系：

cDNA	2.0 μL
10 μmol/L 上游引物/下游引物	各 2.5 μL
10 μmol/L dNTP	1.0 μL
10×PCR Buffer	5.0 μL
DNA 聚合酶	1.0 μL
ddH$_2$O	6.0 μL
总体积	20.0 μL

(2) 混匀后，1 000 r/min 瞬时离心，放入 PCR 仪，根据设定程序进行 PCR。
反应条件为：94 ℃ 变性 90 s，94 ℃ 30 s，58 ℃ 30 s，72 ℃ 90 s，共 35 个循环，最后 72 ℃ 延伸 10 min，反应结束。

(3) 制备 1% 的 1×TAE 琼脂糖凝胶。

(4) 取 5 μL PCR 产物与 1 μL 6×Loading Buffer 混合，3～5 V/cm、30～50 min 电泳观察结果，并在凝胶成像系统中成像、分析鉴定。

【注意事项】

(1) PCR 反应灵敏度高，非常容易发生污染导致假阳性。因此相关操作应该在无菌工作台中进行，在试剂配制添加中要注意无菌操作，还要注意防止气溶胶污染。

(2) 吸头、PCR 管及离心管应高压灭菌，及时更换吸头避免交叉污染。

(3) 合成的引物 DNA 为粉末状固体，在开盖稀释前应该先离心，再开盖加灭菌去离子水溶解稀释备用。

(4) 配制反应体系的加样顺序为：ddH$_2$O、PCR Buffer、模板 DNA、引物、DNA 聚合酶。

【思考题】

(1) 简述 PCR 原理、PCR 引物设计原则。

(2) 退火温度是不是越低越好？如何确定最优退火温度？

(3) 如何确定 PCR 反应程序的循环次数？

(本实验编者 李辉 王彬)

实验五 RT-PCR技术

反转录PCR（reverse transcription PCR，RT-PCR）是PCR的延伸应用，该技术通过逆转录（RT）首先将RNA转化为cDNA，然后通过聚合酶链式反应（PCR）扩增cDNA。利用cDNA扩增步骤，即便RNA样本数量有限或低丰度表达，也有望对初始RNA进行进一步的研究。因此，RT-PCR对于从非常少量的mRNA样品中构建大容量的cDNA文库方面具有灵敏、方便等优势。RT-PCR广泛用于细胞基因表达水平研究、RNA病毒研究、临床诊断和已转录序列是否发生突变及呈现多态性的鉴定等方面。

目前最常用的RT-PCR方法是一步法和两步法。一步法RT-PCR是在单个反应管中将第一链cDNA合成（RT）和后续PCR反应结合在一起，该方法简化了大量样本的处理步骤，适用于高通量应用。但是，一步法RT-PCR采用基因特异性引物进行扩增，将分析局限于每个RNA样本中的几个基因，由于反应需兼顾逆转录和扩增条件，因此在某些情况下导致灵敏度和效率可能都较低。两步法RT-PCR包含两个独立反应，首先进行第一链cDNA合成（RT），随后通过PCR在单个反应管中扩增第一步所得的cDNA。因此，两步法可用于检测单个RNA样本中的多个基因。RT和PCR反应独立进行，可对每个步骤的反应条件进行优化，使逆转录引物选择和PCR反应的建立更加灵活。与一步法相比，两步法的缺点是包括多个步骤延长了工作流程、增加了样本处理和操作步骤以及提高了污染和结果变异的可能性。

【实验目的】

（1）掌握RT-PCR的基本原理。
（2）掌握RT-PCR技术的常规操作。

【实验原理】

RT-PCR是一种从RNA中高灵敏度扩增cDNA的方法，由两大步骤组成：第一步是反转录，第二步是PCR。RT-PCR有一步法和两步法两种形式。在两步法RT-PCR中，每一步都在最佳条件下进行。首先在反转录体系中进行cDNA的合成，然后取出部分反应产物进行PCR。在一步法RT-PCR中，反转录和PCR在反转录和PCR体系中按顺序进行。反转录的起始材料可以是总RNA或mRNA。RT-PCR的首要步骤为酶促催化使mRNA反转录为cDNA第一链。一条寡核苷酸引物先与mRNA杂交，然后由RNA依赖的DNA聚合酶催化合成相应互补的cDNA拷贝，后者能进一步用于PCR扩增。依据不同的实验目的，可根据特殊的靶基因设计特殊的引物与之杂交，或可用随机引物与所有mRNA杂交等。

【实验试剂】

(1)引物(10 μmol/L),SuperScript Ⅲ Reverse Transcriptase(反转录酶),RNase Inhibitor(RNA酶抑制剂)、dNTPs、5×RT Buffer,Taq DNA 聚合酶(5 U/μL),10×PCR Buffer,MgCl$_2$溶液(25 mmol/L),ddH$_2$O,琼脂糖,DL2000 Marker。

(2)50×TAE 缓冲液

冰醋酸	57.1 mL
Tris	242 g
0.5 mol/L EDTA(pH=8.0)	100 mL

加蒸馏水至 1 000 mL,高压灭菌 15 min。

(3)1%的琼脂糖凝胶

琼脂糖	3 g
1×TAE	300 mL

加热溶解,冷却至 60 ℃左右。

Goldview	15 μL

搅动均匀,避免产生气泡。

【实验器材】

微量移液器、高速冷冻离心机、微波炉、PCR仪、电泳仪、凝胶成像仪、吸头、PCR管。

【实验样本】

动物组织或细胞总RNA溶液。

【实验步骤】

(1)cDNA第一链合成:将0.2 mL RNase-free的PCR管置于冰上添加RT反应体系相关试剂。

RT反应体系:

RNA	5.0 μL
5×SuperScript Ⅲ buffer	2.0 μL
0.1 mol/L DTT	0.5 μL
10 μmol/L dNTP	0.5 μL
RNase抑制剂	0.25 μL
SuperScript Ⅲ 反转录酶	0.5 μL
10 μmol/L primer R	1.25 μL
总体积	10.0 μL

将以上试剂充分混匀,放入PCR仪中进行反转录,反应条件为:42 ℃ 1 h。反应结束所得产物为cDNA,立即进行PCR扩增或-80 ℃保存备用。

(2)以cDNA溶液为扩增模板进行PCR扩增,取灭菌0.2 mL的PCR管置于冰上,按照PCR反应体系添加相关试剂:

cDNA	2.0 μL
10 μmol/L 上游引物/下游引物	各2.5 μL
10 μmol/L dNTP	1.0 μL
10×PCR Buffer	5.0 μL
DNA聚合酶	1.0 μL
ddH$_2$O	38.5 μL
总体积	50.0 μL

(3)混匀后,1 000 r/min瞬时离心,放入PCR仪,根据设定程序进行PCR。

反应条件为94 ℃变性90 s,94 ℃ 30 s,58 ℃ 30 s,72 ℃ 90 s,共35个循环,最后72 ℃延伸10 min,反应结束。

(4)制备1%的1×TAE琼脂糖凝胶。

(5)取5 μL PCR产物与1 μL 6×Loading Buffer混合,3～5 V/cm、30～50 min电泳观察结果,并在凝胶成像系统中成像、分析鉴定。

【注意事项】

(1)进行cDNA合成时要注意防止RNA酶污染。DEPC是RNA酶的强烈抑制剂,RNA提取和反转录中用的水都要用DEPC处理。操作人员在进行RNA相关实验时应全程戴手套、口罩,并勤换手套。

(2)反转录引物可以选择Oligo(dT)、随机六聚寡核苷酸和基因特异引物,应该根据实验目的选择合适的引物进行反转录。

【思考题】

(1)试述RT-PCR一步法和两步法的优缺点。
(2)如何保证RT-PCR模板的总RNA的数量和质量?
(3)为什么cDNA要在-80 ℃保存?

(本实验编者 王彬 李利)

实验六　实时荧光定量PCR技术

实时荧光定量PCR（real-time PCR）技术不仅实现了PCR从定性到定量的飞跃，而且与常规PCR相比，它具有特异性更强、重复性好、灵敏度高、速度快、全封闭反应有效解决PCR污染问题、自动化程度高等特点。real-time PCR是在DNA扩增反应中，以荧光化学物质测每次聚合酶链式反应（PCR）循环后产物总量的方法。它是通过内参或者外参法对待测样品中的特定DNA序列进行定量分析的方法。real-time PCR在PCR扩增过程中，通过荧光信号，对PCR进程进行实时检测。real-time PCR定量的依据是在PCR扩增的指数时期，模板的阈值循环数（Ct值）和该模板的起始拷贝数存在线性关系。

与RT-PCR相比，real-time PCR的灵敏度更高，因此real-time PCR也常用于检测研究样本中是否存在逆转录病毒（RNA病毒）。与RT-PCR的工作流程相似，real-time PCR首先将RNA转化为cDNA，然后进行PCR扩增。主要区别在于，real-time PCR在扩增对数期通过荧光法测定扩增cDNA的水平。扩增水平能够反映RNA样本中初始靶标基因的含量。目前real-time PCR已在基因表达研究和临床疾病检测等领域得到广泛应用。

【实验目的】

(1) 掌握实时荧光定量PCR的基本原理。
(2) 掌握实时荧光定量PCR技术的常规操作。
(3) 了解实时荧光定量PCR技术的主要应用方向。

【实验原理】

实时荧光定量PCR技术（real-time quantitative polymerase chain reaction，简称real time PCR）是在定性PCR技术基础上发展起来的核酸定量技术。在PCR反应体系中加入荧光基团，利用荧光信号积累实时检测PCR反应进程，使反应过程实现可视化，可以通过Ct值和标准曲线对样品中的模板DNA（或cDNA）的起始浓度进行定量分析。实时荧光定量PCR是目前对DNA、cDNA进行定量分析最敏感、最准确的方法。实时荧光定量PCR使用的荧光化学可分为两种：荧光染料和荧光探针。

1. SYBR Green I 荧光染料

在PCR反应体系中，加入过量SYBR荧光染料，SYBR荧光染料特异性地掺入DNA双链后，发射荧光信号，而不掺入链中的SYBR染料分子不会发射任何荧光信号，从而保证荧光信号的增加与PCR产物的增加完全同步。

2. TaqMan探针法

PCR反应时加入一对引物和特异性的荧光探针。荧光探针为一段寡核苷酸，两端分别标记报告荧光基团和猝灭荧光基团。探针完整时，报告基团发射的荧光信号被猝灭基团吸收；PCR扩增时，Taq酶的5'——→3'外切酶活性将探针酶切降解，使报告荧光基团和猝灭荧光基团分离，从而荧光监测系统可接收到荧光信号，即每扩增一条DNA链，就有一个荧光分子形成，实现了荧光信号的累积与PCR产物的形成完全同步。

【实验试剂】

总RNA提取试剂、RNA逆转录试剂盒、SYBR Green Ⅰ荧光定量试剂盒。

【实验器材】

荧光定量PCR仪、台式冷冻高速离心机、凝胶成像分析系统、微量核酸定量仪、微波炉、电泳仪、涡旋振荡器、离心管、0.2 mL八连管、吸头。

【实验样本】

新鲜组织、全血样品或培养细胞。

【实验步骤】

1. RNA提取

利用Trizol法或RNA提取试剂盒抽提总RNA，利用微量核酸定量仪或紫外分光光度计检测抽提RNA质量。抽提RNA立即进行反转录或-80 ℃保存。

2. 反转录

利用反转录试剂盒将纯度和完整度合格的RNA反转录为cDNA。
RT反应体系：

RNA	5.0 μL
5×SuperScript Ⅲ Buffer	4.0 μL
10 μmol/L dNTP	2.0 μL
RNase Inhibitor	1.0 μL
SuperScript Ⅲ 反转录酶	1.0 μL
10 μmol/L Oligo(dT)	2.0 μL
RNase-Free ddH$_2$O	5.0 μL
总体积	20.0 μL

将以上试剂充分混匀,放入PCR仪中进行反转录,反应条件为:42 ℃ 1 h。反应结束所得产物为cDNA,立即进行PCR扩增或-80 ℃保存备用。

3. 实时荧光定量PCR

采用SYBR Green I 荧光定量试剂盒推荐的25 μL反应体系,同一样本设3个重复管,引物使用选定的内参基因引物或目的基因引物。将SYBR ®Premix Ex Taq II Tli RNaseH Plus(2×)、PCR Forward Primer(10 μmol/L)、PCR Reverse Primer(10 μmol/L)、ROX Reference Dye(50×)、cDNA模板、ddH$_2$O,在室温下平衡溶解混匀。

表2-6-1 real-Time PCR反应体系

试剂名称	体积
SYBR ®Premix Ex Taq II Tli RNaseH Plus(2×)	12.5 μL
PCR Forward Primer(10 μmol/L)	1.0 μL
PCR Reverse Primer(10 μmol/L)	1.0 μL
ROX Reference Dye(50×)	0.5 μL
cDNA模板	2.0 μL
ddH$_2$O	8.0 μL
总体积	25.0 μL

同时设置无模板的阴性对照,加样后,盖好八连管盖子,瞬时离心混匀。将反应管置于荧光定量PCR仪进行Real Time PCR反应。采用两步法反应程序进行实验。Real Time PCR反应程序:95 ℃预变性2 min;95 ℃ 10 s、58 ℃ 30 s、65 ℃ 0.05 s采集荧光信号,共40个循环;95 ℃ 0.5 s。

【结果分析】

反应结束后,一般以溶解曲线来检测扩增过程中引物的特异性,如果各样本峰值接近,无杂峰信号,表明内参基因和目的基因引物特异性好,非特异产物对结果影响较小。此外,根据实验获得的每个样品的 Ct 值,采用 $2^{-\Delta\Delta Ct}$ 法分析目的基因的相对表达量,实验数据采用"平均值±标准误"表示。公式:$\Delta Ct_{(目的基因)} = Ct_{(目的基因)} - Ct_{(内参基因)}$;$\Delta\Delta Ct_{(目的基因)} = \Delta Ct_{(实验组)} - \Delta Ct_{(对照组)}$。计算 $2^{-\Delta\Delta Ct}$ 值。最后还需采用SPSS软件和GraphPad Prism软件分别对相关数据进行统计分析和图表处理。

【注意事项】

(1)荧光阈值:在荧光扩增曲线指数增长期设定一个荧光强度标准(即PCR扩增产物量标准)。荧光阈值可设定在指数扩增阶段任意位置上,但实际应用时要结合扩增效率、线性回归系数等参数来综合考虑。

(2) C_t值:在PCR扩增过程中,扩增产物(荧光信号)到达阈值时所经过的扩增循环次数。

(3) 溶解曲线分析:实时荧光定量PCR结束后进行溶解曲线分析,可以排除引物二聚体和非特异性产物对实验结果的影响。

(4) 在进行实时荧光定量PCR实验时,每次实验都要设阴性对照,验证实验过程有无污染。

(5) 为降低实验误差,每个实验组都要设置3次或3次以上重复。

【思考题】

(1) 实时荧光定量PCR的引物设计原则有哪些?

(2) 绝对定量和相对定量有什么区别?

(本实验编者 王彬 李利)

实验七 感受态细胞的制备

为了获得纯的重组质粒DNA,需要允许外源DNA分子进入细胞。受体细胞经过一些特殊方法(如CaCl$_2$、KCl等化学试剂法)处理后,细胞膜的通透性发生变化,能容许外源DNA的载体分子通过。细菌处于容易吸收外源DNA的状态称为感受态。感受态由受体菌的遗传性状所决定,同时也受菌龄、外界环境因子的影响。细胞的感受态一般出现在对数生长期,新鲜幼嫩的细胞是制备感受态细胞和成功转化的关键。当对数生长期的细菌细胞处于0 ℃的CaCl$_2$低渗溶液中时,菌体细胞膨胀成球形,可以产生短暂的"感受态",易于摄取外源DNA。

自然环境中细菌可以吸收外源遗传物质以增加自身对环境的适应性。1970年Mandel和Hige发现大肠杆菌细胞经CaCl$_2$溶液处理时能够吸收λ噬菌体DNA。由于细菌产生一种酶能迅速降解进入的外源DNA,野生型 E.coli 并不容易转化。经过多年的努力,科学家们发现用化学方法处理细胞,使其改变膜对DNA的通透性,可以增加细胞吸收外源DNA的效率。细菌的转化有两种类型:一种是自然转化(natural transformation),在自然转化中细菌可以自由地吸收DNA,通过它来进行遗传转化;另一种是工程转化(engineered transformation),在这种转化中,细菌发生改变使得它们能摄入并转化外源DNA。枯草杆菌中的转化属于自然转化,E.coli 转化就属于工程转化。

人工感受态的形成,需要低温和钙处理,这样可能破坏细胞膜上的脂质阵列,Ca^{2+}与膜上的多聚羟基丁酸化合物、多聚无机磷酸形成复合物利于外源DNA的渗入,外部理化因素促进了感受态的形成。目前这种方法已经成为基因工程的常规技术,对于利用体外DNA重组技术来研究真核和原核生物的基因功能特别重要。

【实验目的】

(1)了解氯化钙法制备感受态细胞的实验原理和应用。
(2)掌握氯化钙法制备感受态细胞的操作步骤。

【实验原理】

受体细胞经过一些特殊方法(如CaCl$_2$、RuCl等化学试剂法)的处理后,细胞膜的通透性发生变化,成为能容许外源DNA分子通过的感受态细胞。目前,感受态细胞的制备常用冰预冷的CaCl$_2$处理细菌的方法制备,即将快速生长的大肠肝菌置于经低温(0 ℃)预处理的低渗CaCl$_2$溶液中,便会造成细胞膨胀,同时Ca^{2+}会使细胞的磷脂双分子层形成液晶结构,使细胞通透性变大,便于外源基因或载体进入,从而获得感受态细胞。本方法的关键是选用的细菌必须处于对数生长期,实验操作必须在低温下进行。

用于一般转化的感受态细胞应该是限制-修饰系统缺陷的突变株,即不含限制性内切酶和甲基化酶的突变株,并且受体细胞还应与所转化的载体性质相匹配,这样能确保转入的DNA能够稳定复制,所携带的基因能顺利表达。钙离子介导的大肠杆菌的质粒转化主要基于:在0 ℃下的$CaCl_2$低渗溶液中,细菌细胞膨胀成球形,丢失部分膜蛋白,细胞膜的通透性增加;钙离子同添加进来用于转化的质粒DNA形成不易被DNA酶所降解的羟基-钙磷酸复合物,此复合物容易附于细菌细胞表面,以增加进入细胞的概率;42 ℃短时间热处理(热休克),可以促进细胞吸收复合物。钙离子处理的感受态细胞,其转化率一般能达到$5×10^6 \sim 2×10^7$转化子/μg质粒DNA,可以满足一般的基因克隆实验。如在Ca^{2+}的基础上,联合其他的二价金属离子(如Mn^{2+}、Co^{2+})、DMSO或还原剂等物质处理细菌,则可使转化率提高100～1000倍。

【实验试剂】

(1) LB固体和液体培养基:1%的胰蛋白胨,0.5%的酵母粉,1%的NaCl。固体培养基添加2%的琼脂粉。

(2) Amp(氨苄青霉素)母液:100 mg/mL。

(3) 含Amp的LB固体培养基:将配好的LB固体培养基高压灭菌后冷却至60 ℃左右,加入Amp储存液,使终浓度为50 μg/mL,摇匀后铺板。

(4) 0.1 mol/L的$CaCl_2$溶液:称取1.11 g $CaCl_2$,溶于50 mL重蒸水中,定容至100 mL,121 ℃高压灭菌20 min。

【实验器材】

台式冷冻离心机、制冰机、恒温摇床、分光光度计、超净工作台、恒温培养箱、灭菌锅、快速混匀器、微量移液取样器、移液器吸头、1.5 mL微量离心管、双面微量离心管架、摇菌试管、接种环。

【实验样本】

(1) *E.coli* DH5α。
(2) 质粒DNA。

【实验步骤】

除离心外,其余操作均在超净工作台中进行。

(1) 以接菌环取-70 ℃冷冻保存的DH5α菌种,用划线法接种细菌于无抗生素的LB平板上,做好标记,于37 ℃培养过夜,以活化大肠杆菌。

(2)次日,从活化的大肠杆菌平板上挑取单一菌落,接种于3~5 mL无抗生素的LB培养液中,37 ℃振荡培养24 h左右。将该菌悬液以1:100~1:50转接于100 mL无抗生素的LB液培养基中,37 ℃ 250~300 r/min振荡培养1.5~2 h,至OD_{600}达0.4~0.6。

(3)在无菌条件下,将菌液转移到冰上预冷的50 mL离心管中,冰浴30 min。随后,在4 ℃条件下,4 000 r/min离心10 min。

(4)弃掉上清液,用1 mL预冷的0.1 mol/L $CaCl_2$溶液重悬细胞,冰浴30 min。随后,在4 ℃条件下,4 000 r/min离心10 min。

(5)重复步骤(4)一次。4 ℃条件下,4 000 r/min离心10 min。

(6)弃去上清液,加入4 mL预冷的$CaCl_2$溶液,小心悬浮细胞,即制成了感受态细胞悬液。制备好的感受态细胞悬液可直接用于转化实验,也可加入终浓度为12%~15%的甘油混匀,按每管0.2 mL分装至1.5 mL离心管,置于-80 ℃条件保存(可存放数月)。

【结果分析】

感受态细胞的检测:取感受态细胞分别涂布在含有氨苄青霉素和卡那霉素抗性的LB平板上,37 ℃培养12~16 h,观察感受态细胞是否有污染。正常情况下在含抗生素的LB平板上应没有菌落出现。对照组:取5 μL菌液涂布于不含抗生素的LB平板上,此组正常情况下应产生大量菌落。

【注意事项】

(1)为制备转化效率较高的感受态细胞,可将保种液经划线和二次培养以后用于制作感受态细胞。

(2)注意挑取LB固体培养基上湿润、圆滑的单克隆菌落,以防挑取到杂菌。

(3)进行二次培养的时候,摇床转速应选择较低转速,空载转速在100~150 r/min。

(4)制作过程尽量在冰上操作,动作尽量轻柔、稳健;实验中所用的试剂、转子、离心机需要提前预冷。获得高感受态细胞的关键在于全过程中使细胞保持冰冻。

(5)为获得高感受态细胞,应当使用对数生长期的细胞,因此菌液的OD_{600}值不应高于0.6。

(6)感受态大肠杆菌细胞很脆弱,处理时必须小心。

【思考题】

(1)感受态的初始菌株为什么必须划线挑单菌落培养?

(2)为什么要求做感受态的细胞菌液OD_{600}在0.4~0.6?

(3)感受态细胞制备过程中的影响因素有哪些?

(本实验编者 李世军 王玲)

实验八　连接转化实验

　　DNA连接酶用于体外DNA连接、连接检测PCR，对体内冈崎片段连接成完整基因组DNA有重要作用。DNA连接酶有两类，一类以NAD为辅基，主要来源于细菌，代表是 E.coli 连接酶，常规反应条件下能连接切口(nick)、黏性(cohesive)末端双链DNA。另一类以ATP为辅基，来源于病毒、噬菌体、真核生物DNA，代表是T_4 DNA连接酶，能连接切口、黏性末端双链DNA，常规反应条件下能够连接平端(blunt end)DNA。T_4 DNA连接酶由T_4噬菌体的基因合成，最早从T_4噬菌体感染的 E.coli 中提取。后来人们发现DNA复制缺失型噬菌体中连接酶产量更高，从而将此噬菌体作为连接酶的主要来源。目前市场供应的连接酶是通过基因工程方法生产的。Murry测定T_4 DNA连接酶分子量为63 000~68 000 Da。Armstrong进一步确定为55 230 Da，由487个氨基酸(AA)残基组成，基因长度为1 464 bp。

　　转化(transformation)，即是采用人工的方法诱导受体细胞出现一种短暂的感受态，将外源DNA分子引入受体细胞，使之获得新的遗传片段的一种手段。大肠杆菌感受态细胞的转化是分子生物学实验中最基本、最常用的操作技术之一，可用于重组质粒的转化、基因克隆以及基因文库构建等研究。所制备的感受态细胞状态良好至关重要，将会有利于后续的基因克隆或文库的构建等。1972年Cohen等采用氯化钙处理大肠埃希菌细胞，发现处理后的细胞能作为一个很好的受体有效接受外源质DNA。至今Cohen转化法仍被广泛使用于 E.coli 克隆化系统，即采用$CaCl_2$法制备感受态细胞。

【实验目的】

　　(1)学习和掌握重组DNA连接以及鉴定重组子的方法，通过本实验了解DNA重组技术在分子生物学研究中的重要意义。

　　(2)学习和掌握外源质粒DNA转入受体菌细胞的技术，了解细胞转化的概念及其在分子生物学研究中的意义。

【实验原理】

1. DNA体外连接原理

　　DNA体外连接是指用DNA连接酶将两个DNA片段共价组合的过程，分子克隆中称作DNA重组，常用于外源DNA片段与线性质粒载体的连接，重新组合的DNA叫作重组体或重组子。重组体的构建是基因工程中的关键步骤。DNA连接酶有两种：T_4 DNA连接酶和大肠杆菌DNA连接酶。两种DNA连接酶都有将两个带有相同黏性末端的DNA分子连在一起的功能，而且T_4噬菌体DNA

连接酶还有一种大肠杆菌连接酶没有的特性,即能使两个平末端的双链DNA分子连接起来。但这种连接的效率比黏性末端的连接效率低,一般可通过提高T₄ DNA连接酶浓度或增加DNA浓度来提高平末端的连接效率。

T₄ DNA连接酶催化DNA连接反应分为三步:首先,T₄ DNA连接酶与辅助因子ATP形成酶-AMP复合物;然后,酶-AMP复合物再结合到具有5'-磷酸基和3'-羟基切口的DNA上,使DNA腺苷化;最后,产生一个新的磷酸二酯键,把切口封起来。因此,DNA分子末端的磷酸化是DNA分子相互连接的必要条件之一。

连接反应的温度在37 ℃时有利于连接酶的活性。但是在这个温度下,黏性末端的氢键结合是不稳定的。因此大多数推荐的连接温度是12~16 ℃,连接12 h以上或者过夜,这样既可最大限度地发挥连接酶的活性,又兼顾到短暂配对结构的稳定。而目前快速连接试剂,则是在相对较高的连接温度20~26 ℃下进行连接反应,能缩短连接时间至10~30 min。在标准条件下,DNA片段之间连接效率由互相匹配的DNA末端的浓度决定。外源DNA的末端浓度至少要等于或高于质粒的末端浓度,一般采用高于质粒的末端浓度,以获得更高的连接效率。

2. 质粒DNA转化原理

转化是将异源DNA分子引入一细胞株系,使受体细胞获得新的遗传片段的一种手段,是基因工程等研究领域的基本实验技术。转化的方法有化学方法和电转化法。化学方法(热激法):使用化学试剂(如CaCl₂)制备的感受态细胞,通过热激处理将载体DNA分子导入受体细胞;电转化法:使用低盐缓冲液或水洗制备的感受态细胞,通过高压脉冲的作用将载体DNA分子导入受体细胞。转化的原理是细菌处于0 ℃,CaCl₂低渗溶液中,菌体细胞膨胀,通透性增加。转化混合物中的DNA形成抗DNA酶的羟基-钙磷酸复合物黏附于细胞表面,经42 ℃短时间热激处理,促进细胞吸收DNA复合物。将细菌放置在非选择性培养基中保温一段时间,促使在转化过程中获得的新的表型(如Amp'等)得以表达,然后将此细菌培养物涂布于含有抗生素的选择性培养基上。带有外源DNA的重组质粒在体外构建后,导入宿主细胞,随着细胞的大量复制、繁殖,才有机会获得纯的重组质粒DNA。

【实验试剂】

胰蛋白胨、酵母提取物、氯化钠、氨苄青霉素、氯化钙、二甲基甲酰胺、T₄ DNA连接酶、DNA Marker、限制性内切酶位点 *Kpn* I、限制性内切酶位点 *Xho* I、琼脂糖、TAE缓冲液(10×)、SYBR染色液。

【实验器材】

恒温摇床、恒温水浴器、恒温培养箱、台式离心机、低温离心机、电泳仪、电泳槽、紫外透射仪、凝胶成像仪、一次性塑料手套。

【实验样本】

感受态细胞DH5α、*PLIN1*基因启动子区域片段、pGL3-Basic载体质粒。

【实验步骤】

1. DNA体外连接、T₄ DNA连接酶连接体系及反应条件

(1) 质粒和PCR产物的纯化→PCR纯化产物以及空载体的酶切→目的片段纯化→电泳检测→16 ℃连接过夜。

(2) 质粒和PCR产物的酶切、纯化参照前述实验。连接反应一般是在16 ℃下进行,采用10 μL连接体系。使用T₄ DNA连接酶,按照产品说明书操作对双酶切后的DNA片段和载体质粒进行连接。

(3) 连接体系

表2-8-1 T4酶连接体系

试剂	使用量/μL
酶切后的DNA片段(50 ng/μL)	1
酶切后的载体质粒(50 ng/μL)	1
T₄ DNA连接酶	1
10×T₄ DNA Ligase Buffer	1
ddH₂O	6
总体积	10

(4) 连接反应条件

将连接体系在20 μL PCR管中涡旋振荡混匀,瞬时离心后16 ℃过夜连接,可将双酶切后具有互补黏性末端(或者平末端)的质粒DNA和目的基因DNA在体外连接形成重组子。

2. 质粒转化

(1) -80 ℃超低温冰箱取出冷冻保存备用的感受态细胞,冰浴至细胞融化。

(2) 将10 μL T₄酶连接产物加入100 μL感受态细胞中,无菌枪头轻轻吹打形成混合菌液,冰浴30 min。

(3) 42 ℃水浴热激活化90 s,然后迅速置于冰浴中5 min,过程中切勿摇晃振荡菌液。

(4)加入500 μL经过预热37 ℃的LB液体培养基,放入37 ℃、150 r/min摇床,振荡培养60~90 min。

(5)1 000 r/min离心菌液5 min,弃去500 μL上清液,将剩余100 μL菌液轻轻吹打悬浮,均匀涂布于LB固体培养基平板上(固体培养基中应含有载体对应抗性的氨苄青霉素)。

(6)37 ℃恒温正置培养2 h后,继续倒置培养12~16 h。

(7)于超净工作台中挑取数个阳性单克隆菌落,移入适量含有载体对应抗性的氨苄青霉素的LB液体培养基中,37 ℃恒温振荡培养12~14 h。

(8)待菌液明显浑浊后,停止振荡培养,并尽快用于质粒提取。

(9)检出转化体和计算转化率。

统计每个培养皿中的菌落数、各实验组培养皿内菌落生长状况,进行结果分析。

转化子总数=菌落数×稀释倍数×转化反应原液总体积/涂板菌液体积

转化频率=转化子总数/质粒DNA加入量。

【结果分析】

PLIN1 基因启动子区域与pGL3-basic载体连接

使用T$_4$连接酶将2 kb *PLIN1* 基因启动子片段连接到pGL3-basic载体上,并将得到的质粒命名为pGL3-*PLIN1*。连接转化后取菌液均匀涂布于含有氨苄青霉素抗性的LB平板上,37 ℃培养12~16 h,观察是否有单克隆菌落产生。正常情况下在含抗生素的LB平板上应具有阳性重组载体菌落出现。

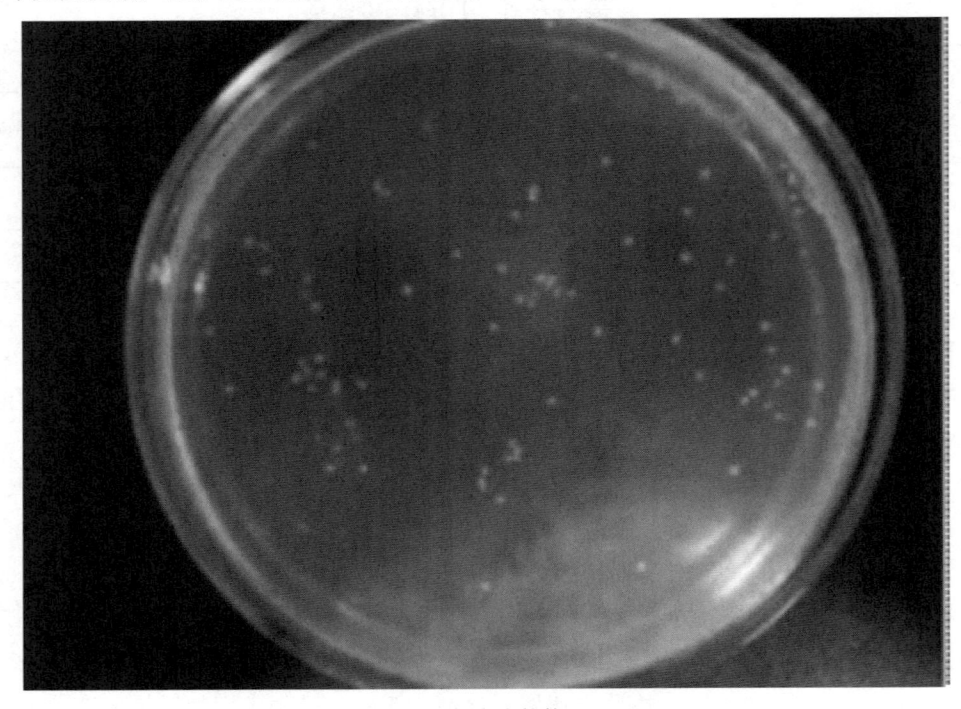

图2-8-1 单克隆菌落图

【注意事项】

连接反应中值得注意的几个问题如下。

(1)载体和插入片段的摩尔浓度比:插入片段的摩尔数的变化范围可为8:1到1:16,通常的变化范围是1:3到1:5。插入片段的长度和序列的变化会影响和同一载体的连接效果。每一个连接反应都需要进行实验来选择最佳的载体和插入片段的摩尔数比。在最小的反应体积中,通常一个连接反应用10~50 ng的载体DNA。

(2)进行连接反应时的保温时间和温度也需优化。一般而言,平末端连接在22 ℃下保温4~16 h,黏性末端在22 ℃下保温3 h,或16 ℃下保温16 h。大多数连接反应用T_4 DNA连接酶,但大肠杆菌DNA连接酶可用于黏性末端的连接,平末端连接时用大肠杆菌DNA连接酶活力较低。

(3)载体和插入片段的纯度应较高,溶解的溶剂最好使用灭菌的双蒸水而不是TE,因为TE中含有离子,可能影响连接反应。

(4)为了提高连接效率,一般采取提高DNA的浓度,增加重组子比例的方法。这样就会出现DNA自身连接问题,为此通常选择对质粒载体用碱性磷酸酶处理,除去其5'末端的磷酸基,防止环化,连接反应形成的缺口可在转化细胞后得以修复。

(5)将涂布后的LB平板先在超净工作台上或者培养箱中放置30 min,至液体被吸收,然后再倒置培养。

【思考题】

(1)如何通过琼脂糖凝胶电泳粗略地判断载体和目的基因片段的摩尔数?

(2)制作感受态菌的过程中,应注意哪些关键步骤?

(3)$CaCl_2$溶液的作用是什么?

(本实验编者 李世军 王玲)

实验九 质粒DNA提取与鉴定

质粒是细菌、酵母菌和放线菌等生物中染色体以外的DNA分子，存在于细胞质中（但酵母除外，酵母的2 μm质粒存在于细胞核中），具有自主复制能力，在子代细胞中也能保持恒定的拷贝数，并表达所携带的遗传信息，是闭合环状的双链DNA分子。根据质粒能否通过细菌的接合作用，可分为接合性质粒和非接合性质粒；根据质粒在细菌内的复制类型可分为两类，即严谨控制型和松弛控制型；根据质粒的不相容性，可分为不相容性和相容性。质粒能编码一些遗传性状，如抗药性（氨苄青霉素、四环素等抗性），利用这些抗性可以对宿主菌或重组菌进行筛选。

所有天然质粒都含有复制起始点（控制宿主范围和质粒拷贝数），通常还含有一个帮助其生存的基因，如抗性基因；而实验室质粒一般是人造的，用来向细胞中引入外源DNA，人造质粒至少含有复制起始位点、选择标记和克隆位点。修饰质粒的易用性和质粒在细胞内的自我修复能力使它们成为生命科学家或生物工程师的理想工具。通常，科学家利用质粒在靶细胞中进行基因的过表达。质粒的灵活性、兼容性、安全性、经济性等特性促进了分子生物学家将其应用于各种用途。一些常用的质粒类型包括：克隆质粒、表达质粒、基因下调质粒、基因敲除质粒、报告质粒、病毒质粒等。

【实验目的】

(1) 了解质粒DNA提取与鉴定的实验原理和应用。
(2) 掌握质粒DNA提取与鉴定的操作技术。
(3) 学习用琼脂糖凝胶电泳检测DNA的纯度、构型、含量以及分子量的大小。

【实验原理】

1. 碱裂解法提取质粒的原理

质粒已成为目前最常用的基因克隆的载体分子，制备质粒DNA是分子生物学的常规技术。碱裂解法是一种应用最为广泛的制备质粒DNA的方法，碱变性抽提质粒DNA是基于基因组DNA与质粒DNA的变性与复性的差异而达到分离的目的。

碱裂解法提取质粒是根据共价闭合环状质粒DNA与线性DNA在拓扑学上的差异来将二者分离。在pH值介于12.0~12.5这个狭窄的范围内，线性的DNA双螺旋结构解开而变性，尽管在这样的条件下，共价闭环质粒DNA的氢键会断裂，但两条互补链彼此相互盘绕，仍会紧密地结合在一起。当以pH 4.8的NaAc高盐缓冲液去调节其pH至中性时，变性的质粒DNA又恢复原来的构型，保存在溶液中,而基因组DNA不能复性而形成缠连的网状结构,通过离心,基因组DNA与不稳定的大分子RNA,蛋白质-SDS复合物等一起沉淀下来而被除去。

2. 琼脂糖凝胶电泳

琼脂糖凝胶电泳是分离鉴定和纯化DNA片段的常用方法,是基因工程操作中最常规的实验方法,简便易行,只需少量的DNA就能检测,其分辨效果比分光光度计法与溴化乙锭-标准浓度DNA比较法更高、更直接,检测DNA范围更广。DNA分子在琼脂糖凝胶中泳动时有电荷效应和分子筛效应,DNA分子在高于等电点的pH溶液中带负电荷,在电场中向正极移动。由于糖磷酸骨架在结构上的重复性质,相同数量的双链DNA几乎具有等量的净电荷,因此它们能以同样的速度向正极方向移动。不同浓度琼脂糖凝胶可以分离从200 bp至50 kb的DNA片段。在琼脂糖溶液中加入低浓度的溴化乙锭(ethidium bromide,EB),在紫外光下可以检出10 ng的DNA条带,在电场中,pH 8.0条件下,凝胶中带负电荷的DNA向阳极迁移。

其原理是EB在紫外光照射下能发射荧光,当DNA样品在琼脂糖凝胶中电泳时,琼脂糖凝胶中的EB就插入DNA分子中形成荧光络合物,使DNA发射的荧光增强几十倍。而荧光的强度正比于DNA的含量,如将已知浓度的标准样品作为琼脂糖凝胶电泳的对照,就可比较出待测样品的浓度。若用薄层分析扫描仪检测,则可精确地测得样品的浓度。电泳后的琼脂糖凝胶块直接在紫外灯照射下拍照,只需要5~10 ng(1 ng=10^{-3} μg)DNA,就可以从照片上比较鉴别。如肉眼观察,可检测到0.01~0.1 μg的DNA。

【实验试剂】

(1)LB液体培养基:称取蛋白胨10 g,酵母提取物5 g,NaCl 10 g,溶于800 mL去离子水中,用NaOH调pH至7.5,加去离子水至总体积1 L,121 ℃高压灭菌20 min。

(2)氨苄青霉素(ampicillin,Amp)母液:配成100 mg/mL水溶液,-20 ℃保存备用。

(3)溶液Ⅰ:50 mmol/L 葡萄糖,25 mmol/L Tris-HCl(pH 8.0),10 mmol/L EDTA(pH 8.0)。在121 ℃下高压灭菌15 min,贮存温度为4 ℃。

(4)溶液Ⅱ:0.2 mol/L NaOH,1% SDS。2 mol/L NaOH 1 mL,10% 的 SDS 1 mL,加 ddH$_2$O 至10 mL,使用前临时配制。

(5)溶液Ⅲ:醋酸钾(KAc)缓冲液,pH 4.8。5 mol/L KAc 300 mL,冰醋酸57.5 mL,加ddH$_2$O至500 mL。4 ℃保存备用。

(6)TE:10 mmol/L Tris-HCl(pH 8.0),1 mmol/L EDTA(pH 8.0)。121 ℃灭菌20 min,4 ℃保存备用。

(7)苯酚:氯仿:异戊醇(25:24:1)混合液:50 mL Tris饱和酚,48 mL氯仿,2 mL异戊醇,充分混匀,适量ddH$_2$O液封,转入棕色瓶2~8 ℃避光保存。

注:氯仿可使蛋白变性并有助于液相与有机相的分开,异戊醇则可消除抽提过程中出现的泡

沫。酚和氯仿均有很强的腐蚀性,操作时应戴手套。

(8)无水乙醇。

(9)70%的乙醇:取 70 mL 无水乙醇,加入 30 mL ddH$_2$O 配制。

(10)RNA 酶 A 母液:将 RNA 酶 A 溶于 TE 中,配成 10 mg/mL 的溶液,于 100 ℃加热 15 min,使混有的 DNA 酶失活。冷却后用 15 mL 离心管分装,−20 ℃保存。

(11)灭菌 ddH$_2$O:取适量去离子水,121 ℃高温灭菌 20 min,冷却后 1.5 mL 离心管分装,20 ℃保存备用。

【实验器材】

恒温培养箱,恒温水浴系统,恒温振荡摇床,涡旋振荡器,低温高速离心机,微量移液器(20 μL,200 μL,1000 μL)、电泳仪、电泳槽、超净工作台、高压灭菌锅、琼脂糖凝胶电泳仪、凝胶成像仪或紫外透射仪。

【实验样本】

大肠杆菌 DH5α、*PLIN1* 基因 Promotor DNA 样品、*Kpn* I 和 *Xhol* I 限制性内切酶。

【实验步骤】

1. 质粒提取

(1)向 2 mL 离心管中加入菌液 2 mL,12 000 r/min 4 ℃离心 2 min,彻底弃去上清。

(2)用 100 μL 溶液 I,涡旋充分振荡以重悬细胞。

(3)加 150 μL 预热的溶液 II,立即温和颠倒离心管数次,冰上静置 1~2 min,使菌体充分裂解。

(4)加 150 μL 溶液 III,立即温和颠倒离心管数次,室温静置 3 min 左右,出现白色絮状沉淀,12 000 r/min 离心 10 min。

(5)吸附柱用 400 μL 结合缓冲液预处理,将步骤(4)得到的上清液小心移入吸附柱中(约 200 μL),转移过程中避免吸到沉淀。

(6)12 000 r/min 离心 30 s,弃去收集管中的废液。

(7)向吸附柱中加入 600 μL 漂洗液,12 000 r/min 离心 15 s,弃去收集管中的废液。

(8)重复步骤(7)一次。

(9)12 000 r/min 离心 2 min,室温静置 10 min,完全去除漂洗液。

(10)将吸附柱移入新的 1.5 mL 离心管中,向吸附柱底部膜中央加入 50 μL 洗脱缓冲液(注意枪头不能触碰吸附膜),室温静置 5 min,12 000 r/min 离心 2 min,得到提纯的质粒 DNA。

(11)检测质粒DNA浓度及纯度,-20 ℃冷冻保存备用。

2. 限制性内切酶酶切鉴定

(1)将上一步纯化得到的质粒DNA溶解于灭菌双蒸水或pH 8.0的Tris-HCl,使用紫外检测仪检测质粒DNA的浓度,或电泳估计质粒DNA浓度,使终浓度为0.1 μg/μL左右。

(2)20 μL双酶切体系如下:

10×mol/L Buffer	2 μL
质粒DNA	10 μL
Kpn I	1 μL
Xho I	1 μL
无菌 H₂O	6 μL
总体积	20 μL

(3)将各成分加入后,轻轻混匀,必要时短暂离心。

(4)在最适反应温度下水浴一定时间,一般限制性内切酶37 ℃水浴2~4 h,可将目的DNA片段完全切开。

(5)取6~8 μL酶切反应液,加入2 μL 6×上样缓冲液并混匀,以未经酶切的对应质粒作对照。

3. 琼脂糖凝胶电泳

(1)选择合适的水平式电泳仪,调节电泳槽平面至水平,检查稳压电源与正负极的线路。

(2)选择孔径大小适宜的点样梳,垂直架在电泳槽负极的一端,使点样梳底部离电泳槽水平面的距离为0.5~1.0 mm。

(3)制备琼脂糖凝胶,按照被分离DNA分子的大小,决定凝胶中琼脂糖的百分含量。一般情况下,可参考表2-9-1。

表2-9-1 琼脂糖凝胶的浓度与DNA分子的分离范围

琼脂糖的含量/%	分离线状DNA分子的有限范围/kb
0.3	5.0~60
0.6	1.0~20
0.7	0.8~1
0.9	0.5~7
1.2	0.4~6
1.5	0.2~4
2.0	0.1~3

称取琼脂糖溶解在电泳缓冲液中,大电泳槽约需160 mL凝胶液,小电泳槽约需35 mL凝胶液,置微波炉中或水浴锅加热,至琼脂糖溶解均匀。

(4) 取少量凝胶溶液将电泳槽四周密封好,如是两端没有插板的电泳槽,则用玻璃胶带封好两端,防止浇凝胶板时出现渗漏,然后在凝胶溶液中加 EB(EB 的最终浓度为 0.5 μg/mL),摇匀,待凝胶溶液冷却至 50 ℃左右时,轻轻倒入电泳槽水平板上,除掉气泡。

(5) 待凝胶冷却凝固后,在电泳槽内加入电泳缓冲液,大电泳槽约需 1 200 mL,小电泳槽约需 180 mL。然后小心取出点样梳与两端插板(或撕掉两端玻璃胶带),保持点样孔的完好。

(6) 待测的 DNA 样品中,加 1/5 体积的溴酚蓝指示剂点样缓冲液,如果待测样品体积太小(1 μL),可用电泳缓冲液稀释,至少 2 μL 溴酚蓝指示剂、8 μL 样品。混匀后小心地进行点样,记录样品点样的顺序与点样量。

(7) 开启电源开关,DNA 的迁移速度与电压成正比,与琼脂糖含量有关。最高电压不超过 5 V/cm(大电泳槽不超过 200 V,小电泳槽不超过 150 V)。

(8) 电泳时间根据实验的具体要求而异。在电泳中途可用紫外灯直接观察,DNA 各条区带分开后,电泳结束,一般为 20 min~3 h,取电泳凝胶块,直接在紫外灯下拍照或绘图。

【结果分析】

将牛 *PLIN1* 基因启动子的 8 个逐段缺失片段与线性化的 pGL3-basic 载体重组。提取质粒后,8 个重组质粒经双酶切后进行电泳分别得到 pGL3-basic 空载和 1978 bp、1565 bp、1145 bp、878 bp、716 bp、487 bp、343 bp 和 151 bp 片段,见图 2-9-1。经测序鉴定,所有质粒测序得到的序列与 GenBank 中序列信息相同。

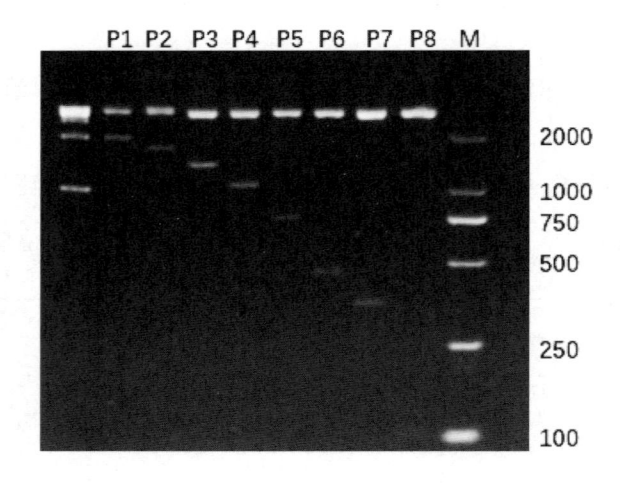

图 2-9-1 重组质粒 pGL3-*PLIN1* Promoter 的 *Kpn* I/*Xho* I 双酶切鉴定

M:DL2000 DNA Marker;P1-P8:重组质粒 pGL-*1844/+134(P1)*、pGL-*1431/+134(P2)*、pGL-*1011/+134(P3)*、pGL-*744/+134(P4)*、pGL-*582/+134(P5)*、pGL-*353/+134(P6)*、pGL-*209/+134(P7)*、pGL-*17/+134(P8)*

【注意事项】

(1)质粒提取过程应尽量保持低温。

(2)沉淀DNA通常使用冰乙醇,在低温条件(−20 ℃)下预冷可增强DNA沉淀效果。沉淀DNA也可用异丙醇(一般等体积使用),特点是沉淀完全、速度快,但容易将盐也沉淀下来。

【思考题】

(1)天然质粒和实验室质粒的区别是什么?

(2)实验室常用质粒类型及用途是什么?

(3)若质粒在电泳时出现3条不同大小的条带,主要原因是什么?它们分别是质粒的何种构型?

(本实验编者 李世军)

实验十　蛋白质的原核表达和纯化

大肠杆菌属于大肠菌群，属兼性厌氧革兰氏阴性菌，大肠杆菌通常生活在生物肠道中。大多数大肠杆菌菌株是无害的，但某些血清型可导致宿主发生严重的食物中毒。无害大肠杆菌是肠道正常微生物群的一部分与生物体为共生关系，可以产生维生素 K_2 使机体受益，并防止病原菌在肠道增殖。大肠杆菌是第一个用于重组蛋白生产的宿主菌，不仅具有遗传背景清楚、培养操作简单、转化和转导效率高、生长繁殖快、成本低廉，可以快速大规模地生产目的蛋白等优点，而且其表达外源基因产物的水平远高于其他基因表达系统，表达的目的蛋白量甚至能超过细菌总蛋白量的30%，因此大肠杆菌是目前应用最广泛的蛋白质表达系统。大肠杆菌是最广泛使用的表达宿主之一，并且DNA通常被引入质粒表达载体中。在大肠杆菌中过表达外源基因的技术已得到很好的发展，并且通过增加基因拷贝数或增加启动子区的结合强度来起作用，从而有助于转录。

【实验目的】

（1）了解原核表达载体的结构和原理。
（2）了解并掌握镍亲和层析的实验原理。

【实验原理】

（1）大肠杆菌原核表达系统作为一种最为普遍的已知蛋白表达方式之一，被广泛应用于生物学研究领域。它具有很多优点，比如培养周期短，目标基因表达水平高，遗传信息清楚。大肠杆菌表达系统主要由表达载体、外源基因、表达宿主菌三部分组成。

①表达载体

是一种小型环状DNA分子，能在宿主细胞中进行自我复制。一个完整的质粒载体包括有复制起点、启动子、目的基因插入序列、抗性基因以及终止子。

②外源基因

是一段具有明确DNA序列的外源基因，这段基因既可以是原核的也可以是真核的。原核基因可以在大肠杆菌中直接表达出来，但是真核基因中有内含子，大肠杆菌不能对mRNA进行剪切，因而不能形成成熟的mRNA，所以真核基因一般以cDNA的形式在大肠杆菌表达系统中表达。此外，还需提供大肠杆菌能识别的且能转录翻译真核基因的元件。

③表达宿主菌

指的是表达蛋白的生物体，即大肠杆菌。表达宿主菌的选择在大肠杆菌蛋白表达过程中是很重要的因素。对于宿主菌的选择主要根据宿主菌各自的特征及目的蛋白的特性，例如目的蛋白需要形成二硫键,可以选择 Origami 2 系列,Origami 能显著提高细胞质中二硫键形成的概率,促进蛋白可溶性及活性表达;目的蛋白含有较多稀有密码子可用 Rosetta 2 系列,补充大肠杆菌缺乏的七种(AUA,AGG,AGA,CUA,CCC,GGA 及 CGG)稀有密码子对应的 tRNA,提高外源基因的表达水平。

(2)亲和层析是根据生物活性物质与特异性配体间的特异性亲和力来达到分离目的的一种技术。在生物体内的很多大分子物质都具有可逆的专一的结合特性,这种特性称之为亲和力,例如酶与底物、抗原与抗体、激素与受体等,而亲和层析就是利用了这一点来达到目标蛋白纯化的目的。亲和层析的原理简单来说就是将具有亲和力的两种分子中的一种通过长链分子固定在不溶性介质(例如琼脂糖或树脂)上,然后利用分子与分子之间的亲和力从复杂的多蛋白样品中分离目标蛋白。本实验当中利用镍离子(Ni^{2+})与组氨酸(His)具有较高亲和力的特性来分离纯化特异性带有 6×His 标签的融合蛋白,其原理就是将镍离子固定于琼脂糖介质上,原核表达蛋白提取液经过含镍介质后,目标蛋白与镍离子相结合,然后通过高浓度咪唑置换下目标蛋白。这种方法能够得到高纯度、高回收率的产物,并能保持生物大分子的天然活性,具有良好的选择性,被广泛应用于从复杂体系中高效提取特定的目标蛋白等实验中。

(3)凝胶过滤层析的原理是根据蛋白质分子间的大小或者形状的差异来将目标蛋白质与其他杂质进行分离。凝胶介质可理解为球形或类球形,且其球内有一定大小的孔洞,允许一定大小范围的分子进出该球体,当加入样品后,小分子蛋白质会随液流方向随机进出凝胶介质的孔洞,而大分子蛋白质因直径大于凝胶介质中的孔洞直径而不能进入,这样在液流过程中大分子蛋白质直接经凝胶介质之间的缝隙通过,而小分子蛋白质所走的路程和受到的凝胶阻力相对要大一些,因此大分子蛋白质会比小分子蛋白质优先流出凝胶介质,故可以用于分子量差距比较悬殊的蛋白质之间的分离,也可以用于分子量差距比较接近,但是与凝胶介质之间相互作用有区别的蛋白质之间的分离纯化。

【实验试剂】

1. 实验药品

胰蛋白胨、酵母提取物、氯化钠、无水乙醇、氯霉素(Chl)、氨苄青霉素、异丙基硫代-β-D-半乳糖苷(IPTG)、Tris、甘油、Triton X-100、苯甲基磺酰氟(PMSF)、浓盐酸、二硫苏糖醇(DTT)、咪唑、乙酸钠等。

2. 实验用品

0.22 μm 微孔滤膜、灭菌 PCR 管、50 mL 离心管、1.5 mL 离心管、各型号量筒、各型号烧杯、1 L 锥形瓶、96 孔小黄板、真空抽滤机、各型号移液器、枪头。

3. 试剂配制

（1）LB液体培养基：胰蛋白胨10 g，酵母提取物5 g，NaCl 10 g，加入1 L超纯水溶解，121 ℃高压灭菌30 min，冷却至室温。

（2）酸性缓冲液：无水乙酸钠0.8 g，NaCl 29.25 g，超纯水溶解定容至500 mL，0.22 μm滤膜过滤，4 ℃保存。

（3）Buffer A（20 mmol/L Tris，500 mmol/L NaCl，5 mmol/L 咪唑，10% 甘油，pH 7.9）：Tris 4.844 g，NaCl 58.44 g，咪唑0.68 g，PMSF 0.348 g，Triton X-100 2 mL，甘油200 mL，超纯水溶解定容至2 L，HCl调pH至7.9，0.22 μm滤膜过滤，4 ℃保存。

（4）Buffer 25（20 mmol/L Tris，500 mmol/L NaCl，25 mmol/L 咪唑，10% 甘油，pH 7.9）：Tris 1.211 g，NaCl 14.63 g，咪唑0.85 g，PMSF 0.087 1 g，Triton X-100 0.5 mL，甘油50 mL，超纯水溶解定容至500 mL，HCl调pH至7.9，0.22 μm滤膜过滤，4 ℃保存。

（5）Buffer C（20 mmol/L Tris，500 mmol/L NaCl，500 mmol/L 咪唑，10% 甘油，pH 7.9）：Tris 1.211 g，NaCl 14.63 g，咪唑17 g，甘油50 mL，超纯水溶解定容至500 mL，HCl调pH至7.9，0.22 μm滤膜过滤，4 ℃保存。

（6）20% 乙醇：100 mL无水乙醇，超纯水定容到500 mL，0.22 μm滤膜过滤，常温保存。

（7）70% 乙醇：350 mL无水乙醇，超纯水定容至500 mL，0.22 μm滤膜过滤，常温保存。

（8）氨苄青霉素Amp（100 mg/mL）：氨苄青霉素1.0 g，加10 mL超纯水溶解，按1 mL/份分装，-20 ℃保存。

（9）氯霉素Chl（34 mg/mL）：氯霉素0.34 g，加10 mL无水乙醇溶解，按1 mL/份分装，-20 ℃保存。

（10）0.1 mol/L苯甲基磺酰氟（PMSF）：称取0.174 g PMSF溶于适量异丙醇后定容至10 mL，0.22 μm滤膜过滤除菌，按1 mL/支分装，-20 ℃保存。

（11）IPTG溶液（0.1 mol/L）：IPTG 0.6 g，超纯水溶解定容至25 mL，-20 ℃保存。

（12）DTT（100 mmol/L）：称取DTT 0.77 g，40 mL超纯水溶解定容至50 mL，0.22 μm滤膜过滤，4 ℃保存。

（13）Superdex-200 Buffer（pH 7.9）：Tris 1.211 g，NaCl 4.388 g，100 mmol/L DTT 5 mL，甘油50 mL，溶于500 mL超纯水中，用HCl调pH至7.9，用0.22 μm滤膜过滤，4 ℃保存备用。

【实验器材】

高压细胞破碎仪、高速冷冻离心机、蛋白质分离纯化系统、-80 ℃超低温冰箱、Mili-Q超纯水系统、磁力加热搅拌器、无油真空泵、恒温振荡培养箱、电子天平、各型号移液枪、快速振荡混匀器、微型离心机、灭菌锅。

【实验样本】

人的Bloom解旋酶大肠杆菌质粒表达菌株。

【实验步骤】

1. Bloom解旋酶的诱导表达

（1）取-80 ℃冻存的BLM$^{642-1290}$菌种按1∶1 000的比例接种于100 mL LB液体培养基（添加终浓度为50 μg/mL的Amp和34 μg/mL的Chl）中复苏（50 μL Amp+100 μL Cam加于100 mL LB培养基中），然后放置于恒温振荡培养箱中培养6 h（37 ℃、200 r/min）。

（2）将复苏后的菌液按1∶1 000比例接种于LB液体培养基中（0.25 mL Amp+0.5 mL Chl加于500 mL LB培养基中），置于恒温振荡培养箱中培养（37 ℃、200 r/min）至OD$_{600}$值达到0.5～0.6。

（3）加入终浓度为0.45 mmol/L的IPTG，置于恒温振荡培养箱中培养18 h（18 ℃、200 r/min）。（每500 mL培养基中加入2.25 mL IPTG）

2. Bloom解旋酶的分离

（1）将菌液在4 ℃、4 000 r/min条件下离心15 min，收集离心管底部菌体，加入40 mL Buffer A悬浮菌体，再加入400 mL 0.1 mol/L的PMSF，使其终浓度为1 mmol/L。

（2）立即利用高压细胞破碎仪对菌体进行一次性细胞破碎，压力为145 kpa。

（3）将高压破碎后的菌液于4 ℃下13 000 r/min离心45 min，收集上清液。

3. Bloom解旋酶的纯化

（1）打开空调，控制仪器温度在4~16 ℃，调整仪器通路，先用70%的乙醇冲洗蛋白质纯化仪内部管路30 min，流速为2 mL/min，然后用超纯水冲洗仪器内部通路，流速2 mL/min，直到无杂质流出为止。

（2）仪器通路清洗干净以后，加装镍预装柱，然后继续用70%的乙醇冲洗预装柱20 min，流速为1.5 mL/min，然后换20%的乙醇冲洗30 min，流速为1.5 mL/min，直至平衡。

（3）再用6倍柱体积的ddH$_2$O冲洗预装柱20 min，流速为1.5 mL/min，冲洗掉通路中的乙醇。按顺序分别用6倍柱体积的酸性缓冲液和BufferA冲洗通路20 min，流速为1.5 mL/min。

（4）目的蛋白上样，利用上样泵或上样环将样品注入镍预装柱当中，流速为0.8 mL/min。

（5）清洗蛋白镍柱，去除未结合蛋白。用12倍柱体积的BufferA冲洗，6倍柱体积的Buffer25洗脱柱子，流速1 mL/min，收集洗脱峰，4 ℃保存，开启UV280、UV260紫外检测。

（6）梯度洗脱，分离目的蛋白。用12倍柱体积的BufferC与6倍柱体积的Buffer25进行梯度洗脱，用自动收集器以2 mL/管收集，流速为1 mL/min，开启UV280、UV260紫外检测，收集目标蛋白峰处的洗脱液（若浓度较低可利用浓缩管进行离心浓缩），加入100 μmol/L的DTT，20 μL一管进行分装,液氮浸泡5 min后,迅速转移到-80 ℃冰箱保存。

(7)镍预装柱再生保存。用70%的乙醇冲洗蛋白通路和镍预装柱直至无杂质流出,流速为1.5 mL/min,然后用20%的乙醇冲洗仪器内部通路和预装柱,直至无杂质流出,取下预装柱,用螺栓堵住两头,4 ℃保存。

(8)若需对镍亲和层析的目的蛋白进行进一步的纯化,可以在第(6)步得到目标蛋白洗脱液后,将洗脱液上样到Superdex-200预装柱上,利用Superdex-200 Buffer冲洗对蛋白质进行更加精细的纯化且洗脱液上样体积要≤5%柱体积。

【结果分析】

在整个实验流程当中得到的实验图谱如图2-10-1所示,其中有4个峰,①代表高压破碎后的细胞匀浆上清液逐渐经过镍柱,大量与镍柱未结合蛋白流出。②代表更换Buffer25后,在低浓度咪唑的作用下,与镍柱结合不紧密的蛋白从镍柱上脱落下来。③代表BufferC和Buffer25的梯度洗脱下,随着咪唑浓度的增加,Bloom解旋酶逐渐被洗脱下来,并按照每管1 mL的量由收集器进行收集。④代表更换20%乙醇清洗镍柱中部分残留蛋白。

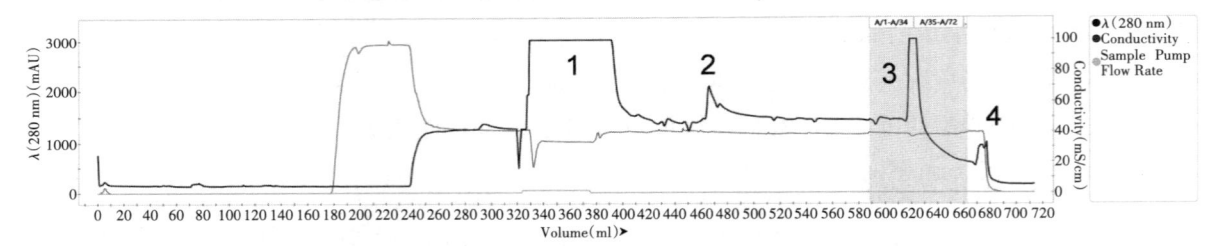

图2-10-1 大肠杆菌质粒提取纯化Bloom解旋酶的实验图谱

【注意事项】

(1)原核蛋白表达的温度一定要控制好,尤其是加入IPTG以后诱导目标蛋白表达时,必须保持低温。

(2)细胞破碎后的破碎液尽量当天进行离心分离,防止蛋白活性降低。实在时间安排不过来可以选择不破碎,直接将离心后的菌体保存于-80 ℃冰箱中,但放置时间不要太长,一周以内需进行下一步实验。

(3)蛋白破碎后的所有实验都需在冰上进行,或在层析冷柜里进行操作,防止蛋白活性丧失。

【思考题】

(1) 为什么蛋白纯化后的目的蛋白里面需要加入DTT？

(2) 为什么在破碎细胞时要加入PMSF，并且还是破碎时临时加入？

(3) 为什么要利用IPTG作为诱导剂？它的诱导机制是什么？

（本实验编者 刘金河 陈祥）

二、综合实验

实验十一 酵母双杂交系统检测蛋白质相互作用

酵母双杂交系统,又称蛋白陷阱捕获系统,它是在真核模式生物酵母细胞中研究蛋白质之间的相互作用,对蛋白质之间微弱的、瞬间的相互作用也能通过报告基因的表达产物敏感地进行检测。该技术是一种具有很高灵敏度的研究蛋白质之间互作关系的技术,既可以用来研究哺乳动物和高等植物基因组编码的蛋白质之间的相互作用,也可以研究细菌或病毒基因组编码的蛋白质之间的相互作用。

酵母双杂交系统最早是由美国纽约州立大学的Fields和Song于1989年首先在研究真核生物转录调控的过程中建立的,该系统的产生是基于对酵母转录因子GAL4的研究。GAL4包含两个彼此分离但在发挥功能上却必须同时存在的结构域,其中DNA结合结构域(binding domain,BD)位于N-端第1~147位氨基酸残基,转录激活结构域(activation domain,AD)位于C-端第768~881位氨基酸残基。BD能够识别GAL4效应基因上游激活序列(upstream activating sequence,UAS)并与之结合,而AD则与GAL4转录因子中的其他成分结合,以启动UAS下游基因进行转录。BD和AD单独存在时,在酵母细胞中不能激活转录反应,只有当两者在空间上充分接近时,才能表现出完整的GAL4转录因子活性,此时可激活UAS下游启动子使下游基因顺利转录。利用此方法,Fields和Song将SNF1(一种丝氨酸/苏氨酸蛋白激酶)和SNF4(SNF1的结合蛋白)分别与BD和AD进行融合表达,首次在酵母细胞中证实了SNF1和SNF4之间的相互作用,由此建立了利用酵母双杂交系统研究蛋白质相互作用的技术。目前,该技术已广泛应用于蛋白质之间的相互作用验证、蛋白互作结构域或氨基酸位点的鉴定、与靶蛋白互作细胞蛋白的筛选等方面的研究。

【实验目的】

(1)了解酵母双杂交系统的实验原理和应用。
(2)掌握酵母双杂交系统检测蛋白相互作用的操作技术。

【实验原理】

酵母双杂交实验采用的系统主要是GAL4系统,该系统中BD和AD分别由GAL4蛋白上两个不同的结构域构成。将两个待研究蛋白(分别命名为蛋白X与蛋白Y)基因编码框分别插入到BD、AD质粒的多克隆位点区域,构建重组质粒,然后将其共同转入同一酵母细胞中表达。如果蛋白X和蛋白Y之间不存在相互作用,则下游报告基因(如 *HIS3*、*LacZ* 和 *ADE2*)不会转录表达;如果蛋白X和蛋白Y之间存在相互作用,则BD与AD结构域空间上靠近,从而启动下游报告基因的转录(图2-11-1)。因此,通过检测报告基因表达与否,即可判断蛋白X和蛋白Y之间是否存在相互作用。

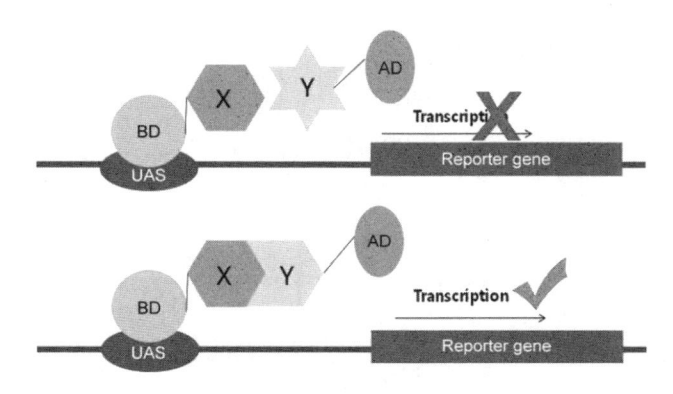

图 2-11-1 酵母双杂交系统工作原理

【实验试剂】

1. 培养基

(1) 1×YPDA培养基(1 000 mL)

蛋白胨	20 g/L
酵母提取物	10 g/L
腺嘌呤	0.03 g/L
葡萄糖	20 g/L

配制方法如下。

①蛋白胨20 g,酵母提取物10 g,加900 mL水充分混合后,最后加水至1 000 mL,调pH至6.5,121 ℃高压灭菌15 min。

②配制40%的葡萄糖贮存液(贮存在4 ℃),过滤除菌;待高压灭菌的溶液温度降至55 ℃以下时,再将50 mL 40%的葡萄糖贮存液加入。

③配制0.2%的腺嘌呤溶液,过滤除菌;待高压灭菌的溶液温度降至55 ℃以下时,再将15 mL

0.2%的腺嘌呤溶液加入。

注意：高压灭菌的温度不能太高，时间不能太长，121 ℃高压灭菌15 min即可；可以在YPDA中加入20 g/L的琼脂，以配成平板；需要加卡那霉素(Kan)时，Kan的终浓度是10～15 mg/L。(Kan可以于20 ℃贮存一个月，加入Kan的平板可以于4 ℃贮存一个月。)

(2)SD/-Trp固体培养基(1 000 mL)

SD Agar Base(酵母培养基)	46.7 g
10 × DO (-Leu-Trp)	100 mL
20 × Leu	50 mL

超纯水补足至1 000 mL

(3)SD/-Leu固体培养基(1 000 mL)

SD Agar Base	46.7 g
10 × DO (-Leu-Trp)	100 mL
20 × Trp	50 mL

超纯水补足至1 000 mL

(4)SD/-Leu-Trp固体培养基(1 000 mL)

| SD Agar Base | 46.7 g |
| 10 × DO (-Leu-Trp) | 100 mL |

超纯水补足至1 000 mL

(5)SD/-Leu-Trp-His-Ade固体培养基(1 000 mL)

| SD Agar Base | 46.7 g |
| 10 × DO (-Leu-Trp-His-Ade) | 100 mL |

超纯水补足至1 000 mL

(6)SD/-Leu-Trp-His-Ade/X-α-Gal固体培养基(1 000 mL)

| SD Agar Base | 46.7 g |
| 10 × DO (-Leu-Trp-His-Ade) | 100 mL |

超纯水补足至1 000 mL，121 ℃高压灭菌15 min，冷却到50 ℃左右加入100 μL X-α-Gal(20 mg/mL)。

2. 主要试剂

(1)50% PEG 4000

用灭菌水配制，过滤除菌即可。

(2)10 × TE

0.1 mol/L Tris-HCl (pH 7.5)，10 mmol/L EDTA，高压蒸汽灭菌。

(3) 10×LiAc

1 mol/L LiAc 用乙酸调至 pH 7.5,高压蒸汽灭菌。

(4) X-α-Gal(20 mg/mL)溶液

25 mg X-α-Gal 溶解于 1.25 mL DMF(二甲基甲酰胺)中至浓度为 20 mg/mL,−20 ℃ 避光保存。

(5) X-Gal(20 mg/mL)溶液

25 mg X-Gal 溶解于 1.25 mL DMF(二甲基甲酰胺)中至浓度为 20 mg/mL,−20 ℃ 避光保存。

(6) PEG/LiAc 溶液(100 mL)

50% PEG 4 000	80 mL
10×TE	10 mL
10×LiAc	10 mL

过滤除菌即可。

(7) 1×TE/LiAc 溶液(100 mL)

10×TE	10 mL
10×LiAc	10 mL

用灭菌超纯水补足至 100 mL 即可。

(8) Z-Buffer 溶液(1 000 mL)

Na_2HPO_4	8.5 g
$NaH_2PO_4 \cdot H_2O$	5.5 g
KCl	0.75 g
$MgCl_2 \cdot 7H_2O$	0.246 g

加入超纯水至 1 L,调 pH 至 7.0,高压灭菌,室温下可以贮存 1 年。

(9) Z-Buffer/X-Gal 溶液(100 mL)

Z Buffer	100 mL
β-巯基乙醇	0.27 mL
X-Gal 贮存液	1.67 mL

【实验器材】

恒温培养箱、恒温振荡摇床、金属浴、水浴锅、低温离心机。

【实验样本】

酵母菌株 AH109(含有四个报告基因:*lacZ*、*HIS3*、*ADE2*、*MEL1*),携带新城疫病毒 *M* 基因的重组诱饵表达载体 pGBKT7-*M*,携带鸡核磷蛋白 *B23* 基因的重组猎物表达载体 pGADT7-*B23*,BD 质粒 pGBKT7、AD 质粒 pGADT7、阳性对照质粒 pGBKT7-53 和 pGADT7-T、阴性对照质粒 pGBKT7-Lam 和 pGADT7-T。

【实验步骤】

1. 酵母 AH109 感受态细胞的制备

（1）将 -80 ℃ 冻存的酵母 AH109 取出解冻，利用三区划线法在 YPDA 平板上划线，置于 30 ℃ 培养箱培养 3~5 d。

（2）从 YPDA 平板上挑取直径在 2~3 mm 的单菌落，接种到 5 mL YPDA 液体培养基中，振荡打散菌落，30 ℃ 培养箱 250 r/min 振荡培养 16~18 h。

（3）按 1:100 比例将菌液重新接种到 100 mL 新鲜的 YPDA 液体培养基中，振荡培养 2~3 h 至 OD_{600} 为 0.4~0.6。

（4）室温 2 500 r/min 离心 5 min，弃上清；加入 25 mL TE 重悬洗涤酵母细胞沉淀，离心弃上清，重复洗涤一次。

（5）用 3 mL 1×TE/LiAc 重悬酵母细胞沉淀即为酵母感受态细胞（若仅用于质粒转化，可将酵母感受态细胞置于 4 ℃下，并在几天内使用）。

2. 重组质粒转化酵母 AH109 感受态细胞

（1）取 100 μL 用 1×TE/LiAc 重悬的酵母感受态细胞，加入 2 μL 重组诱饵载体 pGBKT7-M 或重组猎物载体 pGADT7-B23，10 μL 鲱鱼精 DNA（10 mg/mL），振荡混匀。

（2）加入 600 μL 新鲜配制的 50% PEG/LiAc，剧烈振荡（提高转化效率），于 30 ℃ 摇床 200 r/min 振荡培养 30 min。

（3）再加入 70 μL DMSO，42 ℃ 水浴 15 min（间断旋转混匀），冰浴冷却 2 min；室温 14 000 r/min 离心 5 s，弃上清，以 500 μL 1×TE 重悬沉淀细胞。

（4）取 100 μL 重悬菌液涂布于营养缺陷型培养基 SD/-Trp 或 SD/-Leu，于 30 ℃ 倒置培养 3~5 d，待白色克隆单菌长出。

（5）挑取直径在 2~3 mm 的单菌落进行 PCR 扩增，以验证重组质粒是否转化成功。

3. M 蛋白和 B23 蛋白的自激活检测

（1）将重组质粒 pGBKT7-M、pGADT7-B23 转化的酵母 AH109 感受态细胞分别接种到不同营养缺陷型培养基中，其中转化 pGBKT7-M 的酵母菌接种到 SD/-Trp 平板，转化 pGADT7-B23 的酵母菌接种 SD/-Leu 平板。设转化空载体 pGBKT7 和 pGADT7 的酵母 AH109 作为阴性对照。

（2）将上述转化的酵母 AH109 置于 30 ℃ 培养箱培养 3~5 d，待菌落大小在 2~3 mm 左右时，分别将转化 pGBKT7-M 的菌落重新转接到 SD/-Trp/X-α-Gal、SD/-Ade/-Trp/X-α-Gal、SD/-His/-Trp/

X-α-Gal平板上；将转化pGADT7-*B23*的菌落重新转接到SD/-Leu/X-α-Gal、SD/-Ade/-Leu/X-α-Gal、SD/-His/-Leu/X-α-Gal平板上。

(3)将平板继续于30 ℃培养箱倒置培养3～5 d,观察转化质粒的重组酵母AH109在各营养缺陷型培养基上的生长情况和菌落颜色变化,以此判断外源蛋白对酵母体内下游报告基因有无自激活作用。

4. M蛋白和B23蛋白的毒性作用检测

(1)从SD/-Trp平板挑取转化pGBKT7-*M*或pGBKT7的酵母菌单菌落接种于5 mL SD/-Trp/Kan(含50 μg/mL Kan)液体培养基中,同样从SD/-Leu平板上挑取转化pGADT7-*B23*或pGADT7的酵母菌单菌落分别接种于5 mL SD/-Leu/Amp(含50 μg/mL Amp)液体培养基中。

(2)将酵母细胞置于30 ℃恒温摇床250 r/min振荡培养16～20 h,检测培养物的OD_{600}。若$OD_{600}<0.8$,说明表达的蛋白对酵母AH109可能有毒性;若$OD_{600} \geq 0.8$,说明表达的蛋白没有毒性。

5. M蛋白和B23蛋白的相互作用检测(下游报告基因表达的检测)

(1)将重组质粒pGBKT7-*M*与pGADT7-*B23*共转化酵母AH109感受态细胞,涂营养缺陷型培养基平板SD/-Trp/-Leu。设pGBKT7-*53*和pGADT7-*T*、pGBKT7-*Lam*和pGADT7-*T*分别共转化的酵母AH109为阳性对照,设PGADT7-*T*共转化的酵母AH109为阴性对照。

(2)于30 ℃培养箱中倒置培养3～5 d,将直径为2～3 mm的单菌落接种到营养缺陷型培养基SD/-Trp/-Leu/-His/-Ade/X-α-Gal中,30 ℃避光培养3～5 d,观察菌落是否出现蓝色。

(3)采用滤纸法进行β-半乳糖苷酶活性分析:从SD/-Trp/-Leu平板上用无菌牙签挑取直径在2～3 mm的单菌落接种到新鲜SD/-Trp/-Leu平板中的无菌滤纸上,30 ℃培养2～3 d,将滤纸取出,菌落面朝上小心地完全浸润在液氮中10 s,然后取出室温复温10 s,反复操作5次,最后将室温融化后的菌落面朝上置于一张预先在Z-Buffer/X-Gal中润湿的滤纸上,30 ℃避光孵育,8 h内观察菌落颜色变化情况,变为蓝色的菌落即为β-半乳糖苷酶阳性。

6. M蛋白和B23蛋白的相互作用检测(β-半乳糖苷酶活性检测)

(1)从SD/-Trp/-Leu平板上挑取直径在2～3 mm左右的共转化酵母菌AH109单菌落于3 mL液体SD/-Trp/-Leu培养基中,30 ℃ 250 r/min培养16～20 h。

(2)室温离心收集菌体,加入300 μL报告基因细胞裂解液,充分裂解细胞后收集裂解上清。

(3)在96孔板中,分别加入25 μL待检测样品,然后加入报告基因裂解液至终体积为50 μL。

(4)在每个孔中加入β-半乳糖苷酶检测试剂50 μL,混匀后盖上盖子,用保鲜膜封住96孔板防止液体蒸发,于37 ℃静置1～3 h直至样品孔内出现浅黄色。

(5)加入150 μL β-半乳糖苷酶反应终止液终止反应,充分混匀,将分光光度计的波长设定为420 nm,测定吸光度。

【结果分析】

分别转化重组诱饵表达载体 pGBKT7-*M* 和重组猎物表达载体 pGADT7-*B23* 的酵母 AH109 对下游报告基因 *Ade*、*His* 和 *LacZ* 没有自激活作用，同时对酵母 AH109 的生长也没有毒性作用。将 pGBKT7-*M* 与 pGADT7-*B23* 共转化的酵母 AH109，同时 pGBKT7-*53* 和 pGADT7-*T*、pGBKT7-*Lam* 和 pGADT7-*T* 共转化的酵母 AH109，在营养缺陷型培养基平板 SD/-Trp/-Leu 上均有白色单菌落生长。挑取单菌落转接到营养缺陷型培养基平板 SD/-Trp/-Leu/-His/-Ade/X-α-Gal 中，仅 pGBKT7-*53* 和 pGADT7-*T*（阳性对照）、pGBKT7-*M* 和 pGADT7-*B23* 共转化的菌落显蓝色（图2-11-2A）。采用滤纸法进行 β-半乳糖苷酶活性分析，得到同样的结果（图2-11-2A）。另外，对共转化的酵母 AH109 体内 β-半乳糖苷酶活性进行测定，结果发现 pGBKT7-*53* 和 pGADT7-*T*（阳性对照）、pGBKT7-*M* 和 pGADT7-*B23* 共转化菌落的 β-半乳糖苷酶活性明显高于其他组，且 pGBKT7-*M* 和 pGADT7-*B23* 共转化菌落的 β-半乳糖苷酶活性还要强于阳性对照（图2-11-2B）。结果表明，M 蛋白和 B23 蛋白在酵母体内具有相互作用。

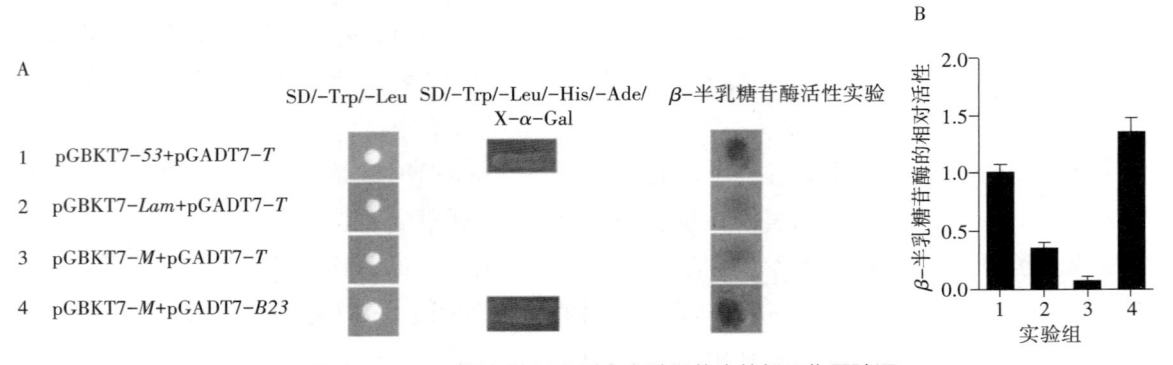

图2-11-2 M蛋白与B23蛋白在酵母体内的相互作用验证

【注意事项】

（1）酵母细胞转化效率过低的解决方法：①检测酵母感受态细胞转化效率，按照实验标准规范操作；②注意质粒使用量，检查仪器状态（如温度、振荡速率等）；③重新配制新鲜培养基，并作对照转化实验。

（2）诱饵蛋白或猎物蛋白存在自激活：诱饵蛋白或猎物蛋白很可能带有完整的 AD 区或 BD 区，可以将诱饵蛋白或猎物蛋白进行分段表达，然后重新检测其是否自激活，但要注意截短也有可能破坏蛋白之间的相互作用。

（3）诱饵蛋白或猎物蛋白对酵母细胞生长有毒性作用：在某些情况下，在液体培养基中培养不好的菌株可以在固体培养基上生长得很好。首先重悬克隆于 1 mL 的 SD/-Trp 液体培养基，接着将重悬液涂布于 5 个 100 mm 的 SD/-Trp 平板，在 30 ℃下温浴直至平板上的克隆相互黏在一起。

用 5 mL 0.5×YPDA 的液体培养基洗下每块板上的克隆,并收集到一管中,这样就可以使用这个细胞重悬液进行正常的杂交反应。

(4)酵母双杂交效率不高:原因是在酵母双杂交系统中,预转化的诱饵细胞的数量可能不够。解决方法:当对诱饵菌株进行液体培养过夜时,应挑选大的、新鲜的克隆进行培养,经过离心和重悬后,再使用血球计对细胞进行计数。密度应该在 1×10^9 个/mL。

(5)一个甚至两个融合蛋白对酵母细胞有毒,可以通过重组方法来减轻毒性,同时又能保证蛋白的相互作用;或者使用表达水平较低的载体;也可以在琼脂平板或滤膜上进行杂交,但同时必须做杂交对照实验。

【思考题】

(1)为什么选择酵母作为双杂交系统的细胞?
(2)为什么要进行诱饵蛋白和猎物蛋白的自激活和毒性作用检测?
(3)酵母双杂交系统的应用在哪些方面?

(本实验编者 段志强 林瑞意)

实验十二 免疫共沉淀检测蛋白质相互作用

蛋白质之间相互作用参与了机体每一个细胞的生命活动过程,生物学中很多现象如基因组复制、转录、翻译、剪切、蛋白分泌、细胞周期调控、细胞信号传导等过程都受到蛋白质间相互作用的调控。有些蛋白质由多个亚单位组成,蛋白质之间的相互作用就显得尤为普遍。有些蛋白质结合得十分紧密,而有些蛋白质却只有短暂的相互作用。同时,通过蛋白质之间的相互作用,能改变细胞内蛋白质的动力学特征,比如底物结合特性、催化活性,也可以产生新的结合位点,对改变蛋白质对底物的特异性有作用,还可以使其他蛋白质失活,使其他基因表达得到调控。只有让蛋白质之间相互作用顺利进行,细胞的正常生命活动过程才会得到保障。因此,蛋白质之间相互作用的检测方法也备受关注。

免疫共沉淀(co-immunoprecipitation,Co-IP)是利用抗原与抗体之间的专一性作用来研究蛋白质与蛋白质之间相互作用的一种经典方法,Co-IP技术的发展经历了三个阶段。(1)早期阶段:研究人员利用凝胶电泳来分离出免疫共沉淀蛋白,将抗原溶液加入琼脂糖之类的小孔内,并在邻近小孔内加入抗血清,之后随着抗原抗体的扩散,大分子进入凝胶内,两者之间产生相互作用,形成复合物,通过抗原和抗体的扩散从而形成浓度梯度并在最适浓度处形成多分子网络复合物,最终大分子蛋白复合物从溶液中析出。(2)中期阶段:研究人员将分离免疫共沉淀复合物的方法改进为促进多聚体反应,使得免疫复合物从溶液中析出。(3)晚期阶段:研究人员开始使用固相反应,利用固定在金黄色葡萄球菌表面的蛋白A吸附抗体,再与相应的抗原结合。随着科技发展,目前Co-IP已经改进为利用表面固定蛋白A或蛋白G的琼脂球来分离抗原抗体复合物,以达到检测抗原或目标蛋白的目的。

Co-IP是用来研究蛋白质与蛋白质相互作用的一种技术,可以应用于蛋白复合物的研究。Co-IP可验证蛋白复合物的存在,进而发现新的蛋白复合物;也可与免疫印迹法或质谱等方法结合,用于确定诱饵蛋白-目的蛋白在天然状态下的结合情况,确定特定蛋白质的新作用搭档。Co-IP实验也可以应用于低丰度蛋白的富集和浓缩,同时作为一个相对比较经典的探讨蛋白质间相互作用的技术,在现代生命科学研究中应用范围广泛且可信度较高。随着对蛋白质研究的不断深入,人们将Co-IP方法与其他方法结合起来,衍生出许多较为复杂的技术,从而使分析方法更为多样化,使其应用范围更加广泛。

【实验目的】

(1)了解Co-IP技术的原理及应用。
(2)掌握Co-IP实验的基本操作步骤。

【实验原理】

当细胞在非变性条件下被裂解时,完整的细胞内存在的许多蛋白质与蛋白质间的相互作用被保留了下来。如果用蛋白质 X 的抗体免疫沉淀 X,那么与 X 在体内结合的蛋白质 Z 也能沉淀下来,通过蛋白质 Z 抗体检测 Z 是否存在,即可证实蛋白质 X 和 Z 之间存在相互作用。目前,使用金黄色葡萄球菌蛋白质 A(protein A)预先结合固化在琼脂糖微球(agarose beads)上,使之与含有抗原的溶液及抗体反应后,微球(beads)上的蛋白质 A(protein A)就能吸附抗体达到分离蛋白的目的(图 2-12-1)。因此,这种方法常用于测定两种目标蛋白质是否在体内结合;确定一种特定蛋白质的新的作用搭档;也可以分离得到天然状态的相互作用蛋白复合物。

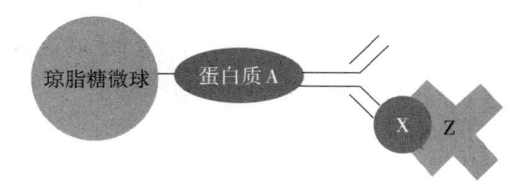

图 2-12-1 免疫共沉淀技术工作原理

【实验试剂】

Lipo6000™ 转染试剂、DMEM 高糖培养基、胎牛血清、磷酸盐缓冲液(PBS)、RIPA 裂解液(弱)、Protein A+G 琼脂球、蛋白酶抑制剂混合物(通用型,100×)、2×蛋白上样缓冲液、彩色预染蛋白质分子量标准(10-180 kDa)、SDS-PAGE 电泳缓冲液、Western 转膜液、TBST(10×)(TBS + Tween-20,10×)、QuickBlock™ Western 封闭液、HA 鼠单克隆抗体、Myc 鼠单克隆抗体、HRP 标记的山羊抗鼠 IgG(H+L)、PVDF 膜、BeyoECL Moon(极超敏 ECL 化学发光试剂盒)。

【实验器材】

低温摇床、水平脱色摇床、蛋白电泳与转膜系统、细胞培养箱、超净工作台。

【实验样本】

鸡胚成纤维细胞系(DF-1 细胞)、真核表达载体 pCMV-*HA* 和 pCMV-*Myc*、携带新城疫病毒 *M* 基因的重组真核表达载体 pCMV-*HA*-*M*、携带 *NP* 基因的重组真核表达载体 pMCV-*Myc*-*NP*。

【实验步骤】

1. 细胞转染

(1) 将 $5×10^5$ 个 DF-1 细胞接种在 35 mm 的细胞培养皿中,置于 37 ℃下用 5%的 CO_2 培养箱培养 12~16 h。

(2) 待细胞密度为 80%左右时,将细胞培养液弃掉,更换成 2 mL 新鲜培养液。

(3) 取 6 个无菌 EP 管,分别加入 125 μL 不含抗生素和血清的减血清培养基(Opti-MEM®),然后向其中 3 管加入 1.5 μg pCMV-HA 和 1.5 μg pCMV-Myc-NP,或 1.5 μg pCMV-HA-M 和 1.5 μg pCMV-Myc,或 1.5 μg pCMV-HA-M 和 1.5 μg pCMV-Myc-NP,并用移液枪轻轻吹打混匀;另外三管分别加入 5 μL Lipo6000™ 转染试剂,用移液枪轻轻吹打混匀(特别注意不可颠倒或离心)。

(4) 室温静置 5 min(最长不超过 25 min),然后将含有 DNA 的培养液用移液枪轻轻加入含 Lipo6000™ 转染试剂的培养液中,轻轻颠倒离心管或者用移液枪轻轻吹打混匀,室温静置 5 min。

2. 裂解细胞

(1) 在质粒转染细胞 24~48 h 后,弃掉培养基,用预冷 PBS 清洗三遍。

(2) 加入适量预冷的含蛋白酶抑制剂的 RIPA 裂解液,置于冰上或 4 ℃冰箱中,每隔 5 min 轻轻晃动裂解液。

(3) 裂解液作用 20 min 后,收集细胞裂解物,4 ℃ 14 000 r/min 离心 10 min,收集细胞上清液。

(4) 取少量细胞裂解上清液以备 Western blot 分析[在实验中作为阳性对照组(Input)使用]。

3. Co-IP 反应

(1) 加入 1 μg 相应的抗体(Myc 鼠单克隆抗体)到剩余细胞裂解上清液中,4 ℃下缓慢摇晃孵育过夜。

(2) 取 10 μL Protein A+G 琼脂球,用适量预冷的 RIPA 裂解液清洗 3 次,每次 3 000 r/min 离心 3 min。

(3) 将预处理的 Protein A+G 琼脂球加入到和抗体孵育过夜的细胞裂解上清液中,4 ℃下缓慢摇晃孵育 2~4 h,使抗体与 Protein A+G 琼脂球充分结合。

(4) 4 ℃ 3 000 r/min 离心 3 min,将 Protein A+G Agarose 离心至管底。

(5) 小心弃掉上清液,用 500 μL 预冷的 RIPA 裂解液清洗琼脂球 3~4 次。

(6) 加入 15 μL 2×蛋白上样缓冲液,沸水煮 5 min 以游离抗原、抗体和 Agarose。

(7) 4 ℃下 14 000 r/min 离心 10 min,收集上清液用于后续实验(上清液可暂时在-20 ℃下保存,但在电泳检测之前应再次煮 5 min 变性)。

4. Western blot 检测靶蛋白

(1) 配胶:按照要求配制浓缩胶和分离胶(充分凝固)。

(2) 上样:将上述煮沸处理的样品加到上样孔中(保持上样量一致)。

(3)电泳:首先使用80 V电压,将浓缩胶中的样品压成一条线(大约30 min),然后增加电压至120 V,当溴酚蓝到达分离胶底部时关闭电源(电泳时上极缓冲液用新的,下极缓冲液可回收再用)。

(4)转膜:利用"三明治"法,按照夹子(黑色)-海绵-滤纸-凝胶-PVDF膜(使用前用甲醇浸泡5 min)-滤纸-海绵-夹子(透明)的顺序依次放好(注意正负极不要放反,膜正胶负)。

(5)恒流120 mA,转膜2 h;取出转好的PVDF膜,TBST清洗5 min后放入封闭液中,37 ℃封闭2 h或4 ℃封闭过夜。

(6)弃掉封闭液,加入一抗(HA鼠单克隆抗体)置于37 ℃下孵育2 h(如果前面用HA抗体做免疫共沉淀实验,则此处加入Myc抗体)。

(7)TBST清洗3次,每次5 min,然后加入HRP标记的山羊抗鼠IgG(H+L)二抗37 ℃孵育1 h。

(8)TBST清洗3次,每次5 min,最后进行ECL显色反应。

【结果分析】

本实验将空载体和重组真核表达载体分别共转染DF-1细胞,重组蛋白HA-M和Myc-NP在细胞内均能正常表达(Input)(图2-12-2)。同时,空载体和重组真核表达载体共转染组(如pCMV-*Myc* + pCMV-*HA-M*、pCMV-*Myc-NP* + pCMV-*HA*)未能检测到标签蛋白与重组蛋白(Myc与HA-M、Myc-NP与HA)的相互作用,而重组真核表达载体共转染组(pCMV-*Myc-NP* + pCMV-*HA-M*)能够检测到重组蛋白(HA-M与Myc-NP)之间的相互作用(图2-12-2)。上述结果说明,新城疫病毒M蛋白与NP蛋白之间存在相互作用。

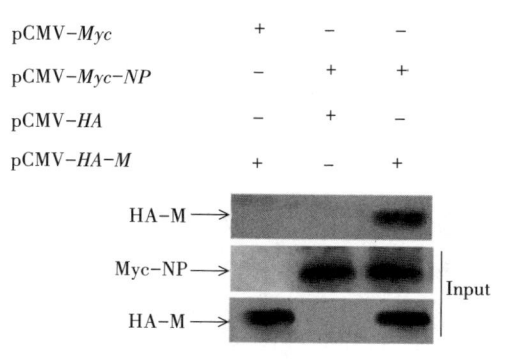

图2-12-2 Co-IP检测新城疫病毒M蛋白和NP蛋白的相互作用

【注意事项】

(1)细胞裂解需要采用温和的裂解条件,不能破坏细胞内存在的蛋白质-蛋白质相互作用。因此,多采用RIPA裂解液(弱)或非离子变性剂(NP40或Triton X-100),不能用高浓度的变性剂(0.2% SDS),并且细胞裂解液中要加各种酶抑制剂,防止蛋白降解。同时,从蛋白样品收集开始,所有步骤中蛋白样品都必须在4 ℃或冰上操作。

（2）Protein A+G 琼脂球使用前一定要充分重悬，另外 Protein A+G 琼脂球中含有微量防腐剂，可能会影响 Co-IP 反应。可以先用 RIPA 裂解液洗涤琼脂糖微球三次，以充分消除防腐剂可能产生的干扰。

（3）要确保 Co-IP 的蛋白是由所加入的抗体沉淀得到的，而并非外源非特异蛋白，使用单克隆抗体有助于避免污染的发生。另外，要确保抗体的特异性，即在不表达抗原的细胞裂解物中添加抗体后不会引起共沉淀反应。

（4）确定蛋白质之间的相互作用是发生在细胞中，而不是由于细胞的裂解才发生的，还需要进行蛋白质的共定位来确定。

（5）利用 Co-IP 检测的蛋白质相互作用有可能并不存在直接相互作用，而是借助于其他蛋白作为桥梁才发生的相互作用。因此，要确证蛋白质之间是否存在直接相互作用，还需要通过 Pull-down 实验来证实。

【思考题】

（1）Co-IP 的优点和缺点有哪些？

（2）Co-IP 操作中为什么需要 Input？

（3）Co-IP 实验中的蛋白样品为什么要加入蛋白酶抑制剂且必须在4℃或冰上操作？

（本实验编者 段志强 林瑞意）

实验十三 Pull-down 检测蛋白质相互作用

常见的检测蛋白相互作用方法主要有 Co-IP、Pull-down、酵母双杂交、荧光共定位等。Co-IP 技术采用目标蛋白的抗体捕获样本中的目标蛋白及其互作蛋白复合物,反映的是体内真实的生理结合,但是不能显示这些相互作用是直接的还是间接的;另外合适的 Co-IP 抗体是决定实验成功的关键,有些蛋白没有可用的 IP 抗体,无法进行内源性 Co-IP 实验;通过构建带标签的表达载体,使目标蛋白与标签融合表达,借助标签抗体可以完成 Co-IP 实验,但需要注意合适的转染方法又是该方法成功的关键。酵母双杂交技术是将目标蛋白和待测蛋白与 GAL4 的两个结构域 BD 和 AD 融合表达,在酵母细胞中,2 个蛋白的结合使得 BD 和 AD 在空间上靠近,从而激活报告基因 *LacZ* 的表达,但是由于受试蛋白都需要和 AD/BD 结构域形成融合蛋白,空间构象可能改变;另外假阳性率也比较高。荧光共定位技术则是依靠荧光确定蛋白质具有相同定位,用于辅助证明而非直接证明细胞内蛋白间的相互作用。

Pull-down 的概念与 Co-IP 类似,其目的是研究与已知诱饵蛋白结合的蛋白或配体。Pull-down 旨在证明两种蛋白质之间的相互作用或探索可与目的蛋白结合的未知蛋白或分子。然而,Pull-down 不同于 IP 或 Co-IP,因为它不是基于抗体-抗原相互作用的,不属于免疫反应。Pull-down 是将诱饵蛋白通过非抗体亲和系统固定到固相支持物上,这种固定可以通过共价偶联结合到活化的微珠上,也可以通过与支持物上的受体分子结合的亲和标签结合,从而固定。例如,谷胱甘肽硫转移酶(GST) Pull-down 利用了 GST 对谷胱甘肽(GSH)偶联磁珠的亲和性,将 GST 融合蛋白与 GSH 偶联磁珠结合,并从蛋白的混合液中纯化得到与 GST 融合蛋白相互作用的蛋白。该法可以鉴定与已知蛋白相互作用的未知蛋白,也可鉴定两个已知蛋白间是否存在相互作用。

【实验目的】

(1) 了解 Pull-down 技术的原理及应用。
(2) 掌握 Pull-down 实验的基本操作步骤。

【实验原理】

利用 DNA 重组技术将已知蛋白与 GST 融合表达,融合蛋白通过 GST 与固相化在载体上的 GSH 亲和结合。因此,当与融合蛋白有相互作用的蛋白通过层析柱时或与此固相复合物混合时就可被吸附而分离。假定诱饵蛋白和猎物蛋白可能有相互作用,将纯化的融合 GST 标签的诱饵蛋白和纯化的猎物蛋白以及能特异结合 GST 的 GSH 磁珠孵育一定时间,充分洗涤未结合的蛋白,煮沸磁珠进行SDS-PAGE电泳,通过Western blotting检测,可以看见GST-诱饵蛋白和猎物蛋白分别对应的条带,表明诱饵蛋白和猎物蛋白因发生相互作用而被Pull-down;而GST对照组始终仅有一个条带。

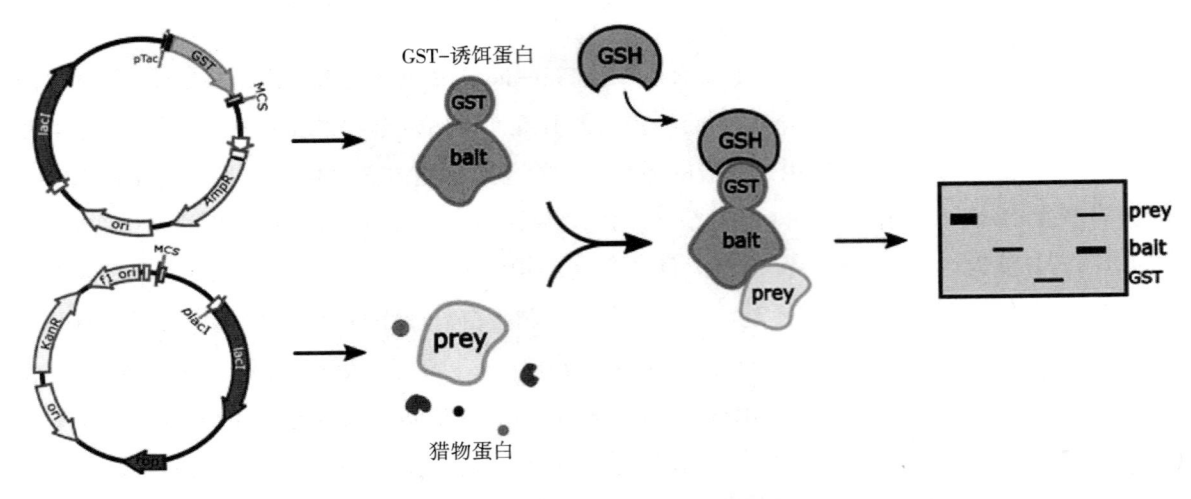

图2-13-1　GST Pull-down实验原理

【实验试剂】

BeyoMag™ Anti-GST Magnetic Beads（Anti-GST磁珠）、BeyoMag™ Anti-His Magnetic Beads（Anti-His磁珠）、His多肽、蛋白酶抑制剂混合物(通用型,100×)、2×蛋白上样缓冲液、考马斯亮蓝R-250、盐酸胍、PMSF、彩色预染蛋白质分子量标准(10~180 kDa)、SDS-PAGE电泳缓冲液、Western转膜液、TBST(10×)(TBS + Tween-20,10×)、QuickBlock™ Western封闭液、His鼠单克隆抗体、HRP标记的山羊抗鼠IgG(H+L)、PVDF膜、BeyoECL Moon（极超敏ECL化学发光试剂盒）。

【实验器材】

离心机、超声波破碎仪、低温摇床、侧摆摇床或旋转混合仪、磁力架、蛋白电泳与转膜系统。

【实验样本】

携带新城疫病毒 M 基因的重组原核表达载体pGEX-6p-M、携带鸡核转运受体蛋白 *importin β1* 基因的重组原核表达载体pET-32a-*importin β1*、空载体pGEX-6p-1和pET-32a(+)、大肠杆菌菌株BL21(DE3)。

【实验步骤】

1. GST-M融合蛋白的表达

(1)活化转化有重组原核表达载体pGEX-6p-M和空载体pGEX-6p-1的冻存菌种：按1∶50比例将冻存菌液接种到3 mL LB(Amp)液体培养基中，37 ℃ 200 r/min培养过夜。

(2)将过夜培养物按1∶100的比例重新接入到200 mL LB(Amp)液体培养基中，200 r/min 37 ℃培养至OD_{600}=0.4~0.6。

(3)以预实验确定的最佳IPTG浓度、时间和温度诱导表达靶蛋白(IPTG 0.5 mmol/L，28 ℃，200 r/min培养4 h)。

(4)诱导表达时间结束后，4 ℃ 5 000 r/min离心10 min后弃上清液(该步的沉淀物可保存在-80 ℃)。

(5)用预冷的PBS重悬沉淀：按10 mL菌液沉淀用1 mL PBS重悬，并加入适量PMSF防止蛋白降解。

(6)冰上超声裂解重悬液：沉淀一次的时间为5 s，再间隔5 s重复沉淀，至悬液透明(一般可溶性蛋白按照10 mL菌液沉淀用1 mL PBS重悬液超声沉淀6~9 min即可透明)。

(7)12 000 r/min 4 ℃离心10 min，将上清液转移至新的离心管，加DTT至终浓度为1 mmol/L。

2. GST-M融合蛋白的纯化

(1)Anti-GST磁珠使用前的处理：用移液器轻轻吹打重悬Anti-GST磁珠，按照每500 μL样品加20 μL磁珠悬浊液，将Anti-GST磁珠吸入至离心管中，加入TBS至最终体积约为0.5 mL；用移液器轻轻吹打重悬Anti-GST磁珠后，置于磁力架上分离10 s，去除上清液，重复上述步骤两次；用20 μL TBS重悬Anti-GST磁珠即可。

(2)在新鲜制备的裂解液上清液中加入上步处理好的Anti-GST磁珠后，置于侧摆摇床或旋转混合仪上4 ℃缓慢摇动，反应1~2 h。

(3)孵育完毕后，置于磁力架上分离10 s，去除上清液。注：可保留部分上清液，用于检测结合的效果。

(4)加入500 μL的TBS，用移液器轻轻吹打重悬Anti-GST磁珠后，置于磁力架上分离10 s，去除上清液。重复洗涤三次。注：也可以通过检测洗涤得到的洗涤液的OD_{280}来判断是否洗涤完全，若OD_{280}大于0.05，应适当增加洗涤次数。

(5)如果用于检测，在Anti-GST磁珠中加入15~20 μL 1×蛋白电泳上样缓冲液，于沸水中煮5~10 min。

(6)12 000 r/min 4 ℃离心10 min，取上清液进行SDS-PAGE和WB实验，检测GST-M融合蛋白的表达情况和纯化效果。

3. His-importin β1 融合蛋白的原核表达

（1）活化转化有重组原核表达载体 pET-32a-*importin β1* 和空载体 pET-32a(+)的冻存菌种：按 1:50 比例将冻存菌液加入 5 mL LB(Amp)液体培养基中，37 ℃ 200 r/min 培养过夜。

（2）将过夜培养物按 1:100 的比例接入 200 mL LB(Amp)液体培养基中，200 r/min 37 ℃ 培养至 OD_{600}=0.4~0.6。

（3）以预实验确定的最佳 IPTG 浓度、时间和温度诱导表达靶蛋白(IPTG 1.0 mM，30 ℃，200 r/min 培养 4 h)。

（4）诱导表达时间结束后，4 ℃ 5 000 r/min 离心 10 min 后弃上清液(该步沉淀物可保存在 -80 ℃ 中)。

（5）重悬沉淀：按 10 mL 菌液沉淀用 1 mL PBS 重悬，并加入适量 PMSF。

（6）冰上超声波裂解重悬液：沉淀一次的时间为 5 s，再间隔 5 s 重复沉淀，至悬液透明(一般可溶性蛋白按照 10 mL 菌液沉淀用 1 mL PBS 重悬液超声沉淀 6~9 min 即可透明)。

（7）12 000 r/min 4 ℃ 离心 10 min，将上清液转移至新的离心管，加 DTT 至终浓度 1 mmol/L。

4. His-importin β1 融合蛋白的纯化

（1）Anti-His 磁珠使用前的处理：用移液器轻轻吹打重悬 Anti-GST 磁珠，按照每 500 μL 样品加 20 μL 磁珠悬浊液，将 Anti-His 磁珠吸入至离心管中，加入 TBS 至最终体积约为 0.5 mL；用移液器轻轻吹打重悬 Anti-His 磁珠后，置于磁力架上分离 10 s，去除上清液，重复上述步骤两次；用 20 μL TBS 重悬 Anti-His 磁珠即可。

（2）在新鲜制备的裂解液的上清液中加入处理好的 Anti-His 磁珠后，置于侧摆摇床或旋转混合仪上 4 ℃ 缓慢摇动，反应 1~2 h。注：孵育过程中，如果磁珠发生聚团或呈片状属正常现象，不会影响实验结果。

（3）孵育完毕后，置于磁力架上分离 10 s，去除上清液。注：可保留部分上清液，用于检测结合的效果。

（4）加入 500 μL TBS，用移液器轻轻吹打重悬 Anti-His 磁珠后，置于磁力架上分离 10 s，去除上清液。重复洗涤三次。注：也可以通过检测洗涤得到的洗涤液的 OD_{280} 来判断是否洗涤完全，若 OD_{280} 大于 0.05，应适当增加洗涤次数。

（5）如果用于检测，取 10 μL 样品，加入 10 μL 1×蛋白电泳上样缓冲液，于沸水中煮 5~10 min。

（6）12 000 r/min 4 ℃ 离心 5 min，取上清液进行 SDS-PAGE 和 WB 实验，检测 His-importin β1 融合蛋白的表达情况和纯化效果。

5. GST-M 和 His-importin β1 的体外结合

（1）His-importin β1 融合蛋白的洗脱

① 按照每 10~20 μL 原始磁珠体积，加入 100 μL 酸性洗脱液 (0.1 mol/L Glycine-HCl，pH 3.0)，混匀后置于侧摆摇床或旋转混合仪上，室温孵育 5 min。注：孵育时间不要超过 15 min。

②孵育完毕后,置于磁力架上分离10 s,将上清液转移到新的离心管中,并立刻加入10 μL中和液(0.5 mol/L Tris-HCl,pH7.4,1.5 mol/L NaCl),适当混匀。

③为了获得最大的洗脱效率,可重复步骤①和②,并将相同样品合并。

④将洗脱并中和的His标签融合蛋白置于4 ℃待用,或者置于-20 ℃或-80 ℃长期保存。

(2)蛋白的体外结合

①将结合有GST-M融合蛋白或GST蛋白的Anti-GST磁珠悬浮在适量体积缓冲液中,分别加入20~30 μL含有His-importin β1融合蛋白的溶液。

②混匀后置于侧摆摇床或旋转混合仪上4 ℃晃动4~8 h。

③孵育完毕后,置于磁力架上分离10 s,去除上清液。注:可保留部分上清液,用于检测结合的效果。

④加入500 μL TBS,用移液器轻轻吹打重悬Anti-His磁珠。置于磁力架上分离10 s,去除上清液。重复洗涤三次。注:也可以通过检测洗涤得到的洗涤液的OD_{280}来判断是否洗涤完全,若OD_{280}大于0.05,应适当增加洗涤次数。

⑤加入适量的1× SDS-PAGE蛋白上样缓冲液,95 ℃加热5 min。

⑥置于磁力架上分离10 s,取上清液进行SDS-PAGE和Western blot检测。

【结果分析】

His-importin β1融合蛋白的洗脱产物中能够检测到His-importin β1的存在(Input),同时GST-M与His-importin β1结合组中能检测到两者存在相互作用,而GST与His-importin β1结合组中未能检测到两者存在相互作用(图2-13-2),结果表明新城疫病毒M蛋白与鸡核转运受体蛋白importin β1存在相互作用。

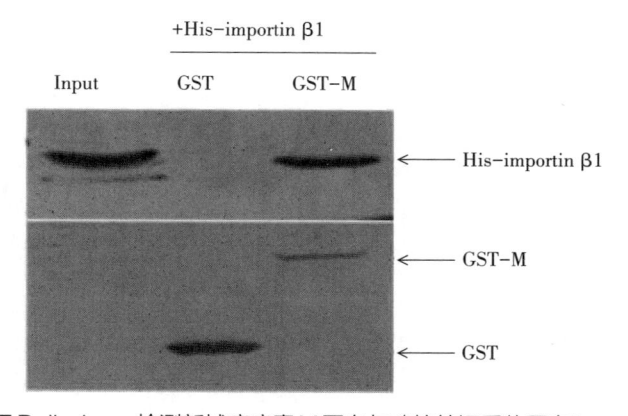

图2-13-2　GST Pull-down检测新城疫病毒M蛋白与鸡核转运受体蛋白importin β1的相互作用

【注意事项】

（1）高纯度的GST融合蛋白能够降低实验假阳性的概率。由于高纯度的融合蛋白能降低实验结果假阳性的概率，因此获得高纯度的融合蛋白对于GST Pull-down实验结果分析具有重要的作用。同时，为了能够最大限度地保证融合蛋白原有的生物学活性，一般在获取融合蛋白时倾向于可溶性融合蛋白，因此获得高纯度的可溶性蛋白很关键。对于可溶性蛋白的获得要素主要有：① 载体的选择；② 可溶性蛋白表达条件的选择；③ 诱导温度；④ 诱导时间；⑤ 诱导物的浓度。

（2）GST标签可能会对下游蛋白的折叠和功能造成影响，因此对融合蛋白进行质量控制，会使实验结果更加可靠。

（3）在实验中，有时会加入核酸酶来消除可能结合到靶蛋白的DNA和RNA，因为DNA和RNA也有可能会导致蛋白间的相互作用。

【思考题】

（1）常用的Pull-down方法主要有几种？
（2）目标蛋白在原核表达过程中仅存在包涵体表达怎么处理？
（3）GST Pull-down技术主要用于体外验证两种蛋白之间是否有相互作用，其他用途有哪些？

（本实验编者 段志强 李文婷）

实验十四　激光共聚焦观察蛋白质的细胞内定位

激光扫描共聚焦显微镜(confocal laser scanning microscope, CLSM,简称共聚焦显微镜)技术近年来发展迅速并日臻完善,是目前生物医学领域中最先进的荧光成像和细胞分析手段之一。共聚焦显微镜在采集样品荧光图像的基础上实现其特殊的功能,常用于定位、定性和定量地检测生物样品中分子和离子等成分变化、生理功能改变,对生物组织、细胞及其亚细胞结构进行形态学观察。其在医药、材料科学、化学化工等方面得到了广泛应用。

共聚焦显微镜的结构决定其功能。其结构和功能特点是:(1)用激光作为激发光源、设有检测孔光栏(pinhole)、装有高度精确微量步进马达,从而实现了点光源在样品上逐点逐层扫描成像;(2)根据样品中荧光信号的强弱、大小及分布,调节激光能量、检测孔光栏、光电倍增管(PMT)的检测范围、物镜和电子放大倍数(zoom),以利于采集各种荧光信号;(3)采用了图像处理技术,实现了图像的优化、三维重建;(4)实现了全自动程序化控制采集(监测)样品荧光图像的时间和空间;(5)可同时采集样品中多种荧光信号的分解及合成图像,并对其进行定量测定。

免疫荧光技术是将抗体(抗原)标记上荧光素(例如FITC),与细胞或组织内相应抗原(或抗体)结合后,通过观察、检测特征的荧光,定性、定位及定量地检测样品中的抗原(或抗体)。免疫荧光技术的优点是其既有免疫反应的特异性,又结合了荧光检测的敏感性。激光扫描共聚焦显微镜是对免疫荧光样品定位及形态观察的最佳方法,它在采集二维及三维图像的基础上,利用单一或多重荧光标记的方法,定位出待测的少量抗原(半抗原)或抗体以及细胞表面分子在细胞上的位置,同时,还可以进行定量分析。这样,将激光扫描共聚焦显微镜定位的精确性与抗原抗体反应的高度灵敏性相结合可以获得定性、定位及定量的结果。

【实验目的】

(1)掌握用间接免疫荧光染色法制备样品的流程。
(2)掌握用激光扫描共聚焦显微镜采集细胞荧光图像的方法。

【实验原理】

免疫学的基本反应是抗原抗体反应。由于抗原抗体反应具有高度的特异性,所以当抗原抗体发生反应时,只要知道其中的一个因素,就可以查出另一个因素。因此,根据抗原抗体反应的原理,先将已知的抗体或抗原标记上荧光素,再用这种荧光抗体(或抗原)作为探针检查细胞或组织内的相应抗原(或抗体)。在细胞或组织中形成的抗原抗体复合物上含有标记的荧光素,荧光素受激发光的照射,由低能态进入高能态,而高能态的电子是不稳定的,以辐射光量子的形式释放能量后,再回到原来的低能态,这时发出明亮的荧光(例如黄绿色或橘红色),利用激光扫描共聚焦显微镜可以看见荧光所在的细胞或组织,从而确定抗原或抗体的性质和定位,以及利用定量技术测定含量(如图2-14-1所示)。免疫荧光染色包括直接法和间接法两种方法。

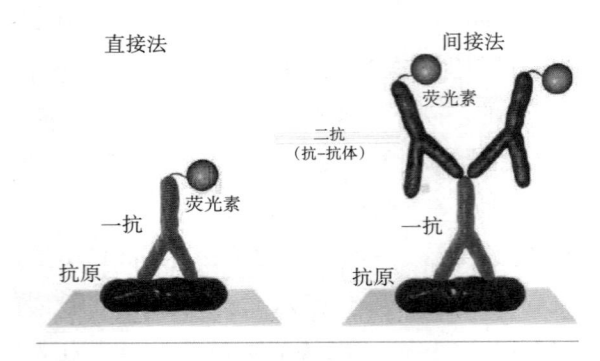

图2-14-1 免疫荧光染色的原理

【实验试剂】

1. 主要试剂

Anti-cytokeratin 8/18（一抗）、Anti-IgG2a-Alexa633（二抗）、PI染料、羊血清、甲醇、丙酮、KH_2PO_4、$Na_2HPO_4·12H_2O$、NaCl、KCl、吐温-20、1,4二叠氮双环[2.2.2]辛烷、甘油、Tris、ddH_2O、生理盐水、柠檬酸钠、TritionX-100、RNase、角蛋白18抗体。

2. 溶液的配制

(1) 0.15 mol/L PBS(pH7.2)：将0.2 g KH_2PO_4, 2.9 g $Na_2HPO_4·12H_2O$, 8.0 g NaCl, 0.28 g KCl, 溶于1 000 mL三蒸水中,再加入1 mL吐温-20,充分混匀,调pH至7.2左右,4 ℃保存备用。

(2) 甲醇-丙酮溶液：将色谱甲醇与丙酮1:1混合,-20 ℃储存备用。

(3) 10%的羊血清：取2 mL羊血清+18 mL PBS混合,4 ℃保存,常温使用。

(4) 一抗和二抗稀释液：配10 mL备用。将0.1 mL羊血清和9.9 mL PBS混合,4 ℃保存备用。

(5) 一抗孵育液：将Anti-cytokeratin 8/18（一抗）与稀释液按1:100比例混合,4 ℃保存备用。

(6) 二抗孵育液：将Anti-IgG2a-Alexa633（二抗）与稀释液按1:500比例混合,4 ℃保存备用。

(7) PI染液：称取5 mg PI, 2 mg RNase, 0.25 mL1%的TritionX-100,溶解于65 mL生理盐水中,加100 mg柠檬酸钠,溶解后加蒸馏水定容至100 mL,调pH至7.2~7.4。分装在棕色瓶后于4 ℃保存备用。

(8) 封片剂配制：准确称取0.25 g的1,4二叠氮双环[2.2.2]辛烷,再分别加入4.5 mL的甘油、0.25 mL的1 mol/L Tris、0.25 mL的ddH_2O,于70 ℃缓慢振荡溶解,-20 ℃保存备用。

【实验器材】

蔡司LSM900激光共聚焦扫描显微镜。

【实验样本】

原代培养的小鼠乳腺上皮细胞。

【实验步骤】

1. 样品的制备

(1) 取预先制备好的细胞爬片(制备方法参照易琼等人的方法),用冷PBS浸涤3次,每次5 min(下面洗涤时间一样)。

(2) 加入-20 ℃甲醇-丙酮固定液,于4 ℃固定细胞2 min,弃掉固定液,用冷PBS洗涤3次。

(3) 加入10%的羊血清封闭液常温孵育30 min,冷PBS洗涤盖玻片3次。

(4) 吸取适量一抗孵育液,每张盖玻片上加30～60 μL一抗,玻片置于孵育盒中,4 ℃避光过夜孵育。玻片分为对照组(阴性对照组)和实验组,对照组加入等量的稀释液。

(5) 12 h后取出细胞爬片,用冷PBS洗涤3次,每张细胞爬片加入二抗孵育液60 μL于室温湿盒避光孵育1 h,冷PBS洗涤3次。

(6) 每张细胞爬片加入PI染液60 μL,并于湿盒内染核5 min。去除染液,冷PBS洗涤3次。

(7) 将1滴封片剂滴于洁净的载玻片上,封片。

(8) 在激光共聚焦荧光显微镜下观察角蛋白18的特异性表达情况,并拍照。

2. 图像的采集

(1) 开机

开启总电源后,按照如下顺序开启各部件电源。

①打开"System"和"Components"。

②将Laser Module"LM"的钥匙从"0"转到"1"。

③打开电动显微镜电源"Power Supply 232"和电动载物台电源"SMC 2009"。

④打开金属卤化物灯X-Cite。

⑤启动ZEN软件(Blue),选择"ZEN system"。

(2) 采集多通道图像

①在"Locate"界面下选择快捷键,在镜下观察需要拍摄的样品区域,把需要拍摄的区域放在视野中央。

②进入"Acquisition"界面,新建光路设置"Smart Setup"。

③"Smart Setup"中选择染料名称,并选择拍摄方式"Best signal"后,点击"OK"。

④在"Llive"下设置Channels中的激光强度"Laser",针孔大小"Pinhole",检测器"Gain"值,以及"Digital Gain"或"Digital Offset";每个Track单独设置,选中该Track(选中Track高亮)。

⑤在Acquisition Mode下主要设置如下参数:

a.通过Scan Area选择扫描区域或通过图像窗口下的"Crop"选择扫描区域。

b.设置Scan Speed:扫描速度越慢,信噪比越好,但光漂白越多。

c.Averaging:增加Averaging次数可以减少噪声,但会增加扫描时间。

d.Direction:双向扫描可以减少扫描时间。

e.Frame Size:一般选择512×512或1024×1024,图像越大,扫描时间越长。

f.选择需要成像的Track,单击"Snap";获得多通道图像,并保存。

【结果分析】

角蛋白18是在乳腺上皮细胞表达的一种特异性的骨架蛋白,采用免疫荧光染色的方法检测角蛋白18的表达情况,以此来鉴定培养细胞是否是乳腺上皮细胞。如果实验细胞为目的细胞,细胞质上的抗原(角蛋白18)与一抗(Anti-cytokeratin 8/18)结合形成抗原抗体复合物,一抗作为抗原再与二抗结合形成新的抗原抗体复合物,二抗(anti-IgG2a-Alexa 633)上连接的荧光染料在激发光照射下会发射橘黄色荧光(如图2-14-2所示)。如果不是目的细胞抗原,一抗、二抗将被PBS冲洗下来,而在激光共聚焦荧光显微镜下不能观察到细胞质有橘黄色荧光。

本实验采用双重染色法鉴定小鼠乳腺上皮细胞。在同一视野下,PI染料将所有细胞核(包括乳腺上皮细胞与其他杂细胞)都显示出来(如图2-14-3所示),而特异性蛋白(角蛋白18)将乳腺上皮细胞的细胞质显示出来(如图2-14-4所示),将两种染色叠加在一起(如图2-14-5所示),即可判断双重染色的细胞是乳腺上皮细胞,而只有单重染色的细胞不是乳腺上皮细胞。

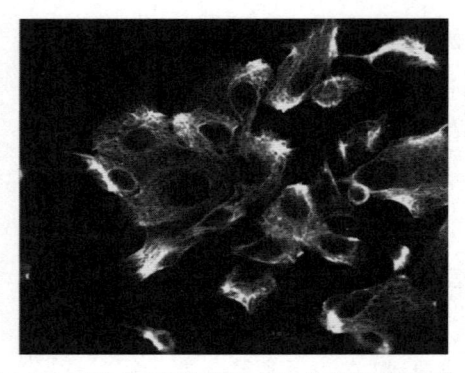

图2-14-2 乳腺上皮细胞角蛋白18的荧光表达图(×600)

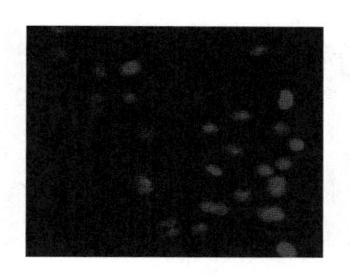

图2-14-3 所有细胞的细胞核染色图(×600) 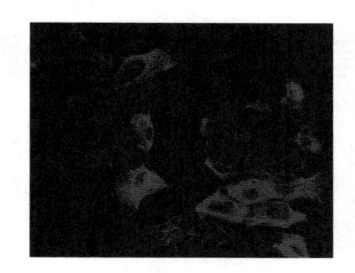　　图2-14-4 目的细胞的细胞质染色图(×600) 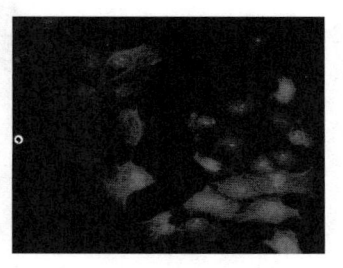　　图2-14-5 图2-14-3和图2-14-4的叠加图(×600)

【注意事项】

(1)整个加抗体免疫染色的步骤,直到最后封好片子,一定注意不要让样品干,一旦干掉的话,样品形态会改变并且背景荧光也会骤增,哪怕再重新加水湿润也难以完全恢复。

(2)品质优秀的一抗二抗是免疫荧光成功的关键。

(3)一抗和二抗需要摸索合适的稀释比例,以免背景过高或信号较弱。

【思考题】

(1)样品制备时,为什么要设置空白对照或阴性对照?

(2)出现荧光信号弱或无的原因有哪些?

(3)荧光猝灭快的原因有哪些?

(4)在采集样品荧光图像方面,与荧光显微镜相比,激光扫描共聚焦显微镜具有哪些优势?

(本实验编者 易琼)

实验十五 酵母单杂交检测蛋白质与核酸相互作用

目前认为真核生物的转录起始需要转录因子的参与,这些转录因子通常由一个DNA特异性结合功能域和一个或多个与其他调控蛋白相互作用的激活功能域组成,即DNA结合结构域(DNA-binding domain,BD)和转录激活结构域(activation domain,AD)。用于酵母单杂交体系的酵母GAL4蛋白即是一种典型的转录因子,研究表明GAL4的DNA结合结构域靠近羧基端,含有几个锌指结构,可激活酵母半乳糖苷酶的上游激活位点(UAS);而AD可与RNA聚合酶或转录因子TFIID相互作用,提高RNA聚合酶的活性。在这一过程中,DNA结合结构域和转录激活结构域可完全独立地发挥作用。因此,1993年,Wang和Reed根据这一原理,将GAL4的DNA结合结构域换为其他蛋白,只要它能与目的基因相互作用,就可以通过其转录激活结构域激活RNA聚合酶,从而启动对下游报告基因的转录。

酵母单杂交体系自创立以来,在生物学研究领域中已经显示出巨大的威力。对报告基因的表型检测,可以分析DNA与蛋白之间的相互作用,以研究真核细胞内的基因表达调控。由于酵母单杂交体系检测特定转录因子与顺式作用元件专一性相互作用的敏感性和可靠性,所以酵母单杂交方法可广泛用于克隆细胞中含量微弱的、用生化手段难以纯化的特定转录因子。应用酵母单杂交体系已经验证了许多已知的DNA与蛋白质之间的相互作用,同时发现了新的DNA与蛋白质的相互作用,并由此找到了多种新的转录因子。近来,已有应用酵母单杂交体系进行疾病诊断的研究报道。随着酵母单杂交体系的不断发展和完善,它在科研、医疗等方面的应用将会越来越广泛。采用酵母单杂交体系能在一个简单实验过程中,识别与DNA特异结合的蛋白质,同时可直接从基因文库中找到编码蛋白的DNA序列,而无须分离纯化蛋白,实验简单易行。由于酵母单杂交体系检测到的与DNA结合的蛋白质是处于自然构象,克服了体外研究时蛋白质通常处于非自然构象的缺点,因而具有很高的灵敏性。

【实验目的】

(1)了解酵母单杂交技术的原理及应用。
(2)掌握酵母单杂交实验的基本操作步骤。

【实验原理】

酵母单杂交技术是根据DNA结合蛋白(即转录因子)与DNA顺式作用元件结合调控报告基因表达的原理来克隆编码目的转录因子的基因(cDNA)的方法,该方法也是细胞内分析鉴定转录因子与顺式作用元件结合的有效方法。其原理具体是将已知的特定顺式作用元件构建到最基本启动子(minimal promoter, Pmin)上游, Pmin启动子下游连接报告基因。进行 cDNA 融合表达文库时, 编码目的转录因子的 cDNA 融合表达载体被转化进入酵母细胞后, 其编码产物(转录因子)与顺式作用元件结合, 激活最基本启动子 Pmin, 使报告基因表达(如图 2-15-1 所示), 若连接 3 个以上顺式作用元件时, 可增强转录因子的识别和结合效率。根据报告基因的表达情况, 筛选或鉴定出与已知顺式元件结合的转录因子。

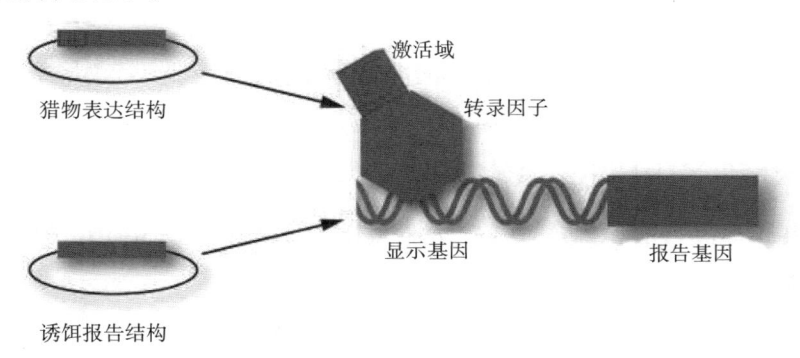

图 2-15-1　酵母单杂交体系的工作原理(Reece-Hoyes, Marian Walhout, 2012)

【实验试剂】

1 × YPDA 培养基、SD/−Leu 培养基、50% 的 PEG 4000、PEG/LiAc 溶液、1 × TE/LiAc 溶液、金担子素 A(AbA)、DMSO。

【实验器材】

恒温培养箱、恒温振荡摇床、金属浴、水浴锅、离心机。

【实验样本】

pAbAi-*Bait* 诱饵质粒, pGADT7-*Rec2* 猎物质粒, 携带牛 *MyoD1* 基因启动子的重组诱饵质粒 pAbAi-*MyoD1*, 携带牛转录因子 MEF2A、SF1、VDR 的重组猎物质粒 pGADT7-*MEF2A*、pGADT7-*SF1*、pGADT7-*VDR*, 酵母菌株 Y1HGold。

【实验步骤】

1. 酵母 Y1HGold 感受态细胞的制备

(1) 将 −80 ℃ 冻存的酵母 Y1HGold 取出解冻, 利用三区划线法在 YPDA 平板上划线, 置于 30 ℃ 的培养箱中培养 3~5 d。

(2)从YPDA平板上挑取直径在2～3 nm的单菌落,接种到5 mL YPDA液体培养基中,振荡打散菌落,30 ℃ 250 r/min振荡培养16～18 h。

(3)按1∶100的比例将菌液重新接种到100 mL新鲜的YPDA液体培养基中,振荡培养2～3 h至OD_{600}为0.4～0.6。

(4)室温2 500 r/min离心5 min,弃上清;加入25 mL TE重悬洗涤酵母细胞沉淀,离心弃上清,重复洗涤一次。

(5)用3 mL 1×TE/LiAc重悬酵母细胞沉淀即为酵母感受态细胞(若仅用于质粒转化,可将酵母感受态细胞置于4 ℃几天内都可使用)。

2. 质粒转化酵母Y1HGold感受态细胞

(1)用 BstB I 或者 Bbs I 酶切2 μL pAbAi-Bait、pAbAi-p53、pAbAi-MyoD1 质粒,使其在 URA3 基因处断开,纯化酶切产物。

(2)按 Matchmaker Yeast Transformation System 2 的步骤用1 μL 酶切后的质粒转化Y1HGold酵母。

(3)稀释每个转化体系至1/10、1/100、1/1 000,分别取每个稀释物均匀涂于SD/-Ura琼脂平板上。3 d后挑取5个单克隆,用 Matchmaker Insert Check PCR Mix 进行PCR检测阳性克隆,用Y1HGold的单克隆作阴性对照。

(4)在PCR管中加25 μL灭菌超纯水。

(5)用干净的枪头轻轻接触酵母单克隆,以获得非常少量的酵母细胞。将枪头伸进灭菌超纯水中搅拌,使酵母细胞散开。

注:切忌挑取整个酵母单克隆,因为细胞过多会阻止PCR反应的进行。如果加入细胞后水变浑浊,证明加入了过多的酵母细胞。

(6)向每个管中加入25 μL Matchmaker Insert Check PCR Mix,混匀,离心。每个PCR管中现已含有如下反应物:

Matchmaker Insert Check PCR Mix	25 μL
H_2O/yeast 混合液	25 μL
总体积	50 μL

(7)按下述程序进行PCR反应:

95 ℃	1 min	
98 ℃	10 s	
55 ℃	30 s	30 cycles
68 ℃	2 min	

(8)取5 μL PCR产物,用1%的琼脂糖凝胶电泳分析。

注:引物与 AbA 基因以及 URA3 下游的 Y1HGold 基因组结合,扩增片段长约1.4 kb。

(9)分别挑取PCR检测呈阳性的诱饵克隆和对照克隆,在SD/-Ura平板上划线培养。30 ℃孵育3 d后,将平板置于4 ℃保存,即为新构建的Y1HGold(Bait-AbAi)菌株和Y1HGold(p53-AbAi)对照菌株。

(10)经过长期放置后,挑取单克隆在YPDA液体培养基中过夜培养,离心收集菌体,用1 mL预冷培养基(100 mL灭菌的YPDA与50 mL灭菌的75%甘油混合)重悬菌体,速冻后于-70 ℃下保存。

3. 检测诱饵菌株AbA基因的表达

在不存在捕获物的情况下,由于克隆到pAbAi载体中的诱饵序列不同,诱饵菌株报告基因的本底表达水平也不相同。例如:pAbAi-p53对照的最低AbA抑制浓度为100 ng/mL。

注:酵母单杂交实验成功的前提是没有内源转录因子能够与目的序列结合或者结合能力非常弱。因此在进行文库筛选之前,检测所构建的诱饵菌株AbA基因的表达情况十分重要。所以需要进行实验以确定进行文库筛选时抑制诱饵菌株报告基因本底表达所需的AbA浓度。

(1)分别挑取诱饵克隆和对照克隆,用0.9%的NaCl溶液重悬细胞,调节OD_{600}到0.002(大约2 000个细胞/100 μL)。

(2)在下述培养基上分别涂布100 μL重悬后的菌液,30 ℃培养2~3 d。

SD/-Ura

SD/-Ura with AbA(100 ng/mL)

SD/-Ura with AbA(150 ng/mL)

SD/-Ura with AbA(200 ng/mL)

预期结果如下表2-15-1所示:

表2-15-1 *AbA*基因预期本底表达结果

$c(AbA)$/(ng/mL)	Y1HGold(p53-AbAi)克隆数	Y1HGold(pBait-AbAi)克隆数
0	约2 000	约2 000
100	0	取决于诱饵蛋白
150	0	取决于诱饵蛋白
200	0	取决于诱饵蛋白

(3)在进行文库筛选时,使用AbA的浓度应为最低抑制浓度,或使用比最低抑制浓度稍高的AbA浓度(约50~100 ng/mL),以彻底抑制诱饵菌株的生长。

注:如果200 ng/mL的AbA不能抑制本底表达,可以尝试提高AbA浓度至500~1 000 ng/mL。然而,在不存在捕获物的情况下,如果1 000 ng/mL的AbA浓度仍无法抑制AbA基因的表达,那么很可能存在能够识别并与目的序列结合的内源调控因子,因而该目的序列无法用来进行酵母单杂交筛选。

4. 转录因子MEF2A、SF1和VDR与*MyoD1*基因启动子相互作用检测

(1)按照上述方法,分别将含有pAbAi-*Bait*、pAbAi-*p53*、pAbAi-*MyoD1*质粒的酵母菌株制备成感受态细胞。

(2) 将下列各个成分加入到预冷的 1.5 mL 无菌 EP 管中,并混合均匀:

① 重组猎物质粒 DNA(浓度纯度高)10 μg;

② 600 μL 感受态细胞。

(3) 加入 2.5 mL 配好的 PEG/LiAc,轻柔混匀;放置 30 ℃恒温箱中培养 45 min(每隔 15 min 颠倒混匀一次)。

(4) 加入 160 μL 二甲亚砜(DMSO)试剂,轻柔混匀;42 ℃水浴锅中温浴 20 min(每隔 15 min 颠倒混匀一次)。

(5) 离心收集菌体,室温 3 000 r/min 离心 15 min;弃上清,加入 3 mL YPD Plus 溶液。

(6) 30 ℃摇床振荡培养 90 min;离心弃上清液,3 000 r/min 离心 15 min 收集菌体。

(7) 弃上清液,加入 15 mL 0.9 g/mL 的 NaCl 溶液重悬菌体。将转化后的菌体涂布于 SD/ /-Leu/AbA 缺陷培养基上,30 ℃培养箱倒置培养 3～5 d。

【结果分析】

重组猎物质粒 pGADT7-*MEF2A*、pGADT7-*SF1*、pGADT7-*VDR* 转化诱饵菌株在 SD/-Leu 平板上有菌落生长,PCR 鉴定后呈阳性,表明转化成功。直接涂布含重组诱饵质粒 pAbAi-*MyoD1* 的酵母菌在 SD/-Leu/AbA 的平板上无法生长,表明未出现自激活,而涂布含有重组猎物质粒转化的酵母菌在 SD/-Leu/AbA 的平板上可以正常生长,表明是因为猎物蛋白与目标基因发生相互作用从而激活 AbA 抗性基因转录。以上结果表明,牛 MEF2A、SF1 和 VDR 为 *MyoD1* 基因启动子所结合的转录因子(图 2-15-2)。

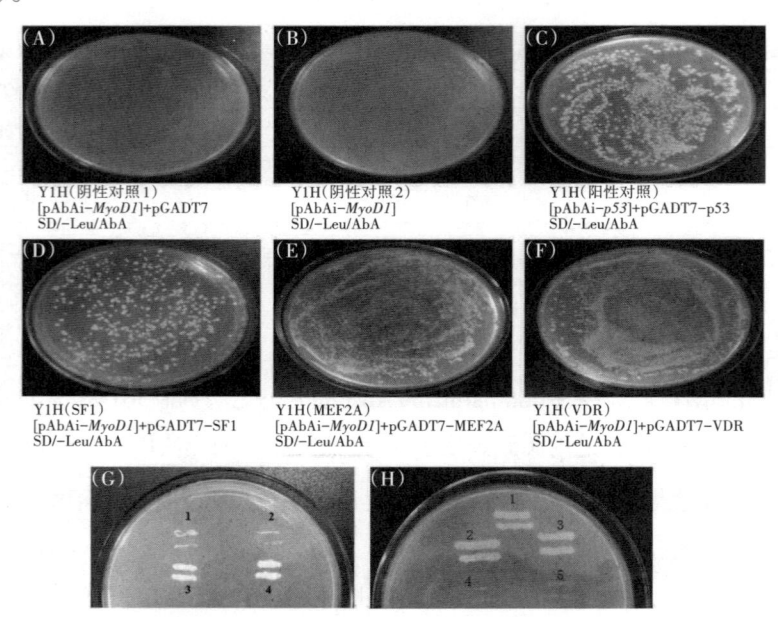

图 2-15-2　酵母单杂交技术检测转录因子 MEF2A、SF1 和 VDR 与 *MyoD1* 基因启动子的相互作用

(A) Y1H（阴性对照 1）[pAbAi-*MyoD1*]+ pGADT7 转化平板；(B) Y1H（阴性对照 2）pAbAi-*MyoD1* 转化平板；(C) Y1H（阳性对照）[pAbAi-*p53*]+ pGADT7-*p53* 转化平板；(D、E、F) 分别是 pGADT7-*SF1*、pGADT7-*MEF2A*、pGADT7-*VDR* 转化平板；(G) 1、2、3、4 分别为：阴性对照 1、阴性对照 2、SF1 实验组以及阳性组菌株在 SD/-Leu/AbA 平板上的划线结果；(H) 1、2、3、4、5 分别为阳性对照组、MEF2A 实验组、VDR 实验组、阴性对照 1、阴性对照 2 菌株在 SD/-Leu/AbA 平板上的划线结果。

【注意事项】

（1）在进行文库筛选时，使用 AbA 的浓度应为最低抑制浓度，或使用比最低抑制浓度稍高的 AbA 浓度（约 50～100 ng/mL），以彻底抑制诱饵菌株的生长。如果 200 ng/mL 的 AbA 不能抑制基因本底表达，可以尝试提高 AbA 浓度至 500～1 000 ng/mL。

（2）Pmin 启动子自身会导致下游的报告基因有本底表达，而且克隆到载体的顺式作用元件有可能会与酵母内源性转录因子结合，所以说自激活是普遍存在的现象。只有在没有内源性转录因子可以与顺式作用元件结合或者结合能力非常弱的前提下，报告基因的本底表达才可以被抑制，酵母单杂实验才可以继续。

（3）pAbAi-*Bait* 存在自激活，需要设置梯度浓度 3-AT 的 SD/-His/-Trp 平板培养，以进一步检测自激活的强度。

【思考题】

（1）酵母单杂交的优点和缺点是什么？
（2）筛选标记和报告基因的作用及检测方法是什么？
（3）怎么设置 AbA 的浓度梯度？
（4）酵母单杂交的主要用途有哪些？

（本实验编者 段志强）

实验十六 染色质免疫沉淀检测蛋白质与核酸相互作用

随着人类基因组测序工作的基本完成,功能基因组学逐渐成为研究的热点。而基因表达的调控又是功能基因组学的一个重要研究领域,要想提供蛋白因子直接调控的证据,需要直接检测蛋白质-DNA的相互作用,而染色质免疫沉淀(chromatin immunoprecipitation,ChIP)就是一种研究体内蛋白质与DNA相互作用的理想技术。以往在研究某个蛋白因子的调控功能时,可以通过对蛋白活性、蛋白数量以及蛋白功能的控制,影响下游基因的表达,而下游基因的变化又可以通过基因芯片、抑制消减杂交、差异显示RT-PCR等方法进行研究。但这些方法都无法提供证据证明这些变化是受某个蛋白因子直接调节的,还是间接地由其他变化引起的,所以就要直接检测蛋白质-DNA的相互作用。传统的方法包括转录因子结合实验、电泳迁移率变动分析、DNase I足印法、酵母单杂交体系等。但这些方法不能充分反映生理情况下DNA与蛋白相互作用的真实情况,而且很难捕捉到在染色质水平上基因表达调控的动态瞬时事件。

ChIP是研究体内蛋白质与DNA相互作用的一种技术。它利用抗原抗体反应的特异性,可以真实地反映体内蛋白质与基因组DNA结合的状况。特别是近年来由于该技术不断发展和完善,其应用范围已经从研究目的蛋白与已知靶序列间的相互作用,发展到研究目的蛋白与整个基因组的未知序列的相互作用;从研究一个目的蛋白与DNA的相互作用,发展到研究两个蛋白与DNA共同结合的相互作用;从研究启动子区域的组蛋白的修饰,发展到研究结合在DNA序列上的蛋白复合物。近年来发展起来的染色质免疫沉淀-芯片(chromatin immunoprecipitation-chip,ChIP-chip)技术将基因组DNA芯片(chip)技术与染色质免疫沉淀技术(ChIP)相结合,为研究目的蛋白与整个基因组相互作用提供了可能。ChIP-chip技术通过标记染色质免疫沉淀富集的DNA片段,和另一个被标记不同探针的对照组样品一起,与DNA芯片杂交,再利用各种生物信息学方法对收集到的信号进行分析。该技术目前已经被广泛应用于研究转录因子在整个基因组中的信号网络,以及染色质修饰机制在基因组中的调控,DNA的复制、修复以及修饰,基因的转录与核运输等方面。

【实验目的】

(1)了解ChIP技术的原理及应用。
(2)掌握ChIP实验的基本操作步骤。

【实验原理】

在活细胞状态下固定蛋白质-DNA复合物,并将其随机切断为一定长度范围内的DNA小片段,然后通过免疫学方法沉淀此复合体,特异性地富集目的蛋白结合的DNA片段,通过对目的片段的纯化与检测,从而获得蛋白质与DNA相互作用的信息。ChIP的大致流程是:甲醛处理细胞→收集细胞,超声破碎→加入目的蛋白的抗体,与靶蛋白-DNA复合物相互结合→加入Protein A琼脂球,结合抗体-靶蛋白-DNA复合物,并对沉淀下来的复合物进行清洗,除去一些非特异性结合→洗脱,得到富集的靶蛋白-DNA复合物→解交联,纯化富集的DNA片段→PCR分析。

【实验试剂】

蛋白酶K、PMSF,37%甲醛,Protein A琼脂球,细胞裂解液(10 mmol/L Tris-HCl pH 8.0,10 mmol/L NaCl,0.2%的Triton X-100),兔抗人TCF7L2单克隆抗体,乙酰化组蛋白H3抗体,染色质免疫沉淀试剂盒。

【实验器材】

超声波裂解仪、恒温水浴锅、细胞计数仪、PCR仪。

【实验样本】

人肝癌HePG2细胞。

【实验步骤】

根据许丹等人(2012)发表的文章进行实验操作。

1. HePG2细胞核染色质的分离

(1)向 $5×10^6$ HePG2细胞培养液中加入37%的甲醛至终浓度为1%,轻轻摇匀,室温静置8 min。

(2)细胞固定后加入甘氨酸至终浓度为125 mmol/L,室温摇动孵育2 min,弃上清。

(3)加入1 mL预冷PBS,用细胞刮轻轻刮取细胞移入1.5 mL离心管中,4 ℃ 2 500 r/min 离心5 min,弃上清。

(4)加入800 μL PBS,室温摇动孵育15 min,然后4 ℃ 2 500 r/min 离心5 min,弃上清,重复用PBS洗一遍。

2. 超声波破碎细胞

(1)向样品中加入1 mL预冷细胞裂解液,充分混匀。

(2)超声裂解,超声强度为30%功率,每次10 s,间隔60 s,执行10次。

(3)12 000 r/min,4 ℃离心5 min,将染色质打断成500 bp左右的小片段,琼脂糖凝胶电泳检测断裂结果。

3. 染色质中非特异性抗体的清除

(1) 取超声剪切的染色质 200 μg，加 80 μL ProteinA 琼脂球，放入 4 ℃摇床 1 h。

(2) 2 500 r/min 4 ℃离心 5 min，留上清总体积的 10% 作为 Input。

(3) Input DNA 为清除了染色质里非特异性的抗体后直接进行去交联和纯化的基因组 DNA，然后将剩余上清分成 3 份。

4. 染色质免疫共沉淀

(1) 向上述 3 份上清中分别加目的蛋白 TCF7L2 抗体、乙酰化组蛋白 H3 抗体和相应 IgG 作对照，4 ℃上下颠倒孵育过夜。

(2) 在抗体/染色质复合物里加入 Protein A 琼脂球，4 ℃上下颠倒 2 h。

(3) 4 ℃ 2 500 r/min 离心 5 min，弃上清。

(4) 加入预冷的 ChIP 缓冲液 400 μL，上下颠倒 3 min，按上法收集凝胶磁珠（重复该步骤 3 次）。

(5) 加入清洗缓冲液 500 μL，上下颠倒 15 min，4 ℃ 2 500 r/min 离心 5 min，弃上清。

(6) 依次用高盐洗涤液、氯化锂洗涤液、TE 液洗涤洗胶两遍，弃上清。

5. 蛋白质/DNA 复合物的洗脱和去交联

(1) 向胶中加入 250 μL 洗脱缓冲液，室温摇动孵育 15 min，然后于室温 2 500 r/min 离心 5 min，转移上清至新 EP 管，重复洗一遍。

(2) 取上清 500 μL 转移至新 EP 管，加 20 μL NaCl(5 mol/L)溶液，混匀，Input 加洗脱缓冲液至体积为 500 μL，再加 20 μL NaCl(5 mol/L)溶液，65 ℃水浴过夜。

(3) 取出置于室温，加入 2 μL 蛋白酶 K 溶液(10 g/L)，45 ℃水浴 1 h。

6. DNA 纯化

(1) 加入等体积酚/氯仿/异戊醇，剧烈振荡 10 s，室温 12 000 r/min 离心 1 min。

(2) 吸取 400 μL 含 DNA 的上层液体移入新 EP 管中，加入 40 μL 3 mol/L 的乙酸钠，轻轻振荡。

(3) 加 800 μL 100% 的预冷乙醇，加 1 μL (20 μg) 糖原(glycogen)，振荡混匀，置 -30 ℃ 2 h 或过夜，充分沉淀 DNA。

(4) 室温 12 000 r/min 离心 10 min，加 1 mL 70% 乙醇，混匀。

(5) 12 000 r/min 室温离心 10 min，弃上清，室温干燥 30 min。

(6) 向管中加入 ddH$_2$O 100 μL，65 ℃水浴 30 min。

7. PCR 检测

所用 IDE 引物序列为：5′-ACTATTAAGTTGTTCGTGGGT-3′，5′-CTAATGTCAGT CGGCTTCAGT-3′。取 1 μL DNA 模板进行 PCR 扩增，扩增体系为 25 μL，扩增条件为：94 ℃预变性 5 min；94 ℃ 30 s，56 ℃ 30 s、72 ℃ 20 s、34 个循环；72 ℃延伸 10 min。取 5 μL PCR 产物用 1.5% 琼脂糖凝胶电泳检测。

【结果分析】

以 TCF7L2 抗体免疫沉淀的染色质片段提取的 DNA 为模板,PCR 扩增 *IDE* 基因 5′区 94 bp 片段。结果显示:模板(T)中含有被扩增区段 DNA;阳性对照(P)以乙酰化组蛋白 H3 抗体免疫沉淀的 DNA 为模板,阴性对照(N)以羊抗人 IgG 抗体免疫沉淀的 DNA 为模板,进行 PCR 扩增。结果显示:阳性对照(P)扩增产物条带明亮,而阴性对照(N)和试剂空白对照(以水为模板,D)均看不见扩增产物,说明实验中 ChIP 的操作过程可信(图 2-16-1)。

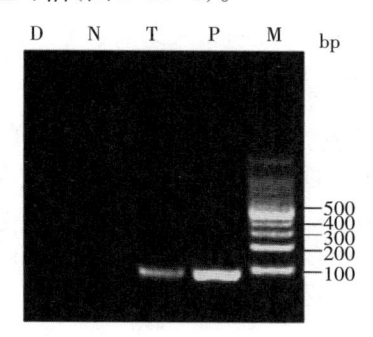

图 2-16-1　ChIP 检测 HePG2 细胞中 TCF7L2 蛋白与 *IDE* 基因启动子的相互作用

【注意事项】

1. 活细胞数量

活细胞计数后,如果最终用于 ChIP 实验的细胞数量太多,将直接导致甲醛交联时间增加,间接导致细胞数量/微球菌核酸酶比例增大,这些均可造成裂解的 DNA 小片段过长(超过 1 000 bp),实验处理过程中极易丢失这些片段,最终也会造成 PCR 检测困难或失败。最佳的 DNA 片段长度是 150~300 bp。相反,如果活细胞数量太少,则导致细胞数量/微球菌核酸酶比例减小,最终得到的 DNA 片段极可能小于 100 bp。

2. 甲醛交联时间

1% 终浓度的甲醛交联时间推荐室温 10~15 min。时间过久,会造成裂解的 DNA 小片段过长(超过 1 000 bp)。时间太短,会导致交联不完全,实验过程中导致一部分的 DNA-蛋白质复合物分离,最终分析的结果必然是不准确的。

3. 设置合适的对照组

(1) ChIP 实验内对照:染色质断裂后,需按一定比例留取部分染色质溶液,此 Input DNA(断裂后的基因组 DNA)作为 ChIP 实验的内对照。内对照不仅可以验证染色质断裂的效果,如果按照取样比例换算,还可以根据 Input DNA 中靶序列的含量和染色质沉淀中的靶序列含量,推算 ChIP 实验效率,所以Input内对照是必须要设置的。(2)阳性抗体对照:目的抗体沉淀DNA-蛋白复合物时,必须设置阳性抗体对照组。阳性抗体通常选择与已知序列相结合的、各物种之间比较保守的蛋白抗体,常用组蛋白抗体。(3)阴性抗体对照:目的抗体沉淀蛋白DNA复合物时,必须设置阴性抗体对照组。阴性对照所使用的抗体可以选择目的蛋白抗体宿主的血清蛋白。

4. 目标蛋白抗体

ChIP实验中与一般的抗原-抗体免疫反应实验不太一样。常规实验如Western Blot、Co-IP等,抗原上只要存在与抗体结合的位点,则二者的免疫反应基本不受到蛋白质空间结构影响。ChIP实验中,染色质沉淀步骤时,蛋白和DNA处在交联状态,目标蛋白的结合位点形成空间阻碍,导致抗体无法与目标蛋白结合形成复合物。因此,能够做Western Blot、Co-IP实验的抗体不一定能够做ChIP实验,一定要使用已经过ChIP验证的抗体,否则实验大概率会失败。此外,抗体的浓度、孵育时间、孵育温度需要根据目标蛋白的丰度决定。目标蛋白丰度较低时,可能需要调整活细胞数量、4 ℃孵育过夜等。

5. 实验结果分析

对于Input DNA组,采用1.5%的琼脂糖凝胶电泳,结果应该是片段集中于150 bp到350 bp之间,这样长度的DNA片段才是符合要求的。进一步对对照组、阴性抗体对照组、阳性抗体对照组的纯化DNA采用PCR扩增,随后通过1.5%的琼脂糖凝胶电泳,得到的结果应该是:空白对照组无条带,阴性抗体对照组无条带,阳性对照组看到强条带。只有这样的结果才是成功的,后续才能进行RT-PCR实验。

【思考题】

(1)为什么要用甲醛交联?
(2)ChIP实验需要选用ChIP级的抗体,它需要满足哪几点要求?
(3)ChIP实验时为什么要做阳性对照和阴性对照?

(本实验编者 段志强)

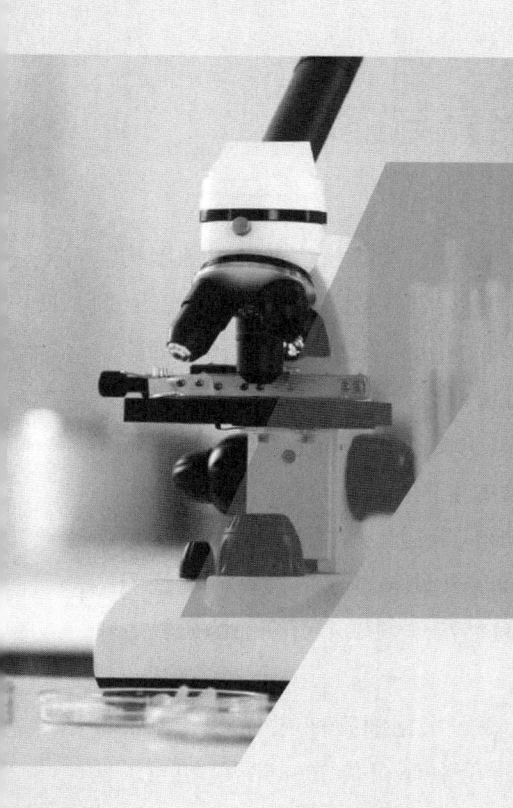

第三部分

生物化学与细胞分子生物学实验

SHENGWU HUAXUE YU XIBAO FENZI
SHENGWUXUE SHIYAN

细胞生物学实验

一、基础实验

实验一　原代细胞的分离、培养与鉴定

　　1839年,德国植物学家施莱登从对大量植物的观察结果中得出结论:所有植物都是由细胞构成的。与此同时,德国动物学家施旺做了大量动物细胞的研究工作。当时由于受胡克的影响,对细胞的观察侧重于细胞壁而不是细胞的内含物,因而对无细胞壁的动物细胞的认识就比植物细胞晚得多。施旺进行了大量研究,第一个描述了动物细胞与植物细胞相似的情况。之后,科学家陆续发现新的证据,证明细胞都是从原来就存在的细胞分裂而来。21世纪初期的细胞学说大致上可以简述为以下三点:细胞为一切生物的构造单位、细胞为一切生物的生理单位、细胞由原已生存的细胞分裂而来。1907年,美国动物科学家哈里森,在无菌条件下用淋巴液作为培养基,成功培养了蛙胚神经组织,并观察到神经细胞突起的生长过程,由此奠定了动物组织体外培养的基础。细胞培养技术自1907年开创以来,经历一个多世纪的发展,现已成为自然科学领域不可或缺的研究方法之一。

　　细胞的生命期指细胞在培养过程中持续增殖和生长的时间,一般根据细胞种类、性状和原供体的年龄的情况而定。如二倍体成纤维细胞,在不冻存和反复传代条件下可传30~50代,相当于150~300个细胞增殖周期,能维持一年左右的生命,此后细胞便开始凋亡。细胞在生存过程中经历以下三个阶段。

　　(1) 原代培养期:从体内取出组织接种到第一次传代的阶段为1~4周。主要特点:细胞移动活跃,但分裂不旺盛,多呈二倍体核型。原代与体内原组织形态结构和功能活动基本相似。各细胞的遗传性状互不相关,细胞相互依存性强。

　　(2) 传代期:初代培养细胞一经传代便称之为细胞系。主要特点:细胞增殖旺盛,并维持二倍体核型,也叫二倍体细胞系。为了保存二倍体细胞性质,细胞应在初代或传代早期冻存为好,一般细胞在10代以内冻存。在-196 ℃液氮中细胞可长期储存,解冻后仍能继续生长,且细胞性状不受影响,因此超低温冷冻保存是冻存细胞的主要手段。

　　(3) 衰退期:主要特点是细胞仍然生长,但增殖减慢、不增殖、轮廓增强、衰退凋亡。

　　注意:在某些因素影响下,如血清质量不佳、病毒污染、温度和pH不稳等,细胞在三期中的任

何一期(一般发生在传代后期或衰退期)可能发生自发转化。

细胞可能获得永生性或称为恶性。细胞获得持久性的增殖能力,这样的细胞群体称为连续细胞系。而细胞获得永生性后,细胞核型大多变成异倍体,接触抑制消失。

【实验目的】

(1)从山羊卵巢组织中分离出卵巢颗粒细胞。
(2)鉴定分离出的细胞是否为卵巢颗粒细胞。

【实验原理】

卵巢颗粒细胞存在于动物卵巢组织的卵泡中,因此可以使用注射器刺破卵泡,使卵泡液流出,经收集、离心、洗涤后培养得到各细胞,而动物卵巢组织的卵泡各细胞中,卵泡刺激素受体(FSHR)蛋白只在颗粒细胞中特异性表达,因此使用间接免疫荧光法来鉴定卵巢颗粒细胞。免疫荧光技术又称荧光抗体技术,是标记免疫技术中发展最早的一种。它是在免疫学、生物化学和显微镜技术的基础上建立起来的一项技术。很早以来就有一些学者试图将抗体分子与一些示踪物质结合,利用抗原抗体反应进行组织或细胞内抗原物质的定位。它是根据抗原抗体反应的原理,先将已知的抗体或抗原标记上荧光基团,再用这种荧光抗体(或抗原)作为探针检查细胞或组织内的相应抗原(或抗体)。利用荧光显微镜可以看见荧光所在的细胞或组织,从而确定抗体或抗原的性质和定位。

【实验试剂】

(1)无菌的剪刀、镊子、培养皿、巴氏吸管、PBS缓冲液、细胞培养瓶。
(2)双抗(青-链霉素)、DMEM-F12(1:1)培养基、胎牛血清、10 mL注射器、75%乙醇、15 mL离心管。
(3)4%的多聚甲醛、0.25%的Triton X-100、FSHR兔抗、Cy3标记的山羊抗兔荧光二抗、35 mm²的培养皿、1 000 μL、200 μL、10 μL移液枪及枪头。

【实验器材】

离心机、倒置荧光显微镜、二氧化碳培养箱。

【实验样本】

实验选择体质健康的母羊,按照《羊屠宰操作规程》(DB22/T 2740—2017),在母羊发情第一天进行放血后屠宰,使用75%的乙醇和含双抗的PBS缓冲液分别冲洗3次,随后将其保存在含有PBS缓冲液的无菌离心管中,插入冰盒中于1 h内带回实验室,立即分离培养卵巢颗粒细胞。

【实验步骤】

1. 卵巢颗粒细胞的分离培养

(1)将新鲜的卵巢组织置于75%的乙醇中清洗3次,再用无菌且加入双抗(青-链霉素)的PBS冲洗3次,再将组织置于含有DMEM/F12完全培养基(含10%胎牛血清和1%青-链霉素)的培养皿中。

(2)使用无菌注射器针头刺破卵巢表面卵泡,并用注射器吸取培养液冲洗卵泡,使卵泡液完全释放。

(3)随后收集培养液至10 mL无菌离心管中,1 000 r/min离心10 min,可见明显白色沉淀,弃上清。

(4)加入适量完全培养基吹打混匀,1 000 r/min离心10 min,再使用完全培养基洗涤一次。

(5)再加入适量完全培养基,吹打混匀后,将全部细胞悬液转入培养瓶中于37 ℃含5%CO_2的培养箱中继续培养。

2. 卵巢颗粒细胞的鉴定

由于FSHR蛋白只在卵泡的卵巢颗粒细胞中特异性表达,因此可以使用间接免疫荧光方法鉴定颗粒细胞的纯度。

(1)将颗粒细胞均匀接种于35 mm^2培养皿中,培养过夜。

(2)弃去培养基,用预冷的PBS清洗3次,加入4%的多聚甲醛固定细胞20 min,PBS清洗3次。

(3)加入PBS配制的0.25%的Triton X-100室温通透5 min,PBS清洗3次。

(4)加入PBS配制的10%的胎牛血清37 ℃封闭1 h,弃去封闭液不洗。

(5)加入1∶250 PBS稀释的兔抗FSHR,4 ℃孵育过夜后,PBS清洗3次。

(6)避光完成以下步骤,加入1∶500 PBS稀释的Cy3标记的山羊抗兔荧光二抗孵育1 h,PBS清洗3次。

(7)加入DAPI(即4',6-二脒基-2-苯基吲哚)染核10 min,PBS清洗3次,吸干多余液体。

(8)使用荧光显微镜观察拍照。

【结果分析】

DAPI可以透过完整的细胞膜,是一种能够与细胞核内的DNA强力结合的荧光染料。因此,颗粒细胞经过DAPI染色会使椭圆的细胞核发出蓝光,颗粒细胞分泌的FSHR蛋白会与FSHR抗体结合,使整个梭形的细胞质发出红光,说明FSHR蛋白在颗粒细胞的细胞质中表达,当细胞核染色和细胞质染色完全重合时,说明培养的细胞为山羊卵巢颗粒细胞。相关图片请参照本书资源。

【注意事项】

(1)细胞分离所用组织:将从屠宰场取得的组织置于冰盒内,应于1 h内带回实验室,然后立刻进行细胞分离,时间过长,可能导致细胞存活率降低。

(2)颗粒细胞分离过程中严格在超净台进行无菌操作,剪刀、镊子、培养皿、离心管等应高压灭菌后使用。

(3)在洗涤离心这一步,转速不宜太高、时间不宜过久,800~1 000 r/min较合适。

(4)细胞布板时,应保证细胞均匀且密度适宜,细胞过多或堆叠,后续会观察不到完整的细胞形态。

(5)一抗及荧光二抗:根据其品牌及种类区别,应根据其说明书进行抗体稀释。

(6)在进行二抗孵育及后续步骤时,要严格在避光环境下进行。

(7)一抗孵育时间、二抗孵育时间、DAPI染色时间应根据实验结果灵活变动,若抗体染色颜色淡,可能是抗体稀释比例高,或者孵育时间短。

(8)免疫荧光DAPI染色后,应尽快使用荧光显微镜拍照保存,避免时间过长荧光猝灭。

【思考题】

(1)在颗粒细胞的分离培养这一步,若离心后未见白色沉淀怎么办?

(2)影响颗粒细胞分离培养成功的因素有哪些?

(本实验编者 赵佳福 陈祥)

实验二 细胞生长曲线及分裂指数的测定

　　细胞是最小的生命单元,除病毒外的所有有机体都是由细胞构成的。单细胞生物只由一个细胞构成。多细胞生物有机体由数百个乃至数万亿个细胞构成。细胞生长曲线是了解培养细胞增殖过程的重要手段,通过连续对培养细胞计数,可绘制出细胞生长曲线,以此了解培养细胞生长的基本规律,为利用培养细胞进行科学实验提供最佳时间。

　　显微镜的改进以及更为重要的制作和染色生理标本技术的提高,使分析细胞的细微结构成为可能。在1875年至1895年这段时间内,科学家发现了很多值得关注的基本细胞学现象,如有丝分裂、减数分裂和受精,以及重要的细胞器官,如线粒体、叶绿体和高尔基体。19世纪,生物学家想弄清楚细胞是怎么进行分裂的。可是,活细胞是透明的,人们很难看清楚细胞内部的结构。为此,生物学家进行了大量的研究工作。染色方法使各种发现以及形成连接细胞学、遗传与发育的理论成为可能。德国植物学教授斯特拉斯伯格著有不朽的著作《细胞形成和细胞分裂》(1875),该著作统一了细胞学、遗传与发育领域。斯特拉斯伯格描述了植物细胞分裂的复杂过程,但是,他的描述没有弗莱明对动物细胞分裂的描述那么有名。1877年弗莱明发表了第一篇关于细胞和细胞核的论文。19世纪70年代后期,弗莱明描述了染色体的存在,但是"染色体"这个术语最先是由沃尔德耶于1888年提出来的,沃尔德耶介绍了组织染料苏木精的使用方法。弗莱明用"chromatin"(染色质)来代表核物质,并把细胞分裂命名为有丝分裂。弗莱明的著作《细胞质、核和细胞分裂》(1882)为进一步探索细胞分裂提供了一个基础框架。1879年,德国解剖学家弗莱明用一种人工合成的红色染料染细胞,看到了细胞核内的丝状结构。德国学者魏尔肖"一切细胞来自细胞"的著名论断认为,个体的所有细胞都是由原有细胞分裂产生的,这是活细胞繁殖其种类的过程。传统细胞分裂通常包括核分裂和胞质分裂两步。在核分裂过程中母细胞把遗传物质传给子细胞。在单细胞生物中细胞分裂就是个体的繁殖,而在多细胞生物中细胞分裂则是个体生长、发育和繁殖的基础。

【实验目的】

(1) 了解细胞生长曲线及分裂指数的基本原理。
(2) 掌握细胞生长曲线及分裂指数的测定方法。

【实验原理】

　　测定细胞生长曲线是细胞培养实验中最基本的检测目标,它也是测定细胞绝对增长数值和发现生长繁殖基本规律常用的方法,细胞生长曲线可反映出细胞生长的趋势。细胞生长曲线一般以培养时间为横坐标,不同时刻的细胞浓度或百分数为纵坐标,标出各点并连成线。或者采用MTT法来进行生长曲线测定,用酶联免疫检测仪检测各孔吸光度(A)值,以时间为横坐标,不同时刻的平均A值为纵坐标,记录并绘制细胞生长曲线。

体外培养细胞生长、分裂繁殖的能力,可用分裂指数来表示。它与生长曲线有一定的联系,如随着分裂指数的不断提高,细胞也就进入了指数生长期。分裂指数(MI)(%)指细胞群体中分裂细胞占总细胞数的百分比,即1 000个细胞中分裂细胞所占的比例。它用以表示细胞增殖旺盛程度,是测定细胞周期的一个重要指标,也是不同实验研究选择细胞的重要依据。

【实验试剂】

0.25%的胰蛋白酶消化液、完全培养液、Hank's液、Giemsa染液。

【实验器材】

24孔培养板、6孔培养板、吸管、离心管、坐标纸、细胞计数板、倒置显微镜、普通光学显微镜、超净台、CO_2培养箱、酒精棉球、酒精灯。

【实验样本】

山羊卵巢颗粒细胞。

【实验步骤】

1. 细胞生长曲线的绘制

(1)采用0.25%的胰蛋白酶消化细胞,将指数生长期的细胞制成细胞悬液。
(2)吹打均匀后对细胞进行计数,将细胞接种在24孔培养板中。
(3)用胰蛋白酶液消化,选择其中培养板中的3个孔的细胞进行检查。
(4)计算3孔细胞数的平均值,连续7天测定并记录细胞数。
(5)以培养时间(d)为横坐标、细胞数为纵坐标,绘制出每天测定的细胞数,即得细胞生长曲线。

2. 分裂指数的测定

(1)采用常规消化传代方法,将指数生长期的细胞制成细胞悬液。
(2)吹打均匀后对细胞进行计数,将细胞接种在有盖玻片条的6孔培养板中。6孔细胞培养板接种细胞方法:培养皿中先加少量的培养液,再加盖玻片条,使盖玻片条贴附在皿底,最后加入细胞悬液,吸管头轻轻混匀,将6孔细胞培养板慢移轻放入培养箱中,静置培养。

(3)逐日取出盖玻片条,经95%的乙醇固定5 min,Giemsa染色10 min。

(4)显微镜下观察细胞分裂相情况并计数,观察时要选择密度近似区,以减少误差。

(5)取得逐日分裂相数值后,以各时间点为横坐标,以此相对应的分裂指数为纵坐标,即可绘成细胞分裂指数曲线。

【结果分析】

(1)体外培养细胞的生长曲线一般呈S形,从生长曲线可发现,培养初期(1~2天),细胞有生长活动,而无细胞分裂,这段时期称为潜伏期。潜伏期后的3~5天,细胞分裂出现,并逐渐增多,标志细胞进入指数增生期(又称对数生长期)。当指数增生期细胞数达到高峰后,出现平台期(平顶期),细胞分裂停止,细胞数量进入稳定状态。

(2)培养细胞分裂指数曲线和细胞的生长曲线有相似的变化趋势:培养初期(1~2天),细胞分裂指数上升非常缓慢;在3~5天之间,分裂指数显著上升,表明细胞增殖旺盛;随着培养时间的延长,分裂指数下降,说明细胞增殖能力减弱,当分裂指数接近零时,培养细胞的分裂已趋向停止。

【注意事项】

(1)根据细胞生长特点,接种细胞要选择合适的密度。密度过小,将使细胞周期延长;反之,将导致细胞在实验未完成前即需传代。三天后未计数的细胞要换液并保持原量。

(2)分裂指数的测定要求接种细胞的量保持一致。因接近或将要完成的分裂相细胞易和未分裂的细胞混淆,因此,必须制定统一的划分标准,以减少误差的产生。

(3)6孔细胞培养板接种细胞要求:手指不可触及培养皿内盖外壁。皿内液体不能溅到内盖外壁,若溅到外壁,应用酒精棉球擦拭。

【思考题】

(1)细胞分裂相数是指什么?

(2)简述细胞培养的过程。

(本实验编者 陈伟)

实验三　细胞冻存与复苏

　　细胞培养技术自1907年开创以来,历经一个多世纪的发展,现已成为自然科学领域不可缺少的研究方法之一。然而,细胞在传代培养和日常维持过程中,需要消耗大量的培养器具、培养液及时间成本,细胞一旦离开活体进入原代培养阶段,其各种生物特性都将逐渐发生变化,并随着传代次数的增加和体外环境条件的变化而不断有新的变化。因此在体外培养细胞的过程中,为了长期保存细胞的活性,或者保护稀有细胞,经常需要对细胞进行冷冻保存,并在需要的时候进行复苏活化,因此掌握细胞冻存和复苏的操作方法就显得十分重要。纵观细胞冻存技术的发展史,可以发现细胞冻存技术的发展主要经历了以下几个时期。

　　1776年,Spallanzani最早发表了"冷"处理对"细胞"生命活动影响的报道。

　　19世纪中后叶,许多早期的研究者重复研究了低温处理对精子活动的影响,得出了和Spallanzani相似的结论,即"冷不能杀死精子"。1900年前后,科学家基本上肯定了生物成分能够在零下温度储存的事实。20世纪50年代,Luyet等多位学者发现了电解质浓度对储存细胞的损伤作用,他们的基本结论是:电解质浓度增大是造成储存细胞损伤的主要原因。20世纪60年代,美国纽约血液中心Rowe实现了红细胞的低温保存。1980年,他将在液氮温度下保存了12年的红细胞复苏后进行检查,没有发现任何生化和功能上的变异,从而从实践上证明了生物材料可以在低温下长期存活。20世纪70年代,Mazur等首先根据中国仓鼠组织培养细胞的低温保存实验数据分析,提出关于冷冻损伤的两因素假说目,即冰晶损伤和溶液损伤假说。20世纪80年代以来,理学和工程学进入低温保存研究领域,低温工程理论及实用设计原理不断更新并获得应用。随着低温生物学的研究快速发展,人们开始对生物和作为食品原料的生物材料进行低温保存处理。随着科学方法的不断进步以及冷冻方法的不断完善,低温保存技术广泛地应用到了临床医学和生物学上。

　　目前细胞冻存最常用的技术是液氮法,此外还有分布降温法和玻璃化冷冻法。玻璃化保存与液氮法和分布降温法相比,是一种超速冷冻方法,它是以极快的速度冷冻细胞,使细胞内外的游离水迅速形成玻璃样物质,而不形成冰晶。这种保存方法既避免了由于慢速降温时导致的盐浓度升高,又防止了由于冰晶形成造成的物理损伤,可获得较高存活率。本实验我们主要介绍液氮超低温冷冻技术冻存细胞的方法。

【实验目的】

(1)了解细胞冻存的常见技术和技术原理。

(2)熟练掌握细胞超低温冷冻保存和细胞复苏的技术操作。

【实验原理】

细胞冻存是指在冷冻保存液的保护下,将细胞置于零下某一温度(-70 ℃或液氮中),减少细胞代谢,以便长期储存的过程。细胞复苏是指将冻存的细胞恢复至正常活性并继续培养的过程。细胞冻存及复苏的基本原则是慢冻快融,实验证明这样可以最大限度地保存细胞活力。如今细胞冻存多采用甘油或二甲基亚砜(DMSO)作保护剂,这两种物质能提高细胞膜对水的通透性,加上缓慢冷冻可使细胞内的水分渗出细胞外,减少细胞内冰晶的形成,从而减少由于冰晶形成造成的细胞损伤。复苏细胞应采用快速融化的方法,这样可以保证细胞外结晶在很短的时间内融化,避免由于缓慢融化使水分渗入细胞内形成胞内再结晶对细胞造成损伤。

【实验试剂】

二甲基亚砜(DMSO)、胎牛血清、DMEM培养液、双抗(青霉素、链霉素)、胰蛋白酶(0.08%)、PBS缓冲液。

【实验器材】

1. 实验仪器

生物安全柜、低速离心机、恒温水浴箱、冰箱(4 ℃、-20 ℃、-80 ℃)、倒置荧光显微镜、二氧化碳培养箱、液氮罐、微量移液器。

2. 实验耗材

细胞培养瓶、巴氏吸管,1 000 μL、200 μL、10 μL枪头各1盒、废液缸、10 mL离心管、2 mL细胞冻存管、血球计数板、记号笔。

【实验样本】

人体胚胎肾细胞(HEK-293T)。

【实验步骤】

1. 细胞冻存

(1)采用10%胎牛血清的完全培养基配制含10%DMSO的细胞冻存培养液,置于冰上预冷。

(2)取对数生长期的HEK-293T细胞,将细胞培养瓶中的培养基收集至一个10 mL无菌离心管中备用。

(3)用PBS缓冲液清洗细胞3次,加入1 mL胰蛋白酶消化细胞,待细胞开始脱落后,前后来回缓慢颠倒细胞瓶至所有细胞脱落,加入上面收集的培养基终止消化,即得细胞悬液。

(4)将细胞悬液转移至一新的10 mL离心管中,配平,1 000 r/min,室温离心5 min。

(5)弃掉离心管中旧的培养液,由慢至快,滴入预先配制好的细胞冻存液,采用巴氏吸管轻柔吹打使细胞至充分混匀(在冰上进行)。

(6)一般按照1个25 mL细胞瓶冻存1支细胞或一个10 cm培养皿冻存2支细胞进行分装,每管1~5 mL。

(7)在冻存管上标明细胞名称、冻存时间及冻存人员。

(8)冻存:放入装有异丙醇的程序降温盒中,−70 ℃冰箱中放3天左右,取出冻存管,移入液氮罐内。如果没有程序降温盒,可采用如下程序进行操作:冻存管置于4 ℃冰箱中10 min,−20 ℃冰箱中30 min,−80 ℃冰箱中16~18 h(或过夜),第二天取出冻存管移入液氮罐中长期冻存。

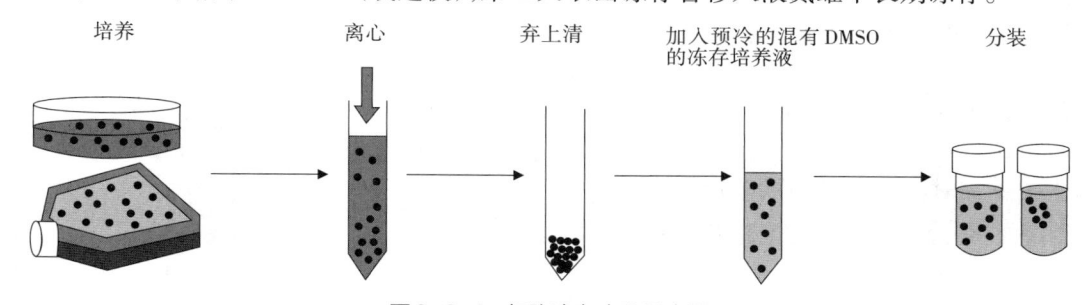

图3-3-1 细胞冻存步骤示意图

2. 细胞复苏

(1)提前打开恒温水浴锅,调整温度至37 ℃。

(2)用镊子从液氮罐中取出冻存管,迅速置于37 ℃水浴锅中,并不时摇动令冻存的细胞尽快融化,至含有一小块儿冰晶时,将冻存管进行冰浴。

(3)用巴氏吸管吸出细胞悬液至一新的10 mL离心管中,配平后,1 000 r/min,室温离心5 min。

(4)弃掉离心管中旧的培养液,由慢至快,加入含10%胎牛血清和1%双抗的完全培养基,充分吹打混匀后,转移至25 mL细胞瓶中,置于二氧化碳培养箱中过夜培养。

(5)第二天,取培养的细胞液制片,在倒置荧光显微镜下观察细胞状态。

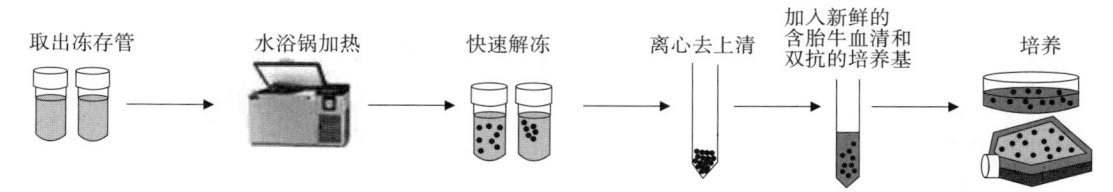

图3-3-2 细胞复苏步骤示意图

【注意事项】

（1）从增殖期到形成致密的单层细胞以前的培养细胞都可以用于冻存，但最好选择长势良好、无污染、存活率较高的对数期细胞，细胞密度应控制在 1×10^6 个/mL 以上，存活率在 80%~90% 之间，且在冻存前一天最好更换培养液。

（2）取细胞的过程中注意戴好防冻手套、护目镜。细胞冻存管可能漏入液氮，解冻时冻存管中的气温急剧上升，可导致爆炸。

（3）DMSO 对细胞有一定的毒副作用，在常温下，DMSO 对细胞的毒副作用较大，因此，必须在 1~2 min 内使冻存液完全融化。如果复苏温度太慢，会造成细胞损伤。

（4）DMSO 对细胞有一定的毒副作用，所以要将离心后的液体倒干净。

（5）在细胞复苏过程中，离心弃掉含有 DMSO 的培养基后，可以适当少加一些完全培养基，这样有利于细胞的贴附。

【思考题】

（1）什么是冰晶损伤和溶液损伤假说？

（2）大肠杆菌和动物细胞冻存有哪些异同之处？

（本实验编者 赵佳福）

实验四　细胞转染

细胞转染(cell transfection)是指真核细胞由于外源DNA掺入而获得新的遗传性状的过程,是研究和控制真核细胞基因功能的常规实验技术,广泛地应用于基因功能的研究、基因表达的调控、基因突变的分析和蛋白质的生产等科研及生产实践中。细胞转染后,外源DNA的掺入与表达分为两种类型:一是如果掺入的外源DNA未与宿主细胞DNA整合而获得表达,称为瞬时转染(transient transfection),但通常只持续几天,多用于启动子和其他调控元件的分析;二是若与宿主细胞DNA整合并随后者的复制而复制称为稳定转染(stable transfection)。

随着对基因与蛋白功能研究的深入,细胞转染目前已成为实验室工作中常用的方法。细胞转染大致可分为物理介导、化学介导和生物介导三类途径。电穿孔转染法、显微注射转染法和基因枪转染法属于通过物理方法将基因导入细胞的范例;化学介导方法很多,如经典的磷酸钙共沉淀法、脂质体转染法和多种阳离子物质介导的方法;生物介导方法,有较为原始的原生质体转染法和现在比较多见的各种病毒介导的转染方法。

理想的细胞转染方法,应该具有转染效率高、细胞毒性小等优点。然而,细胞类型、细胞培养条件、细胞生长状态以及转染方法等因素都可能影响转染效率,因此无论采用哪种转染方法,想要获得最优的转染结果,都需要对影响转染效率的各种因素进行优化。

【实验目的】

(1)了解脂质体转染法和电穿孔转染法转染真核细胞的基本原理。
(2)熟练掌握脂质体转染法转染质粒DNA和miRNAs的操作方法。

【实验原理】

脂质体转染法的原理:阳离子脂质体表面带正电荷,能与核酸的磷酸根通过静电作用,将DNA分子包裹入内,形成DNA-脂质体复合物;DNA-脂质体复合物被表面带负电的细胞膜吸附,再通过融合或细胞内吞导入细胞。脂质体转染适用于把DNA转染入悬浮或贴壁培养的细胞中,是目前实验室最方便的转染方法之一,其转染率较高,优于磷酸钙法。由于脂质体对细胞有一定的毒性,所以转染时间一般不超过24 h。

电穿孔转染法的原理:电流能够可逆地击穿细胞膜形成瞬时的水通路或膜上小孔,促使DNA分子进入细胞内,这种方法就是电穿孔转染法。当遇到某些脂质体转染效率很低或几乎无法转入细胞时建议用电穿孔法转染。一般情况下,高电场强度会杀死50%~70%的细胞。现在针对细胞死亡率高的情况开发出了一种电转保护剂,可以大大地降低细胞的死亡率,同时提高电穿孔转染效率。

【实验试剂】

Lipofectamine® 3000 转染试剂、FuGENE® HD 转染试剂、DMEM/F-12 无抗完全培养基、Opti-MEM®培养基、胰蛋白酶、PBS缓冲液、P3000™试剂。

【实验器材】

倒置荧光显微镜、二氧化碳培养箱、超净工作台、细胞技术仪、低温冰箱。

【实验样本】

pEGFP-C1-*ApoE* 真核表达载体（无内毒素质粒）、HEK-293T 细胞、miR-31-5p mimic、NC mimic。

【实验步骤】

1. 质粒的转染（以6孔板为例）

（1）转染前一天，用胰蛋白酶消化HEK-293T细胞并计数，将细胞按照 1.0×10^6 个/孔接种于6孔板中（不同培养器皿转染前细胞接种密度见表3-4-1），加入DMEM/F-12无抗完全培养基，于37 ℃、5% CO_2 的培养箱中培养。

（2）第二天，待细胞生长至70%~90%汇合度时开始转染。

（3）弃去6孔板中的培养基，每孔加入2 mL无血清、无抗生素的培养基，置于37 ℃、5% CO_2 的培养箱中培养。

（4）溶液A：125 μL Opti-MEM®培养基+5 μL Lipofectamine® 3000转染试剂，用移液器充分混匀。

（5）溶液B：125 μL Opti-MEM®培养基+5 μg pEGFP-C1-*ApoE*无内毒素质粒+P3000™试剂，用移液器充分混匀。

（6）将溶液B全部加入溶液A中，用移液器充分混匀，室温孵育5 min，即得DNA-脂质体转染混合物。

（7）将DNA-脂质体转染混合物加入6孔板中，十字交叉法轻轻振荡混匀，继续置于5%的 CO_2 培养箱中培养，24~48 h后分析转染效率，或开展后续实验。

表3-4-1 不同培养器皿每孔表面积、加样体积及转染前细胞接种密度

培养器皿	每孔表面积/cm²	每孔培养基体积/mL	贴壁细胞转染前接种密度/(个/孔)	悬浮细胞转染前接种密度/(个/孔)
96孔板	0.3	0.1	5 000±2 500	2×10^4 ~ 5×10^4
24孔板	2	0.5	25 000±10 000	1×10^5 ~ 2.5×10^5
12孔板	4	1	50 000±20 000	2×10^5 ~ 5×10^5

续表

培养器皿	每孔表面积/cm²	每孔培养基体积/mL	贴壁细胞转染前接种密度/(个/孔)	悬浮细胞转染前接种密度/(个/孔)
6孔板	10	2	150 000±50 000	$0.4×10^6 \sim 1×10^6$
60 mm平板	20	4	400 000±100 000	$1×10^6 \sim 2.5×10^6$
100 mm平板	30	10	$1×10^6±250\,000$	$2×10^6 \sim 5×10^6$

2. miRNA的转染（以24孔板，每孔转染30 nmol/L为例）

（1）转染前一天，采用胰蛋白酶消化HEK-293T细胞并计数，将细胞按照$2.0×10^5$个/孔接种于24孔板中，加入DMEM/F-12无抗完全培养基，于37 ℃、5%CO_2的培养箱中培养。

（2）第二天，待细胞生长至50%汇合度时开始转染。

（3）弃去24孔板中培养基，每孔加入0.5 mL无血清、无抗生素的培养基，置于37℃、5%CO_2的培养箱中培养。

（4）转染试剂的配制（参考表3-4-2）。

实验组：30 μL Opti-MEM®培养基+0.75 μL miR-31-5p mimic+ 3 μL FuGENE® HD试剂，移液器充分混匀，室温孵育10 min。

对照组：30 μL Opti-MEM®培养基+0.75 μL NC mimic+ 3 μL FuGENE® HD试剂，移液器充分混匀，室温孵育10 min。

（5）将上一步得到的miRNA-脂质体转染混合物加入24孔板中，十字交叉法轻轻振荡混匀，继续置于5% CO_2培养箱中培养，24～48 h后分析转染效率，或开展后续实验。

表3-4-2　miRNA转染实验不同浓度不同体系转染试剂用量参考

培养器皿	mimic终浓度	每孔体积	V_1	V_2	V_3	V_4
96孔板	100 nmol/L	100 μL	92.90 μL	6 μL	0.5 μL	0.6 μL
	50 nmol/L	100 μL	93.15 μL	6 μL	0.25 μL	0.6 μL
	30 nmol/L	100 μL	93.25 μL	6 μL	0.15 μL	0.6 μL
	20 nmol/L	100 μL	93.30 μL	6 μL	0.1 μL	0.6 μL
	10 nmol/L	100 μL	93.35 μL	6 μL	0.05 μL	0.6 μL
24孔板	100 nmol/L	500 μL	464.50 μL	30 μL	2.5 μL	3 μL
	50 nmol/L	500 μL	465.75 μL	30 μL	1.25 μL	3 μL
	30 nmol/L	500 μL	466.25 μL	30 μL	0.75 μL	3 μL
	20 nmol/L	500 μL	466.50 μL	30 μL	0.5 μL	3 μL
	10 nmol/L	500 μL	466.75 μL	30 μL	0.25 μL	3 μL
12孔板	100 nmol/L	1 mL	929.00 μL	60 μL	5 μL	6 μL
	50 nmol/L	1 mL	931.50 μL	60 μL	2.5 μL	6 μL
	30 nmol/L	1 mL	932.50 μL	60 μL	1.5 μL	6 μL
	20 nmol/L	1 mL	933.00 μL	60 μL	1 μL	6 μL
	10 nmol/L	1 mL	933.50 μL	60 μL	0.5 μL	6 μL

续表

培养器皿	mimic终浓度	每孔体积	V_1	V_2	V_3	V_4
6孔板	100 nmol/L	2 mL	1 858.00 μL	120 μL	10 μL	12 μL
	50 nmol/L	2 mL	1 863.00 μL	120 μL	5 μL	12 μL
	30 nmol/L	2 mL	1 865.00 μL	120 μL	3 μL	12 μL
	20 nmol/L	2 mL	1 866.00 μL	120 μL	2 μL	12 μL
	10 nmol/L	2 mL	1 867.00 μL	120 μL	1 μL	12 μL

注：V_1：细胞培养基；V_2：Opti-MEM 培养基；V_3：20 μmol/L miRNA mimic；V_4：FuGENE® HD 转染试剂

【结果分析】

1. ApoE基因在HEK-293T细胞中的表达

采用倒置荧光显微镜观察转染效果，并将荧光显微镜采集到的图像经 photoshop CS6.0 软件融合 (merge) 处理后，结果见图 3-4-1。由图可见，对照组 EGFP 蛋白在细胞质和细胞核中均有表达；而实验组 EGFP-ApoE 融合蛋白，主要集中在细胞质中，说明 ApoE 蛋白主要集中在细胞质中表达。

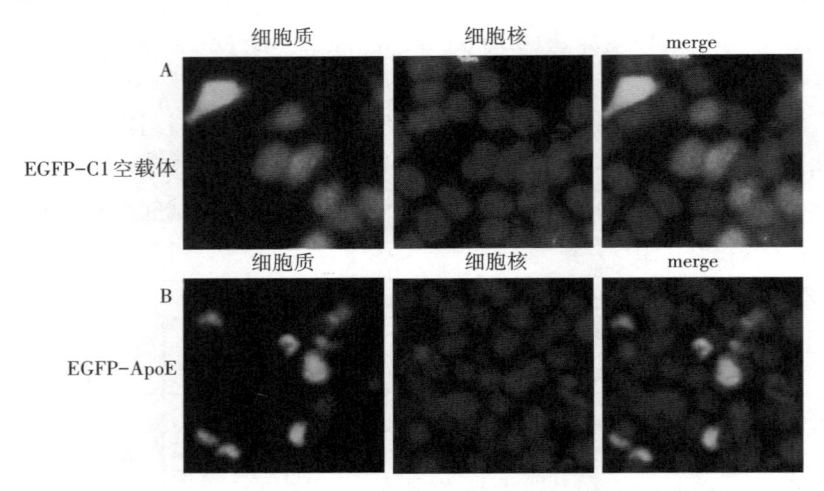

图 3-4-1 ApoE 蛋白在 HEK-293T 细胞中的表达和亚细胞定位
A：转染 pEGFP-C1 空载体 36 h 后荧光图片；B：转染 pEGFP-C1-ApoE 真核载体 36 h 后荧光图片

2. miR-31-5p在HEK-293T细胞中的表达

由于 miRNA 在细胞中的表达检测实验需要借助荧光定量 PCR 实验进行，因此该部分对 miR-31-5p 的表达情况检测不做介绍。

【注意事项】

(1) 在制备转染混合液过程中，脂质体与质粒 DNA 混合，尽量在低血清无抗生素的培养基中进行，但是随着不同厂家转染试剂的更新换代，对血清的要求逐渐变得没那么严格。

(2)在转染miRNA实验过程中,由于不同miRNA对不同细胞的敏感程度不同,建议在开展正式实验前,非常有必要针对不同miRNA在不同细胞上进行转染浓度的摸索,进而筛选出最佳的转染浓度。

【思考题】

(1)转染过程中降低血清浓度的原因是什么?
(2)转染过程中,为什么要使用无抗生素的培养基?

(本实验编者 赵佳福 李文婷)

实验五 细胞增殖检测

多细胞生物体是由各种类型的细胞所构成的,是生物体的重要生命特征,以细胞增殖的方式产生新的细胞,用来补充体内衰老或死亡的细胞。真核生物体主要通过有丝分裂和减数分裂的方式来增加新的细胞,所以细胞的增殖是生物体生长、发育、繁殖以及遗传的基础。

有丝分裂主要有分裂间期、分裂期。从细胞在一次分裂结束之后到下一次分裂之前,是分裂间期。在分裂间期结束之后,就进入分裂期。细胞分裂间期是新的细胞周期的开始,这个时期为细胞分裂期准备了条件,细胞内部正在发生很复杂的变化。近年来,通过放射性同位素标记自显影技术证明,间期细胞的最大特点是完成DNA分子的复制和有关蛋白质的合成,因此,间期是整个细胞周期中极为关键的准备阶段。细胞分裂期最明显变化是细胞核中染色体的变化。人们为了研究方便,把分裂期分为四个时期:前期、中期、后期和末期。其实,分裂期的各个时期的变化是连续的,并没有严格的时期界限。

细胞有丝分裂的重要意义,是将亲代细胞的染色体经过复制以后,精确地平均分配到两个子细胞中去。由于染色体上有遗传物质,因而在生物的亲代和子代之间保持了遗传性状的稳定性。可见,细胞的有丝分裂对生物的遗传有重要意义。

减数分裂是一种特殊方式的有丝分裂,它与有性生殖细胞的形成有关。在原始的生殖细胞(如动物的精原细胞或卵原细胞)发展为成熟的生殖细胞(精子或卵细胞)的过程中,要经过减数分裂。在整个减数分裂过程中,染色体只复制一次,而细胞连续分裂两次。减数分裂的结果是,新产生的生殖细胞中的染色体数目比原始的生殖细胞的染色体数目减少一半。例如,人的精原细胞和卵原细胞中各有46条染色体,而经过减数分裂形成的精子和卵细胞中,都只含有23条染色体。

【实验目的】

掌握CCK-8法检测细胞活性和细胞毒性的操作流程。

【实验原理】

Cell Counting Kit-8(CCK-8)利用的水溶性的四唑盐,即WST-8[2-(2-甲氧基-4-硝苯基)-3-(4-硝苯基)-5-(2,4-二磺基苯)-2H-四唑单钠盐],在活细胞线粒体内的琥珀酸脱氢酶作用下还原成水溶性的橙黄色甲瓒燃料(formazan),并溶解于组织培养基中,生成的甲瓒燃料与活细胞的数量成正比,因此可以利用这一特性直接进行细胞的增殖和毒性分析,细胞增殖越快,则颜色越深。对于同一种细胞,颜色的深浅和细胞数目成线性关系,WST-8还原成甲瓒燃料的示意图如下所示。

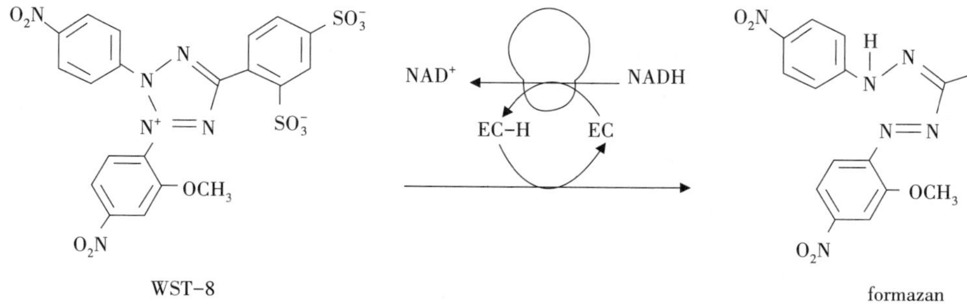

图3-5-1　WST-8还原成甲瓒燃料

【实验试剂】

胎牛血清、细胞培养基、双抗、胰酶、PBS、CCK-8试剂（100/500/1 000等不同规格）。

完全培养基（10%胎牛血清，1%双抗）：445 mL细胞培养基内加入50 mL胎牛血清再加入5 mL双抗，配成500 mL完全培养基。

【实验器材】

超净工作台或生物安全柜、移液器、枪头、酒精灯、酒精棉球、离心机、废液缸、倒置显微镜、二氧化碳培养箱、细胞计数板、96孔板、酶标仪。

【实验样本】

肺腺癌A549细胞，由组织工程与干细胞实验中心保存。

【实验步骤】

1. 制作标准曲线

（1）先用细胞计数板计算制备的细胞悬液中的细胞数量，然后吸取适量的细胞接种于96孔板中。

（2）用完全培养基将上述接种的细胞按比例（例如1∶2或1∶3的比例）依次等比稀释成一个细胞浓度梯度，一般要做3~5个细胞浓度梯度，且每组3~6个复孔，并设立对照孔和空白孔。

（3）接种后放于二氧化碳培养箱培养2~4 h使细胞贴壁，然后加入CCK-8试剂培养一段时间后取出，利用酶标仪测定各孔的吸光度（A）值，制作出一条以细胞数量为横坐标、A值为纵坐标的标准曲线。根据此标准曲线可以测定出未知样品的细胞数量（适用此标准曲线的前提是实验的条件要一致，以便于确定细胞的接种数量以及加入CCK-8后的培养时间）。

(4)计算公式：

$$\text{细胞存活率} = [(\text{实验孔} - \text{空白孔}) / (\text{对照孔} - \text{空白孔})] \times 100\%$$

实验孔：含细胞、完全培养基、CCK-8、待测物质。

对照孔：含细胞、完全培养基、CCK-8。

空白孔：完全培养基、CCK-8。

2. 细胞活性检测

(1)在96孔板中接种细胞悬液(100 μL/孔)。将培养板放在培养箱(37 ℃,5% CO_2)中预培养。

(2)向每孔加入10 μL CCK-8溶液(注意不要在孔中生成气泡,否则会影响 A 值的读数)。

(3)将培养板在培养箱内孵育1~4 h。

(4)用酶标仪测定在450 nm处的吸光度即 A 值。

(5)如果暂时不测定 A 值,可以向每孔中加入10 μL 0.1 mol/L的HCl或者1 g/mL的SDS溶液,并遮盖培养板,避光保存在室温条件下,24 h内吸光度不会发生变化。

3. 细胞增殖-毒性检测

(1)在96孔板中配制100 μL的细胞悬液。将培养板在培养箱(37 ℃,5%CO_2)中预培养24 h。

(2)向培养板上加入10 μL不同浓度的待测物质。在培养箱孵育一段时间(例如:6 h、12 h、24 h或48 h)。

(3)向每孔加入10 μL CCK-8溶液(注意不要在孔中生成气泡,否则会影响 A 值的读数)。如果待测物质有氧化性或还原性的话,可在加CCK-8之前更换新鲜培养基(除去培养基,并用培养基洗涤细胞两次,然后加入新的培养基),去除药物影响。

(4)将培养板在培养箱内孵育1~4 h。

(5)用酶标仪测定在450 nm处的吸光度。

(6)如果暂时不测定 A 值,可以向每孔中加入10 μL 0.1 mol/L的HCl或者1 g/mL的SDS溶液,并遮盖培养板,避光保存在室温条件下,24 h内吸光度不会发生变化。

(7)细胞活力计算：

$$\text{细胞活力} = [A(\text{加药}) - A(\text{空白})] / [A(\text{不加药}) - A(\text{空白})] \times 100\%$$

A(加药)：细胞、CCK-8溶液、药物三者的吸光度。

A(空白)：培养基、CCK-8溶液两者的吸光度。

A(不加药)：细胞、CCK-8溶液两者的吸光度。

【结果分析】

（1）实验结果选取两个浓度作为参考,如图3-5-2所示,左图为加入生理盐水作为对照组的细胞图片,右图为加入终浓度为260 μmol/L的顺铂处理24 h后的细胞图片。

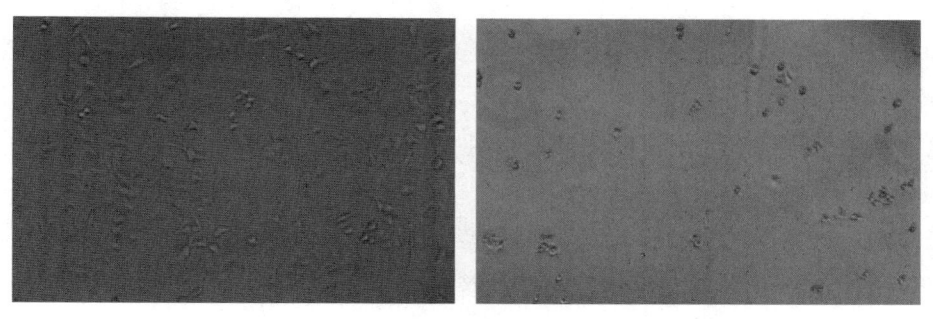

图3-5-2　肺腺癌A549细胞的细胞毒作用(×100)

（2）根据酶标仪测得的数据作图,如图3-5-3所示。从图中可知顺铂随着浓度的增加对肺腺癌A549细胞的增殖抑制率越大,在有限的顺铂浓度范围内最大抑制率为70%左右,由此可知顺铂对肺腺癌细胞具有一定的细胞毒作用,能抑制其增殖。

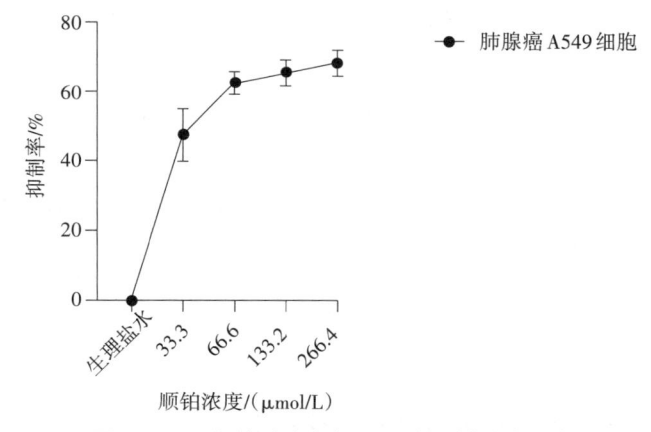

图3-5-3　顺铂对肺腺癌A549细胞增殖的影响

【注意事项】

（1）在正式实验开始之前,可以先做几个孔摸索细胞的接种数量和加入CCK-8试剂后细胞的培养时间。

（2）接种时间较长的话,悬起的细胞会重新沉淀,所以在加几个孔后要再次混匀。

（3）96孔板的边缘孔不建议使用,液体容易挥发,造成实验误差。

（4）不同种类的细胞显色所需的时间不同,所需的细胞数量也不相同,需要具体摸索。白细胞比较难显色,需要培养较长时间。

(5) 当使用标准 96 孔板时,贴壁细胞的最小接种量至少为 1 000 个/孔(100 μL 培养基)。检测白细胞时的灵敏度相对较低,因此推荐接种量不低于 2 500 个/孔(100 μL 培养基)。如果要使用 24 孔板或 6 孔板实验,请先计算每孔相应的接种量,并按照每孔培养基总体积的 10% 加入 CCK-8 溶液。

(6) 如果没有 450 nm 的滤光片,可以使用吸光度在 430~490 nm 之间的滤光片,但是 450 nm 的滤光片检测灵敏度最高。

(7) 培养基中酚红的吸光度可以在计算时通过扣除空白孔中本底的吸光度而消去,因此不会对检测造成影响。

(8) 悬浮细胞比贴壁细胞难显色。采用悬浮细胞进行实验时,加入 CCK-8 培养 1~4 h 后可先目测显色程度,若显色较浅,可放回培养箱继续培养数小时后再测定。采用贴壁细胞进行实验时,加入 CCK-8 后一般培养 1~4 h,但在培养 30 min 左右时肉眼就能观察到明显的显色(需根据细胞而定)。

(9) 因复孔较多,可采用多通道移液器进行实验以减小误差。加样 CCK-8 时,尽量贴壁加入孔中,以免产生气泡,影响后续检测。

(10) 若细胞培养时间较长,培养基的颜色和 pH 发生变化,建议更换新鲜的培养基后再加 CCK-8 试剂。

(11) 如果样品是高浑浊度的细胞悬液,可选择 600 nm 或以上波长进行实验,扣除参比波长的 A 值即可。

(12) CCK-8 对细胞的毒性非常低,在共培养过程中会持续反应使溶液颜色不断加深,选择合适的培养时间非常重要。

【思考题】

(1) 还原性和氧化性物质会如何影响 CCK-8 的测定?

(2) 在做加药测定细胞毒性实验时,药物对测定是否有影响?如何解决?

(3) 如果初始实验检测到的 A 值偏低,应该如何优化后续实验?

(本实验编者 刘金河)

实验六 细胞划痕实验

细胞划痕实验(cell scratch assay)是在细胞单层上通过延时显微镜定期捕获图像,从而研究细胞迁移运动、愈合能力和细胞间相互作用的实验室技术,是一种操作简单、经济实惠的研究细胞迁移的体外实验方法,类似体外伤口愈合模型。因其类似体外伤口愈合过程,又名伤口愈合实验(wound healing assay)。其可用于观察药物、基因等外源因素对细胞迁移、修复和相互作用的影响。细胞划痕实验的特点如下:一是在一定程度上模拟了体内细胞迁移的过程,是体外研究细胞迁移能力最简单的实验方法;二是非常适合研究细胞与胞外基质(ECM)之间、细胞与细胞之间相互作用引起的细胞迁移;三是与包括活细胞成像在内的显微镜系统兼容,可用于分析细胞间的相互作用。其缺点主要包括:一是手动划痕,不能保证每次划痕的一致性;二是在划痕过程中容易对划痕边缘的细胞造成机械损伤;三是如果培养皿底部拥有包被蛋白,划痕很可能伤到包被蛋白,进而影响到细胞迁移,增加了结果的不确定性;四是在选取划痕测量点时,不可避免地引入了主观误差。

【实验目的】

(1)了解细胞划痕实验的原理和应用。
(2)掌握细胞划痕实验的操作技术。

【实验原理】

上皮细胞、癌细胞、角质细胞在生理状态下,形成单层或者复层上皮,在病理状态下,比如创伤愈合、细胞迁移的时候,以侧向运动为主,划痕实验很好地模拟了这种运动形式。其实验原理是借鉴体外伤口愈合模型,通过在融合的单层细胞上人为制造一个空白区域,称为"划痕/伤口",划痕边缘的细胞会逐渐进入空白区域使"划痕/伤口"愈合,于细胞迁移过程中定期捕获图像,通过测量不同时间点的划痕间距,计算差值,可对细胞的迁移能力做出判断。

【实验试剂】

PBS、DMEM培养基、0.25%的胰酶、胎牛血清、转染试剂等。

【实验器材】

6孔板、移液器、倒置显微镜、恒温培养箱、无菌操作台、直尺等。

【实验样本】

22RV 细胞、miR-31-5p mimic、NC mimic、miR-31-5p inhibitor、NC inhibitor。

【实验步骤】

(1) 将实验所需材料(直尺、marker 笔等)放置在无菌操作台中,经紫外灯照射 30 min。

(2) 用马克笔在 6 孔板背面,以直尺为参照,大约每隔 0.5~1 cm 划一条直线穿过孔,每孔至少穿过 5 条线。

(3) 在孔中加入约 $5×10^5$ 个/mL 的细胞悬液(具体数量因细胞不同而不同,以过夜能铺满 6 孔板底部为准),于 37°C 培养箱培养。

(4) 次日用 10 μL 枪头参照直尺,按照与标记线垂直的方向在培养细胞上划两条平行线,确保枪头垂直。

(5) 用 PBS 洗细胞 3 次,去除划痕处的细胞,加入无血清培养基。实验通常需设定正常对照组和实验组,实验组是加了某种药物、外源性基因等的组别。

(6) 将 6 孔板放入 37 ℃、5%CO_2 的培养箱中,取培养 6 h、12 h、24 h 的细胞于倒置显微镜下观察、拍照(间隔时间可根据实验要求调整)。

(7) 通过判断分组之间的细胞对于划痕区修复能力,可以判断各组细胞的愈合能力。

【结果分析】

以 miR-31-5p 调控 22Rv1 细胞愈合实验为例,细胞划痕实验结果发现:转染 miR-31-5p mimic 后,22Rv1 细胞的愈合能力与转染 NC mimic 相比,受到了严重影响,且两者达到了极显著差异水平($P<0.01$);同样,在转染 miR-31-5p inhibitor 后,22Rv1 细胞的愈合能力与转染 NC inhibitor 相比也有了一定程度的加快,且达到了显著差异水平($P<0.05$),见图 3-6-1。

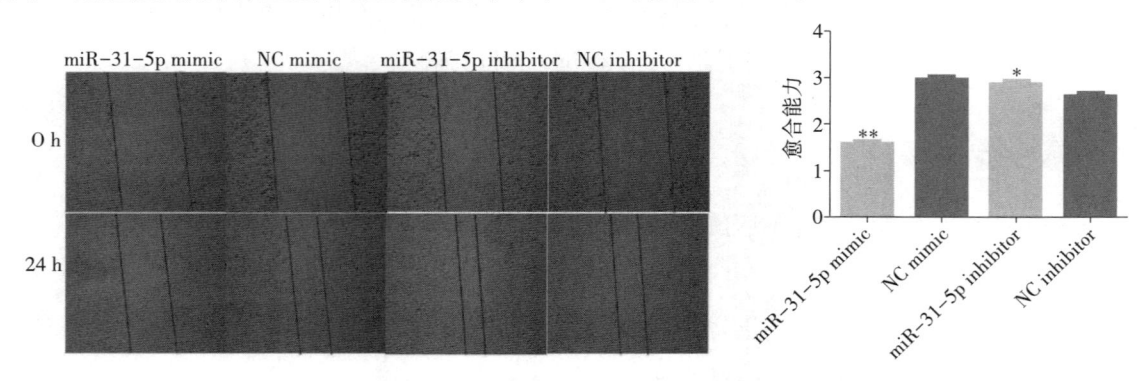

图 3-6-1　miR-31-5p mimic 对 22Rv1 细胞愈合能力的影响

【注意事项】

(1)在用PBS冲洗细胞时,注意贴壁慢慢加入,以免冲散单层贴壁细胞,影响实验拍照结果。

(2)一般做划痕实验,都是用无血清或者低血清培养基(血清浓度<2%),否则细胞增殖就不能忽略(也可用丝裂酶处理一小时)。

(3)按照6孔板背后画线的垂直方向划痕,可以形成若干交叉点,作为固定的检测点,以解决前后观察时位置不固定的问题。

【思考题】

(1)实验过程中为何要使用无血清或者低血清培养基?

(2)实验过程中,为何要以保证细胞过夜能铺满6孔板底部为准?

(本实验编者 郭俊峰 赵佳福)

实验七 细胞迁移和侵袭的检测

细胞迁移（cell migration）也称为细胞爬行、细胞移动或细胞运动,是指细胞在接收到迁移信号或感受到某些物质的浓度梯度后而产生的移动。细胞迁移为细胞头部伪足的延伸、新的黏附建立、细胞体尾部收缩在时空上的交替过程。细胞迁移是正常细胞的基本功能之一,是机体正常生长发育的生理过程,也是活细胞普遍存在的一种运动形式。胚胎发育、血管生成、伤口愈合、免疫反应、炎症反应、癌症转移等过程都涉及细胞迁移。

细胞侵袭（cell invasion）是指细胞通过细胞外基质从一个区域迁移到另一个区域的过程。细胞侵袭是正常细胞和癌细胞应对化学和机械刺激的反应。在迁移到新区域之前,细胞外基质被细胞内的蛋白酶降解。细胞侵袭常发生于伤口修复、血管形成和炎症反应以及组织的异常浸润、肿瘤细胞转移等过程中。

【实验目的】

(1) 了解细胞迁移与侵袭的测验原理和应用。
(2) 掌握细胞迁移与侵袭的测验技术。

【实验原理】

检测细胞迁移能力和侵袭能力常用的实验是 Transwell 实验。Transwell 是"穿孔实验",即将小室放入孔板中（常用的是 24 孔板）,小室中含有密密麻麻的小孔,将细胞悬液加到小室中,小室放在加入完全培养基的 24 孔板内,细胞可通过形变穿过小室中的孔而跑到营养更丰富的小室外部并贴在外侧。通过对小室外部的细胞进行染色计数,就可以判断细胞的迁移与侵袭能力的强弱。Transwell 的基本原理是将小室放入培养板中,小室内称为上室,培养板内称为下室,上下层培养液以聚碳酸酯膜相隔,上室内添加上层培养液,下室内添加下层培养液。将细胞接种在上室内,由于膜有通透性,下层培养液中的成分可以影响到上室内的细胞,从而可以研究下层培养液中的成分对细胞生长、运动等的影响。

【实验试剂】

(1) 细胞培养相关试剂:无血清培养基、10% 的血清培养基、PBS、0.02% 的 EDTA。
(2) 固定液:甲醇。
(3) 染色液:Giemsa 染液。

(4)封片剂：中性树胶。

(5)基质胶（BD 5 mg/mL），-20 ℃保存。

【实验器材】

Transwell 小室：24孔板，8 μ孔径。小镊子、棉棒、载玻片、盖玻片、移液器、倒置显微镜、恒温培养箱、无菌操作台等。

【实验步骤】

1. 细胞迁移

(1)所有细胞培养试剂和 Transwell 小室放在37 ℃下温育。

(2)将待测细胞培养至对数生长期，消化细胞，用 PBS 和无血清培养基先后洗涤一次，用无血清培养基悬浮细胞，计数，调整细胞浓度为$2×10^5$个/mL。

(3)在下室（即24孔板底部）加入600～800 μL 含10%血清的培养基，上室加入100～150 μL 细胞悬液，继续在恒温培养箱中培养24 h。

(4)用镊子小心取出小室，吸干上室液体，移到预先加入约800 μL 甲醇的孔中，室温固定30 min。

(5)取出小室，吸干上室固定液，移到预先加入约800 μL Giemsa 染液的孔中，室温染色15～30 min。

(6)轻轻用清水冲洗浸泡小室数次，取出小室，吸去上室液体，用湿棉棒小心擦去上室底部膜表面上的细胞。

(7)用小镊子小心揭下膜，底面朝上晾干，移至载玻片上用中性树胶封片。

(8)显微镜下取9个随机视野计数，统计结果。

2. 细胞侵袭

(1)基质胶在4 ℃下过夜融化。

(2)用4 ℃预冷的无血清培养基稀释基质胶至终浓度为1 mg/mL（冰上操作）。

(3)在小室上室底部中央垂直加入100 μL 稀释后的基质胶，37 ℃温育4～5 h 使其干成胶状。

(4)后续步骤同迁移实验[(1)～(8)]。

【结果分析】

细胞侵袭能力的大小与穿过聚碳酸酯膜上的细胞数成正比。以 miR-31-5p mimic 调控 22Rv1 细胞的侵袭实验为例,Transwell 实验结果发现:转染 miR-31-5p mimic 后,22Rv1 细胞的侵袭能力与转染 NC mimic 的相比,受到了严重影响,且两者达到了极显著差异水平($P<0.01$);相反,在转染 miR-31-5p inhibitor 后,22Rv1 细胞的侵袭能力与转染 NC inhibitor 的相比有了明显的增强,且达到了极显著差异水平($P<0.01$),如图 3-7-1 所示。

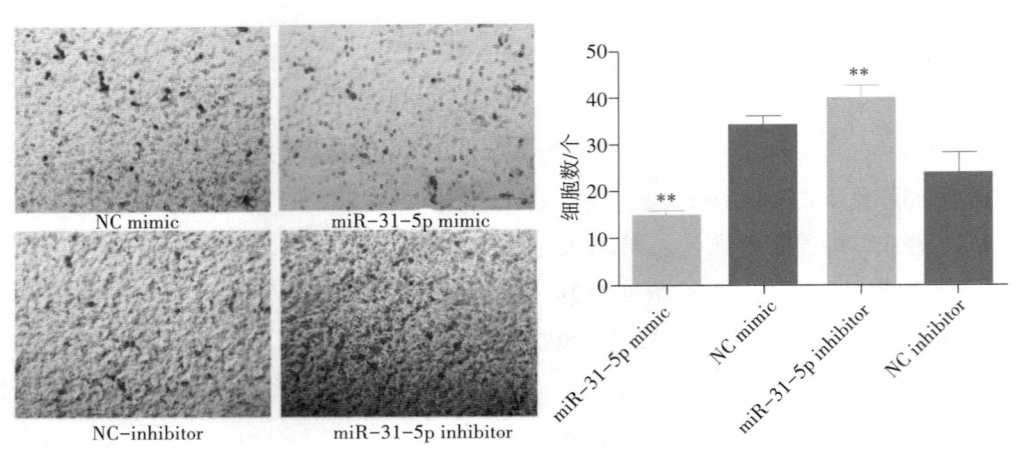

图 3-7-1　miR-31-5p mimic 对 22Rv1 细胞侵袭能力的影响

注:**代表极显著差异水平

【注意事项】

(1)根据待测细胞体积大小选择合适孔径的小室。常用的为 8 μm 孔径,如果细胞体积较大可以考虑用 10 μm 孔径。

(2)根据待测细胞的迁移能力强弱调整细胞数和迁移时间。常规 24 孔板小室接种细胞数约为 $2×10^5 \sim 5×10^5$ 个/孔,迁移时间 12～36 h。

(3)细胞悬液加入膜中央,尽量保证液面水平。

(4)固定染色擦洗时动作要小心,避免擦去膜底面的细胞。但一定要充分擦净膜表面上未迁移的细胞,以免影响读数。尤其是膜周边上可用细牙签或小镊子缠上湿棉花擦洗,但要小心避免将膜戳破。

(5)由于小室和膜上都无法标记,操作时应小心避免混淆实验组和对照组。

(6)充分晾干,避免残留水分导致镜下聚焦不一致。

(7)基质胶在过高或过低的温度下均易凝固,因此操作时所需枪头和离心管应提前在 4 ℃下预冷。

(8)铺胶时应保证液面水平,胶的厚度均匀一致,切勿产生气泡。

【思考题】

(1) 细胞迁移和细胞侵袭有何关联?

(2) 实验过程中,为何在铺胶时要保证液面水平、胶的厚度均匀一致、不产生气泡?

(本实验编者 郭俊峰 赵佳福)

实验八 细胞集落形成实验

生物体的特定细胞在特定的环境下具有不断分裂增殖的能力,比如人体内的骨髓干细胞可不断分裂分化成不同类型的血细胞集体;人类的早期胚胎细胞从受精卵开始不断进行分裂和增殖,随后再逐渐分化为不同类型、不同功能的细胞或细胞团。另外,在非整倍体无限细胞系和癌细胞株中,仍然存在不同的细胞亚群,它们的功能和生长特点有些差异。其中有些亚群细胞对培养环境有较大的适应性,它们具有较强的独立生存能力,因此这些细胞的集落形成率比较高。纯化细胞群来自一个共同的祖细胞,细胞的遗传性状、生物学特性比较相似,便于后续实验研究。在进行细胞集落化培养之前,应先测定细胞集落形成率,以了解细胞在极低密度条件下的生长能力。专家学者通常认为在肿瘤细胞株中,少量的肿瘤干细胞才具有形成集落的能力,集落抑制率常用于抗癌药物敏感实验、肿瘤放射生物学实验。

集落抑制率=[1-(实验组集落形成率/对照组集落形成率)]×100%

【实验目的】

了解并掌握肿瘤细胞的集落形成实验的流程和步骤。

【实验原理】

细胞集落形成的定义为单个细胞在体外增殖6代以上,这些由同一个细胞分裂而来的细胞群体称为集落或克隆。每个集落含有50个以上的细胞,直径在0.3~1.0 mm之间。集落形成率表示细胞独立生存能力的高低,常用方法有平板集落形成实验、软琼脂集落形成实验。

【实验试剂】

1. 试剂

Giemsa染液、0.25%的胰蛋白酶、胎牛血清、双抗、细胞培养基、PBS。

2. 配制

完全培养基(10%的胎牛血清,1%双抗):445 mL细胞培养基内加入50 mL胎牛血清,再加入5 mL双抗,配成500 mL完全培养基。

【实验器材】

超净工作台、生物安全柜、移液器、枪头、酒精灯、酒精棉球、离心机、15 mL离心管、废液缸、倒置显微镜、二氧化碳培养箱、细胞计数板、24孔板。

【实验样本】

肺腺癌A549细胞。

【实验步骤】

1. 平板集落形成实验

本方法适用于贴壁生长的细胞,包括正常细胞和肿瘤细胞。

(1)将人A549细胞培养至对数生长期,加入胰酶,37 ℃下消化5 min,加入完全培养基终止胰酶消化,离心后,PBS重悬再离心,弃掉液体后,加入完全培养基反复充分吹打,使细胞充分分散,单个细胞的百分率大体应在95%以上。

(2)对上一步制成的细胞悬液进行细胞计数,并用培养基调节细胞浓度,待用。

(3)将稀释好的细胞悬液按照300个/孔的接种量加入24孔板中,每组设三个重复孔,放入二氧化碳培养箱中培养1～4 h,直至细胞贴壁。

(4)向每组加入不同浓度梯度的药物,并设顺铂为对照组。药物处理24 h后更换为正常完全培养基继续培养细胞,根据孔内培养基的颜色变化,决定是否需要更换新鲜的完全培养基,并观察不加药组单个细胞团的分裂细胞数,当达到50个左右时停止培养。

(5)弃掉培养基,用PBS清洗细胞2～3次,甲醇固定细胞30 min,用配好的Giemsa染液染色15～20 min,于倒置显微镜下随机选取三个视野计数形成的集落数,并拍照。

2. 软琼脂集落形成实验

该方法主要用于非贴壁依赖性生长的细胞,比如骨髓造血干细胞、肿瘤细胞株以及转化细胞系。利用琼脂液的无黏着性又可凝固的特性,将肿瘤细胞混入琼脂液中,琼脂液在凝固过程中一并将肿瘤细胞固定于某一位置,琼脂中的肿瘤细胞可以向周围移动,因此可以用来检测肿瘤细胞的主动移动能力。肿瘤细胞在适宜的培养基中又可以增殖,从而可以测定肿瘤细胞集落形成率。

(1)步骤同平板集落形成实验步骤(1)(2)(3)。

(2)调整细胞悬液浓度为1 000个/mL。

(3)制备底层琼脂,完全溶化的5%琼脂和37 ℃左右预温的新鲜完全培养液以1:9比例在40 ℃环境下均匀混合,加入培养皿(直径60 mm)中,每皿含0.5 mL 5%的琼脂和完全培养基2 mL,室温下琼脂完全凝固。

(4)制备上层琼脂,取1.5 mL 温度为37 ℃且含不同数量(每皿50、100、200个)细胞的细胞悬液加入小烧杯中,加入等体积40 ℃、5%琼脂混匀,制成0.25%半固体琼脂培养基。将配好的半固体琼脂培养基立即加入铺有底层琼脂培养基的培养皿中,室温下使琼脂凝固,置于37 ℃、5%二氧化碳培养箱中培养2～3周。

(5)定期观察细胞培养过程中集落的形成。

(6)集落形成率=(集落数/接种细胞数)×100%

【结果分析】

由图3-8-1可知,生理盐水处理组(NS)当中的细胞集落多而大,每个细胞集落中的细胞数量也多,随着顺铂浓度的增加,单个细胞形成细胞集落的能力逐渐下降,集落里的细胞数量也逐渐减少,可知顺铂对单细胞的集落形成具有抑制作用,且具有浓度依赖性。

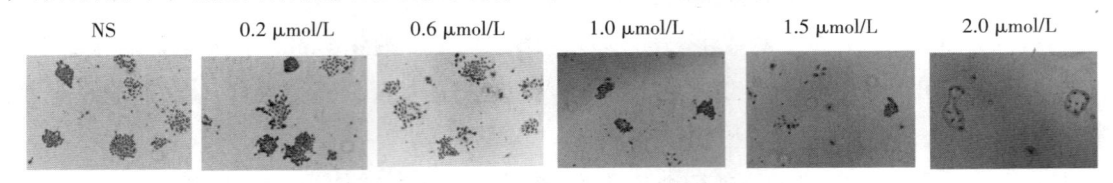

图3-8-1 不同浓度顺铂对细胞集落形成的影响

【注意事项】

(1)这个实验当中所需的细胞悬液,必须充分吹打,使得细胞的分散度在95%以上为宜。

(2)在正式实验之前需要做接种细胞数量梯度的摸索实验,来确定接种的细胞个数,以获得更好的实验效果。

(3)细胞在低密度条件下培养,生存率会显著下降,肿瘤细胞株集落形成率一般保持在10%以上。但初代培养细胞和有限细胞系仅为0.5%~5%,甚至为零,为提高这类细胞的集落形成率,必要时在孔内加入胰岛素、地塞米松等物质,以促进细胞克隆的形成。

【思考题】

Giemsa染色的机理是什么？与其他染色方法相比,它有什么优点？

(本实验编者 刘金河)

实验九 细胞周期和细胞凋亡的检测

流式细胞术是20世纪发展起来的一项高科学技术,它逐渐从基础研究领域发展到临床医学研究中,涉及疾病诊断和治疗监测等内容。该技术是一门汇集电子学、流体力学、细胞化学、生物学、免疫学以及激光技术和电子计算机技术等多门学科知识为一体的技术,具有分析和分选细胞的功能。细胞悬液经过流式细胞仪,排列成单列的细胞逐个通过激光器,得到细胞的光散射和荧光指标。流式细胞仪不仅可测量细胞大小、内部颗粒的性状,还可检测细胞表面、细胞浆抗原和细胞内DNA/RNA的含量等。同时,该技术既可对群体细胞的单细胞水平进行分析,在短时间内检测分析大量细胞,并收集、储存和处理数据,进行多参数定量分析,又能分类收集(分选)某一亚群细胞。因此,该技术在血液学、免疫学、肿瘤学、药物学、分子生物学等学科应用广泛。

【实验目的】

(1)了解流式细胞术的实验原理和应用。
(2)掌握用流式细胞术检测细胞周期的方法。
(3)掌握用流式细胞术检测细胞凋亡的方法。

【实验原理】

流式细胞术是将待测细胞经特异性荧光染料染色后放入样品管中,在气体的压力下进入充满鞘液的流动室。在鞘液的约束下细胞排成单列由流动室的喷嘴喷出,形成细胞柱。流式细胞仪通常以激光作为发光源,经过聚焦整形后的光束,垂直照射在样品流上,被荧光染色的细胞在激光束的照射下,产生散射光和激发荧光。这两种信号同时被前向光电二极管和90°方向的光电倍增管接收。光散射信号在前向小角度进行检测,这种信号基本上反映了细胞体积的大小;荧光信号的接收方向与激光束垂直,经过一系列双色性反射镜和带通滤光片的分离,形成多个不同波长的荧光信号。这些荧光信号的强度代表了所测细胞膜表面抗原的强度或其核内物质的浓度,经光电倍增管接收后可转换为电信号,再通过模/数转换器,将连续的电信号转换为可被计算机识别的数字信号。计算机把所测量到的各种信号进行处理,将分析结果显示在计算机屏幕上,也可以打印出来,还可以数据文件的形式进行存储。

检测数据的显示方式视测量参数的不同而异。单参数数据以直方图的形式表达,其 x 轴为测量强度, y 轴为细胞数目。一般来说,流式细胞仪坐标轴的分辨率有512或1024通道数。对于双参数或多参数数据,既可以单独显示每个参数的直方图,也可以选择二维的三点图、等高线图、灰度图或三维立体视图。

细胞分选是通过分离含有单细胞的液滴而实现的。在流动室的喷口上配有一个超高频电晶体,充电后振动,喷出的液流断裂为均匀的液滴,待测定细胞就分散在这些液滴之中。将这些液滴充以正负不同的电荷,当液滴流经带有几千伏特的偏转板时,在高压电场的作用下偏转,落入各自的收集容器中,不予充电的液滴落入中间废液容器中,从而实现细胞分离。

1. 细胞周期

细胞周期是指细胞从前一次分裂结束起到下一次分裂结束为止的活动过程,由 G0/G1 期(静止期/合成前期)、S 期(合成期)、G2 期(合成后期)和 M 期(分裂期)组成。G0/G1 期是有丝分裂发生,细胞分裂成两个细胞,进入下一个细胞周期,或者进入静止期(G0 期),细胞 DNA 含量保持二倍体。S 期,DNA 开始合成,细胞核内 DNA 的含量介于 G1 期和 G2 期之间。DNA 复制成为 4 倍体时,细胞进入 G2 期。G2 期细胞继续合成 RNA 及蛋白质,直到进入 M 期。PI 法是经典的周期检测方法。碘代丙啶(PI)为插入性核酸荧光染料,能选择性地嵌入核酸 DNA 和 RNA 双链螺旋的碱基之间并与碱基结合,其结合的数量与 DNA 的含量成正比。利用流式细胞仪进行 DNA 含量的分析,就可以得到细胞周期各个阶段 DNA 分布状态,从而计算出各期的细胞比率。

2. 细胞凋亡

细胞凋亡通常称为细胞程序性死亡,是由基因控制的主动性的细胞死亡过程。细胞凋亡与多种疾病密切相关,利用流式细胞仪分析细胞凋亡可为疾病诊断、疗效评价和预后预测等提供重要参考。膜联蛋白 V(Annexin V)和 PI 双染法是流式细胞仪检测细胞凋亡的经典方法,是基于凋亡的早期细胞膜上的磷脂酰丝氨酸从细胞膜的内侧翻转到细胞膜的表面这一原理来实现的。该方法不仅简便、快速,还能准确区分活细胞、凋亡细胞和坏死细胞。Annexin V 是一种分子量为 35~36 kDa 的 Ca^{2+} 依赖性磷脂结合蛋白,能与磷脂酰丝氨酸(PS)高亲和力结合,将 Annexin V 进行荧光素(异硫氰酸荧光素,FITC)标记作探针,利用流式细胞仪或荧光显微镜可检测细胞凋亡的发生。PI 是一种可与 DNA 结合的染料,它不能透过正常细胞或早期凋亡细胞完整的细胞膜,但 PI 能够透过凋亡中晚期的细胞和死细胞的细胞膜,使细胞核染为红色。

【实验试剂】

PBS、谷氨酸(10 mmol/L)、无水乙醇、蒸馏水、鞘液、清洗液、PI 检测试剂盒、Annexin V-FITC/PI 检测试剂盒。

【实验器材】

流式细胞仪、5 mL 流式细胞管、超纯水处理系统、电子天平、高压灭菌锅、涡旋振荡器、冰箱、可调式微量移液器、记号笔。

【实验样本】

猪睾丸生精细胞。

【实验步骤】

1. 用流式细胞仪检测生精细胞的细胞周期

(1) 收集细胞：取适量的对数生长期细胞接种于6孔板中，细胞经过10 mmol/L谷氨酸处理9 h后，收集细胞，制成$1×10^6$个/管。

(2) 清洗、固定：去除上清，加入2~3 mL已在-20 ℃预冷的70%乙醇，将细胞置于4 ℃冰箱中固定2 h以上。

(3) 染色：染色前用PBS洗涤细胞2次去除固定液，1 000 r/min离心5 min，尽可能完全去除上清液。加入0.5 mL PI染液，充分振荡混匀。

(4) 上机检测：室温避光孵育30 min后，在流式细胞仪上检测。

2. 用流式细胞仪检测生精细胞的细胞凋亡

(1) 收集细胞：取适量的对数生长期细胞接种于6孔板中，细胞经过10 mmol/L谷氨酸处理9 h后，收集细胞，注意要汇集上清液和消化下来的细胞(注：悬浮细胞直接离心即可)。

(2) 清洗细胞：用预冷的PBS洗2遍细胞。每一次实验分为不染组、单染Annexin V组、单染PI组以及Annexin V和PI双染组。

(3) 染色：用PBS把4×binding buffer稀释为1×binding buffer。吸净装有细胞的离心管中残余的PBS后，每管加入100 μL的1×binding buffer，用移液枪吹打细胞使细胞充分重悬，避光条件下加入染料。不染组不加，单染组加Annexin V或PI 5 μL，双染组加入Annexin V和PI各5 μL，并用移液枪轻轻混匀。

(4) 上机检测：室温避光孵育15 min后，加入1×binding buffer 300 μL并混匀后，避光下将细胞悬液转移到5 mL的流式管中，1 h内在流式细胞仪上检测。

【结果分析】

1. 用流式细胞仪检测生精细胞的细胞周期

由流式细胞仪检测结果(如图3-9-1所示)可知，使用谷氨酸激活生精细胞后，1C(单倍体)细胞占比与对照组相比极显著增加($P=0.002$)，2C(二倍体)细胞占比无显著差异($P=0.092$)，4C(四倍体)细胞占比极显著降低($P=0.002$)(表3-9-1)；各类型细胞占比如下：4 C∶2 C细胞占比与对照组相比无显著差异($P=0.054$)，1 C∶4 C细胞占比极显著增加($P=0.001$)，1 C∶2 C细胞占比极显著增加($P=0.001$)(表3-9-2)。

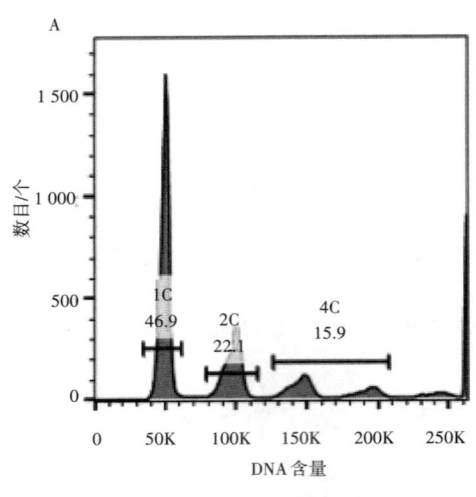

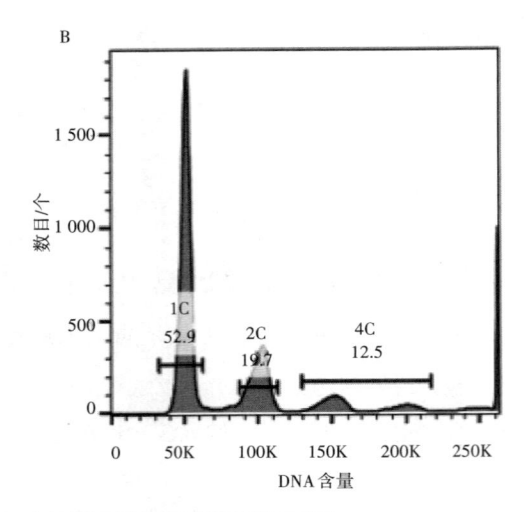

图3-9-1 用流式细胞仪检测激活生精细胞后各类型细胞的百分比

A.对照组；B.激活组；1C代表单倍体细胞，2C代表2倍体细胞，4C代表4倍体细胞

表3-9-1 生精细胞各类型细胞所占百分比($\bar{x}\pm s$)

单位：%

组别	1 C	2 C	4 C
对照组	46.20 ± 1.30	22.37 ± 1.42	15.40 ± 0.50
激活组	54.13 ± 1.43**	20.40 ± 0.61	12.37 ± 0.51**

注：$P<0.01$，**代表极显著差异水平；1C代表单倍体细胞，2C代表2倍体细胞，4C代表4倍体细胞

表3-9-2 生精细胞各类型细胞的比率($\bar{x}\pm s$)

单位：%

组别	4 C : 2 C	1 C : 4 C	1 C : 2 C
对照组	0.69 ± 0.04	3.00 ± 0.05	2.07 ± 0.09
激活组	0.61 ± 0.04	4.39 ± 0.29**	2.65 ± 0.05**

注：$P<0.01$，**代表极显著差异水平；1C代表单倍体细胞，2C代表2倍体细胞，4C代表4倍体细胞

2. 细胞凋亡检测结果

Annexin V-FITC/PI凋亡检测试剂盒是用FITC标记的Annexin V作为探针，FITC最大激发波长为488 nm，最大发射波长为525 nm，FITC的绿色荧光在FL1通道检测；PI-DNA复合物的最大激发波长为535 nm，最大发射波长为615 nm，PI的红色荧光在FL2或FL3通道检测。通过软件分析，绘制双色散点图，FITC为横坐标，PI为纵坐标。具体结果在此处不作呈现。

【注意事项】

(1)细胞接种不易过密:接种对数生长期的细胞时密度不要大于$1×10^6$个/管,以免细胞培养过程中引起细胞凋亡。

(2)避免消化过度:因消化过度可能会造成PS外翻,得到假阳性的结果。因此消化时最好用低浓度胰酶消化,轻柔吹打贴壁细胞2~3次,尽量把胰酶造成的损伤控制在5%以内,加上对照组的情况下对实验结果不会造成明显影响。

(3)操作尽量轻柔:收集细胞时力度过大很可能造成细胞膜损伤,导致细胞膜的磷脂层暴露,从而结合Annexin V,导致假阳性,因此处理贴壁细胞时要小心操作,尽量避免人为的损伤。

(4)Annexin V-FITC和PI是光敏物质,在操作时应注意避光。

(5)上机检测时,必须重悬细胞后再检测,否则容易堵塞仪器管道。

(6)如果细胞过多或聚团严重,可先用300目(孔径40~50 μm)的尼龙网过滤,然后再上机检测。

【思考题】

(1)如何避免出现假阳性结果?

(2)为什么必须收集细胞上清液?

(3)为什么在染色后1 h内就要上机检测?

(本实验编者 龚婷)

实验十　睾丸组织形态学观察

显微标本的制作技术是组织学、胚胎学、生理学及细胞学等学科研究细胞、组织生理、病理形态变化的一种主要方法。大多数生物材料组织较厚、光线不易透过，在自然状态下无法看到组织的内部结构。而且，细胞内各结构的折射率相差不大，即便光线可透过，也难以辨别。随着生物学技术的不断更新，研究人员发现组织经过固定、脱水、透明、包埋等处理后，就可制备较薄的组织切片，再利用不同的染色方法即可显示不同细胞组织的形态及其中某些化学成分含量的变化，最终在显微镜下看清不同区域的情况。由于组织切片便于保存，所以常用于教学和科研。

【实验目的】

(1) 了解石蜡切片技术的实验原理和应用。
(2) 了解苏木精-伊红染色(hematoxylin-eosin stainning, HE staining，即 HE 染色)技术的原理及应用。
(3) 掌握制备组织石蜡切片和 HE 染色观察组织形态结构的方法。

【实验原理】

为了防止组织、细胞的死后变化、自溶，以保持组织和细胞的正常生活时的形态，需要对组织进行固定。固定剂中的甲醛能与蛋白质的氨基反应，使蛋白质凝固，终止或减少外源性和内源性细胞内分解酶的反应，从而保护组织或细胞内的抗原性，而且固定剂具有硬化功能，能使组织硬化，便于切片，固定后的组织容易产生光学上的差异，也便于观察与鉴别。

HE 染色是石蜡切片技术里常用的染色法之一。苏木精染液为碱性，主要使细胞核内的染色质与胞质内的核糖体着紫蓝色；伊红为酸性染料，主要使细胞质着红色。细胞核内染色质的成分主要是 DNA，在 DNA 的双螺旋结构中，两条核苷酸链上的磷酸基向外，使 DNA 双螺旋的外侧带负电荷，呈酸性，很容易与带正电荷的苏木精碱性染料以离子键或氢键结合，而被染色。苏木精在碱性溶液中呈蓝色，所以细胞核被染成紫蓝色。伊红是一种化学合成的酸性染料，在水中解离成带负电荷的阴离子，与蛋白质的氨基正电荷（阳离子）结合而使细胞质染成不同程度的红色或粉红色，与蓝色的细胞核形成鲜明的对比。

【实验试剂】

多聚甲醛、石蜡、苏木精、伊红、二甲苯、冰醋酸、无水乙醇、蒸馏水、铵或钾明矾、氧化汞、中性树胶等。

(1)0.1 mol/L PBS(pH=7.4):磷酸氢二钠 48.693 g,磷酸二氢钠 5.023 g,ddH$_2$O 1 000 mL。

(2)0.04 g/mL 多聚甲醛:称取 40 g 多聚甲醛,加入温热(60~70 ℃)的 0.1 mol/L PBS 逐渐溶解,再加入适量 NaOH 搅拌至透明,调节 pH 值至 7.2~7.3,再用 0.1 mol/L PBS 定容至 1 000 mL。

(3)Harris 苏木精:甲液(苏木精 0.9 g,无水乙醇 10 mL)+ 乙液(铵或钾明矾 20 g 溶于蒸馏水 200 mL)加热煮沸后,缓缓加入氧化汞 0.5 g,玻璃棒搅拌后,冷却,第二天过滤后使用。

(4)伊红溶液:1 g 伊红溶于 10 mL 蒸馏水中,溶解后逐滴加冰醋酸,边滴边搅拌,至糊状时,再加数毫升蒸馏水,继续逐滴加冰醋酸至沉淀不再增加时过滤,滤纸放入温箱(50~60 ℃)过夜,烘干物用 100 mL 85% 的乙醇溶解。

【实验器材】

载玻片、盖玻片、电子天平、微波炉、超纯水处理系统、高压消毒锅、涡旋振荡器、可调式微量移液器、记号笔、组化盒、切片盒、切片机、包埋机、水浴锅、摊片机、镊子、组织切片刀、手术刀、光学显微镜、光学成像系统。

【实验样本】

猪睾丸组织。

【实验步骤】

1. 石蜡切片制备

(1)组织固定:睾丸组织修剪后,分别置于 15~20 倍的组织样品体积的 mDF 固定液或 4%PFA 固定液中,4 ℃避光固定 12 h 和 24 h。

(2)脱水:用梯度乙醇脱水法去除多余水分,具体过程如下:70% 的乙醇 1 h→80% 的乙醇 1 h→95% 的乙醇 1 h→无水乙醇Ⅰ 1 h→无水乙醇Ⅱ过夜→无水乙醇Ⅲ 1 h。

(3)修块:将固定脱水后的组织修整为 5 mm×5 mm×3 mm 左右的小块,便于后续的包埋及切片。

(4)透明:组织脱水后,用二甲苯置换出乙醇及水分而渗透石蜡,具体过程为:无水乙醇与二甲苯混合液[V(无水乙醇):V(二甲苯)=1:1]30 min→二甲苯Ⅰ 30 min→二甲苯Ⅱ 40 min。

(5)透蜡:将石蜡熔化,配制石蜡和二甲苯混合溶液,进行组织块透蜡步骤,具体操作为:石蜡和二甲苯混合液[V(石蜡):V(二甲苯)=1:1]30 min→石蜡Ⅰ 1 h→石蜡Ⅱ真空过夜。

(6)包埋:将已透蜡的组织转移至载有石蜡的已预热的包埋模具中,每隔 15 min 挑动组织,重复 2~3 次,以充分排尽气泡。

(7)切片、展片及烤片:运用组织切片机制备 5 μm 切片,37 ℃水浴展片后用黏附性玻片贴附,用 42 ℃恒温展片板烘烤过夜,烤干后放入切片盒储藏备用。

2. 石蜡切片的HE染色程序

HE染色分为脱蜡水化、染色及封片镜检三个步骤,主要是碱性的苏木精可以将细胞核染为紫蓝色,而伊红作为酸性染料,能将细胞质染为红色,具体过程如下。

(1)脱蜡水化:二甲苯Ⅰ 8 min→二甲苯Ⅱ 8 min→二甲苯和无水乙醇混合液(1:1,体积比)5 min→无水乙醇Ⅰ 3 min→无水乙醇Ⅱ 3 min→无水乙醇Ⅲ 3 min→90%乙醇 3 min→80%乙醇 3 min→70%乙醇 3 min→蒸馏水 3 min。

(2)染色:苏木精染色 10~15 min,自来水冲洗 10 min;滴加分化液作用 1 min,自来水浸泡 15 min;伊红染色 30 s~4 min,自来水浸泡 5 min终止染色。

(3)封片镜检:80%乙醇 2 min→90%乙醇 2 min→无水乙醇Ⅲ 3 min→无水乙醇Ⅱ 3 min→无水乙醇Ⅰ 3 min→无水乙醇与二甲苯混合液(1:1,体积比)3 min→二甲苯Ⅱ 3 min→二甲苯Ⅰ 3 min,中性树胶封片,镜检。

【结果分析】

1. 石蜡包埋采用的固定液对睾丸组织的影响

如图3-10-1所示,mDF固定后,睾丸组织立即开始褪色,而4% PFA固定睾丸组织颜色没有变化。固定24 h后,4% PFA固定组织的颜色比mDF固定的更暗。4% PFA固定后,睾丸质量下降68.71%,但组织长宽无明显变化。与之相比,mDF固定对组织大小影响不明显。乙醇梯度脱水后,与4% PFA固定组织相比,mDF固定组织的睾丸重减轻,这可能是由于mDF中含有的乙醇被脱水所致。

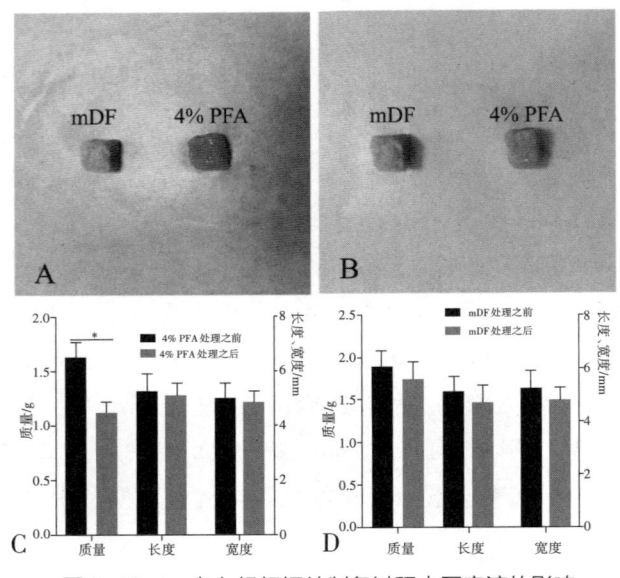

图3-10-1 睾丸组织切片制备过程中固定液的影响

图为mDF和4% PFA固定1 min(A)和24 h(B)后睾丸颜色的变化,睾丸质量、长度和宽度在4%PFA(C)或mDF(D)中固定24 h前后的变化。具体详见本章节资源。

2. mDF和4% PFA固定液对猪睾丸组织的形态学影响

通过HE染色观察两种固定液对固定睾丸组织的形态学影响。经两种固定剂保存的组织中均观察到了细胞质空泡化。与mDF组相比,4% PFA所固定的生精小管和间质室收缩更为明显。与此同时,晚期生精细胞间连接松动,导致4% PFA组生精上皮裂缝较mDF组明显。在4% PFA组间质细胞之间也发现了严重的细胞间隙。4% PFA固定的睾丸组织比mDF固定的颜色稍暗,红细胞溶解和明显的初级精母细胞间期核染色,这影响了生殖细胞的细胞核染色体的观察。总之,与4%PFA相比,mDF固定睾丸在生精小管、生精上皮和间质室上均显示出更好的形态学特征。

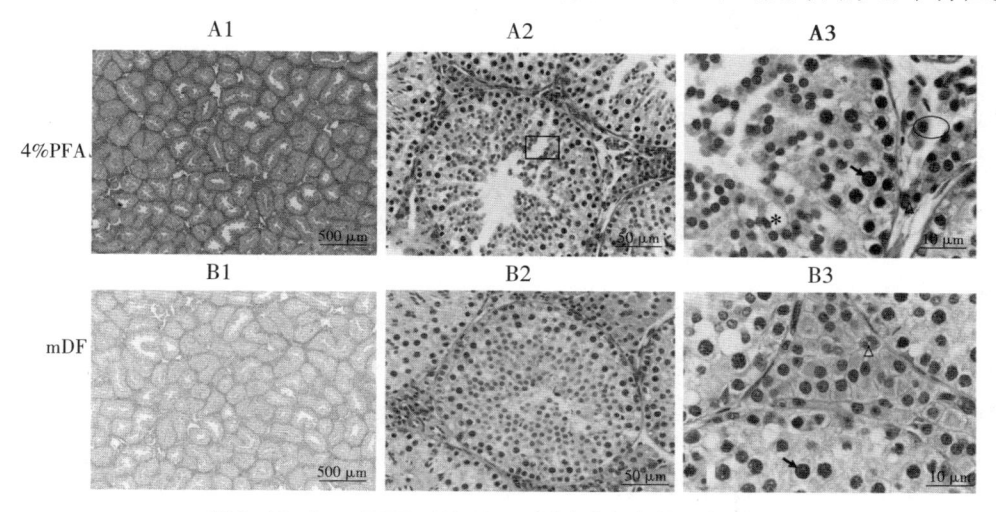

图3-10-2 mDF和4% PFA对猪睾丸组织的形态学影响

A1、A2、A3为4% PFA固定,B1、B2、B3为mDF固定。生精上皮萎缩(A2以"□"标记);间质细胞萎缩(A3以"O"标记);细胞质空泡化(A3以"*"标记);间期初级精母细胞核染色(A3和B3以"→"标记);红细胞溶解(在A3和B3中用"D"标记);标尺=500 μm(A1和B1)、50 μm(A2和B2)和10 μm(A3和B3)。

【注意事项】

(1)组织固定:固定剂一般为组织体积的15~20倍,固定容器勿太小。固定剂应避光。

(2)修块:修块是为了去除多余无用组织,同时将大的组织块进行分割。修块应大小合适,不宜过大或过小,以方便包埋和切片。

(3)脱水:固定后的组织中含有大量的水分或其他物质,它们与石蜡不相溶,所以组织在透明、包埋前必须经过脱水这一环节,用乙醇逐步将组织块吸收的水分置换出来,以利于透明剂和石蜡的渗入。

(4)透明:组织脱水后,由于乙醇不能与石蜡相溶,所以石蜡仍不能进入组织并包埋成供切片用的蜡块。因此需要一种过渡的溶剂,既能溶于脱水剂(乙醇),又能溶于包埋剂(石蜡),以便逐步将乙醇置换成包埋剂。此过程中,因组织中的脱水剂被透明剂(二甲苯)取代,其折射指数与组织蛋白的折射指数相近,使组织透亮。

(5)透蜡:为去除组织中的透明剂,把软组织变为适当硬度的蜡块,以便切成薄片,组织块需要进行透蜡。

(6)包埋:将预先熔化好的石蜡倒入包埋框中,然后用镊子取部分组织放于包埋框的中央,并注意切面应垂直,做好标记,再将包埋框放于低温环境中,待蜡块成形,剥下包埋框,取出蜡块。

(7)修蜡块:修蜡块的原则是使蜡块的切面保持正方形,以保证切下的蜡片呈连续状。此外,组织周围也要留适量蜡块,以避免因组织周围留蜡过少导致切片破碎或困难。

(8)切片和展片:先将蜡块固定于切片机上,然后安装刀片,最后调整蜡块与刀口呈水平,开始切片。具体操作为用右手转动切片机手柄的同时,左手持镊子轻轻拖动蜡带,左右手相互配合,待蜡带到适当长度,挑断后放于展片机上进行展片。所有组织切片的厚度为 5 μm。

(9)烤片:提前标记好各个载玻片,在42 ℃水浴锅中,用载玻片捞起展好的切片,放于42 ℃电热板上烘烤过夜,待烤干后储藏于切片盒,备用。

【思考题】

(1)如何切出连续切片?
(2)猪睾丸组织由哪几种类型的细胞组成?

(本实验编者 龚婷)

二、综合实验

实验十一 免疫组织化学实验

免疫组织化学(immunohistochemistry,IHC)技术是指在抗体上结合荧光或可呈色的化学物质,利用免疫学原理中抗原和抗体专一性的结合反应,检测细胞或组织中是否存在目标抗原的一种实验方法。此方法不仅可用来检测抗原的表达量也可观察抗原所在位置,是一种定性、定位、定量测定的一项技术。检测的物质包括蛋白质、核酸、多糖、病原体等,只要是能够让抗体结合的物体,也就是具有抗原性的物质都可检测。

【实验目的】

(1) 了解免疫组织化学技术的实验原理和应用。
(2) 掌握应用免疫组织化学技术进行组织定位及定性分析的方法。

【实验原理】

免疫组织化学技术也称免疫细胞化学技术,是应用免疫学抗原与抗体特异性结合的原理,通过化学反应使标记抗体的显色剂(荧光素、酶、金属离子、同位素)显色来确定组织细胞内抗原(多肽和蛋白质)的一种技术。该技术不仅可对组织细胞抗原进行定位,也可进行抗原定性和相对定量分析。

免疫组织化学染色方法——SABC法是免疫组织化学实验中用以显示组织和细胞中抗原分布的一种有效途径。链霉亲和素是一种从链霉菌中提取的蛋白质,分子量为47 000 Da。同亲和素一样,链霉亲和素对生物素分子有极高的亲和力,是一般抗原抗体亲和力的一百万倍。亲和素是一个碱性蛋白质,经改造后可以转变成中性蛋白质。链霉亲和素的等电点接近中性,对组织和细胞的非特异吸附程度很低。链霉亲和素的免疫组化方法背景很低,SABC可形成一百个左右的过氧化物酶和五十个左右的链霉亲和素所构成的复合物,以保证高敏感性、低背景和操作简便的优点。

【实验试剂】

1. 抗体

3β-羟基类固醇脱氢酶(3β-hydroxysteroid dehydrogenase,3β-HSD)抗体。

2. 主要试剂

苏木精、DAB 显色液、粘片剂(硅烷偶联剂,APES)、0.01 mol/L 枸橼酸盐缓冲液、甲醇、H_2O_2、二甲苯、无水乙醇、中性树胶、0.02 mol/L PBS(pH=7.2~7.6)。

（1）PBS 缓冲液：1 000 mL 蒸馏水中加 NaCl 9 g,$Na_2HPO_4 \cdot 12H_2O$ 7 g,$NaH_2PO_4 \cdot 2H_2O$ 0.5 g。

（2）0.01 mol/L 枸橼酸盐缓冲液(pH=6.0)：1 000 mL 蒸馏水中加枸橼酸三钠($C_6H_5Na_3O_7 \cdot 2H_2O$) 3 g,枸橼酸($C_6H_8O_7 \cdot H_2O$)0.4 g。

（3）DAB 显色液：600 mg DAB,6 mL PBS,混匀后分装为 20 管。

（4）Harris 苏木精：甲液(苏木精 0.9 g,无水乙醇 10 mL)+乙液(铵或钾明矾 20 g 溶于 200 mL 蒸馏水中)加热煮沸后,缓缓加入氧化汞 0.5 g,玻璃棒搅拌,冷却,第二天过滤后使用。

（5）粘附性载玻片的处理：APES 使切片粘于载玻片上,丙酮具有清洗载玻片及除去多余 APES 的功能。具体来说,配制 3 种液体：(A)5 mL APES+200 mL 的丙酮;(B)和(C)均为 200 mL 丙酮。将载玻片放于(A)中 1 min,晾 1 min,再放入(B)和(C)中各 1 min,之后清洗 1 h 以上,最后放于烘箱烘干即可。

3. 主要试剂盒

SABC 免疫组化试剂盒。

【实验器材】

载玻片、盖玻片、电子天平、微波炉、水平摇床、超纯水处理系统、高压灭菌锅、涡旋振荡器、可调式微量移液器、记号笔、封闭盒、组化盒、切片盒、光学显微镜、光学成像系统。

【实验样本】

香猪睾丸组织切片。

【实验步骤】

1. 脱蜡水化

二甲苯Ⅰ8 min→二甲苯Ⅱ8 min→无水乙醇和二甲苯混合液(1∶1,体积比)5 min→无水乙醇Ⅰ5 min→无水乙醇Ⅱ 5 min→无水乙醇Ⅲ5 min→90% 乙醇 5 min→80% 乙醇 5 min→70% 乙醇 5 min→自来水 5 min。

2. 抗原热修复

20 mL 枸橼酸盐缓冲液 + 180 mL 去离子水对睾丸组织切片进行热修复,修复液配好后,将装有修复液的组化盒,置于微波炉中高火加热 5 min 至修复液沸腾,室温冷却后,流水冲洗 5 min。

3. 灭活内源酶

3% 甲醇-H_2O_2 室温孵育睾丸组织切片 30 min,以消除内源性过氧化物酶活性。PBS 冲洗 3 次,每次 5 min。

4. 加封闭液

滴加 5%BSA 封闭液,于 37 ℃下孵育 30 min,甩干,勿洗。

5. 加一抗

加适量体积一抗(1∶300 PBS 稀释的 3β-HSD 抗体,对照组用 5%BSA 代替一抗)→ 4 ℃过夜(16 h 左右)→ PBS 洗涤 3 次,每次 5 min。

6. SABC 反应

加 SABC 试剂盒内生物素标记的二抗,室温 2 h → PBS 洗涤 3 次,每次 5 min → 加试剂盒内的 SABC 三抗,室温 1 h → PBS 洗涤 3 次,每次 5 min。

7. 显色

0.05% DAB + 0.01% H_2O_2,显色 2~10 min,在显微镜下掌握染色深浅程度 → 流水冲洗 5 min → 苏木精复染 20 s → 流水冲洗 2 min。

8. 脱水透明

50%乙醇 3 min → 70%乙醇 3 min → 80%乙醇 3 min → 90%乙醇 3 min → 无水乙醇Ⅲ 3 min → 无水乙醇Ⅱ 3 min → 无水乙醇Ⅰ 3 min → 无水乙醇和二甲苯混合液(1∶1,体积比)3 min → 二甲苯Ⅱ 5 min → 二甲苯Ⅰ 5 min。

9. 封片与镜检观察

中性树胶封片。显微镜下观察切片染色的情况,其中棕褐色代表阳性表达,颜色的深浅程度代表蛋白表达的强弱。

【结果分析】

睾丸组织中 3β-HSD 蛋白的定位情况

3β-HSD 是合成类固醇激素所必需的酶,可以将肾上腺、睾丸、卵巢等组织中的前体类固醇转化为孕酮、睾酮、雌二醇等。睾丸中,3β-HSD 是间质细胞的标志蛋白,参与了间质细胞的雄激素合成。其合成和分泌的雄激素可促进动物性别分化,促进性器官发生、发育及成熟,促进并维持精子发生和成熟,刺激并维持雄性第二性征等。所以,免疫组化实验中,3β-HSD蛋白仅存在于睾丸间质细胞中。对切片染色情况的分析采用阳性着色细胞计数法和评分法。前者是在40×光镜下,随机10个视野下对阳性着色细胞进行计数;后者则是在光学显微镜下按染色程度区分:0分为阴性着色,1分为淡黄色,2分为浅褐色,3分为深褐色。

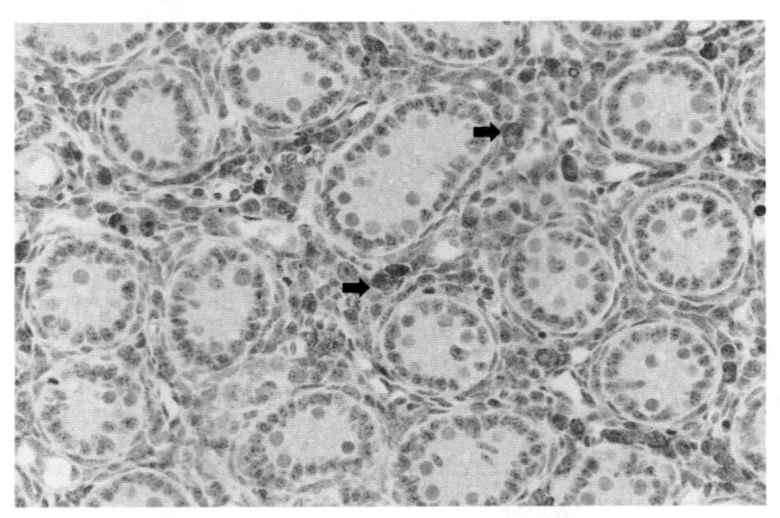

图3-11-1　新生期香猪睾丸组织中3β-HSD蛋白的表达与定位图

注:图中,箭头所指为间质细胞。

【注意事项】

(1)整个实验过程中,切片不能变干。

(2)微波热修复完毕后,待切片在原容器和修复液中冷却至室温,再进行后续步骤。微波炉加热过程中,先加热0.01 mol/L枸橼酸钠缓冲液(pH=6.0)至沸腾后再将组织切片放入,断电,间隔5~10 min,反复1~2次。根据玻璃片的情况可参考采用微波加热"3-5-3法",即3 min温火沸腾后静止5 min,再温火沸腾3 min。

(3)为防止掉片,载玻片需用硅烷偶联剂(APES)处理。

(4)组织固定时间和所需的抗原热修复强度的关系:固定时间越长的标本,它所形成的桥连就越紧密,抗原就越难以被激活,所需要的修复强度也就越强。

(5)抗原热修复时的温度越低,则需要修复的时间就越长,反之亦然,这样才能使抗原决定簇完全暴露。

(6)苏木精临用前加几滴醋酸(100 mL中加入0.25 g)对细胞核着色效果有促进作用。

(7)每张切片需以3人独立判断染色情况而定,并重复3次以上,才能作为最后结果。

(8)脱蜡水化和脱水透明实验中用到的试剂最好是两套独立的试剂。

【思考题】

（1）免疫组化SABC试剂盒的选择与一抗有何关联？

（2）如何检测抗体的特异性？

（本实验编者　龚婷）

实验十二　双荧光素酶报告基因检测miRNA与目的基因的靶向互作

真核生物中存在一类小分子RNA，它们是由21~25个核苷酸组成的非编码的单链RNA，具有高度保守性，其可以通过与靶基因的特异性结合，让自身种子序列与靶基因mRNA特定位点进行碱基配对结合，从而调控基因在转录后水平的表达，致使靶mRNA的降解或蛋白质翻译的抑制，从而参与生物体复杂的生命调节过程，有学者将这种小RNA命名为microRNA，简称miRNA。

1993年研究者在实验室用定位克隆法在线虫中发现一段约22个碱基的转录本LIN-14，并利用定点突变技术发现LIN-14并不编码蛋白质，而是剪切成为一种小RNA分子。并且这个小RNA能够调节线虫的发育，他们推测可能是由于这种小RNA能够与LIN-14结合，从而抑制第一幼虫期线虫向第二幼虫期发育的转变。几年以后，Reinhart等人再次在果蝇中发现类似的小分子RNA——let-7，且在人类基因组中发现同源物。该发现改变了人们之前的认知，认为此类小分子RNA可能是一类高度保守的调控基因表达的RNA分子。近几年来，随着科研水平的不断提高，有几万个miRNA相继被发现。随后科学家们建立了完整的miRBase系统，专门收录各类被研究发现的miRNA。miRNA的结构特点、合成方式及功能逐渐被科研工作者所揭示。

【实验目的】

(1) 了解双荧光素酶报告基因检测的实验原理和应用。
(2) 掌握miRNA与目的基因的靶向互作验证的实验操作技术。

【实验原理】

荧光素酶报告基因检测是以荧光素(luciferin)为底物来检测萤火虫荧光素酶(firefly luciferase)活性的一种报告系统。荧光素酶可以催化荧光素氧化成氧化荧光素(oxyluciferin)，在荧光素氧化的过程中，会发出生物荧光，可通过荧光测定仪设备测定荧光素氧化过程中释放的生物荧光，常应用于miRNA靶基因验证及启动子转录活性调控等方向的研究。

由于miRNA可通过作用于靶基因的3'UTR或CDS区，可以将目的基因3'UTR或CDS区域构建至载体中的荧光素酶报告基因的后面，通过比较过表达或者干扰miRNA后，报告基因表达的改变(监测荧光素酶的活性变化)可以定量反映miRNA对目的基因的抑制作用；结合定点突变等方法可进一步确定miRNA与靶基因的作用位点。验证miRNA同某基因mRNA靶向互作：将待测mRNA的3'UTR或CDS序列插入报告基因载体，再与miRNA共转入细胞，如果荧光素酶活性下降，则提示该基因与该miRNA互作。

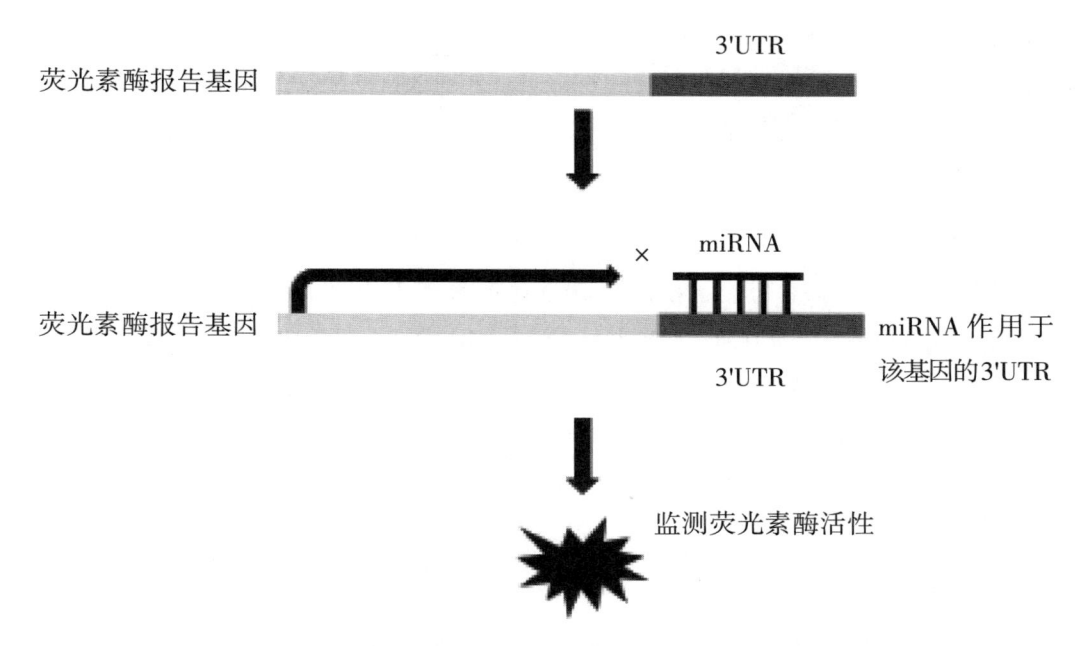

图3-12-1　验证miRNA同某基因mRNA靶向互作的工作原理

【实验试剂】

双荧光报告检测试剂盒、Trizol、转染试剂 Lipofectamine 2000、RIPA 裂解液、无内毒素质粒提取试剂盒、胎牛血清、DMEM 培养基、青霉素/链霉素双抗溶液和胰酶等。

【实验器材】

多功能酶标仪、CO_2 细胞培养箱、倒置荧光显微镜、恒温摇床、干式恒温器、金属浴、水浴锅、低温离心机。

【实验样本】

293T 细胞、pmirGLO-*TYRP1* CDS 重组质粒、miR-221-3p mimic 和阴性对照（Negative Control，NC 组）。

【实验步骤】

1. pmirGLO-*TYRP1* CDS 双荧光素酶报告载体的构建

采集1月龄香猪黑色被毛皮肤组织进行研磨，再用 Trizol 法提取 RNA，并转录为 cDNA。根据 NCBI 生物学软件中公布的 *TYRP1* CDS 序列利用 primer 5.0 软件设计引物，并加相应的酶切位点，以香猪皮肤组织cDNA为模板,进行PCR扩增。反应结束对所扩PCR产物进行胶回收,对回收产物进行测序验证。测序正确后,对回收产物和pmirGLO分别进行双酶切反应,将其酶切产物进行T₄连接、转化、提取质粒、测序,从而获得pmirGLO-TYRP1 CDS双荧光报告载体,命名为TYRP1-wt。质粒于-80 ℃保存,备用。

2. 重组质粒和miR-221-3p mimic共转染至293T细胞

293T细胞复苏、消化后,再用DMEM(含10%血清)培养基重悬细胞后接种到24孔板中,待细胞密度达80%时进行转染。转染设为2组:①质粒+miRNA NC 组为TYRP1-wt+Negative Control,②质粒+miRNA mimic 组为TYRP1-wt+miR-221-3p mimic,进行共转染,每组设3个重复。分别取25 μL DMEM(不含血清和双抗)稀释1 μL Lip3000和共转染质粒2 μg(miR-221-3p:pmirGLO-TYRP1 CDS=29:1),2 μL P 2000,室温孵育5 min,将稀释液混合后在室温下孵育15 min,将转染复合物均匀滴加到细胞表面。

3. 双荧光素酶报告检测

转染24 h后收集细胞,进行双荧光素酶活性的检测,具体步骤如下。
(1)弃去废旧培养基,每孔加入250 μL PLB,室温振荡15 min,使细胞充分裂解。
(2)将100 μL LARII加入到96孔板中,同时加入20 μL细胞裂解液,振荡混匀。
(3)设置多功能酶标仪参数,进行2 s的检测延迟,记录萤火虫荧光素酶的发光值。
(4)向(3)中加入100 μL stop& Glo Reagent,混匀后记录海肾荧光素酶的发光值。
(5)计算萤火虫荧光素酶发光值(RLU1)和内参海肾荧光素酶发光值两组数据(RLU2)的比值,即RLU1/RLU2。

【结果分析】

1. pmirGLO-TYRP1 CDS的构建

将TYRP1基因CDS构建到pmirGLO载体,质粒载体用Apa I 和Sal I 酶切后获得约73 506P和2 010 bp的两个产物片段。测序结果与NCBI参考序列比对显示同源性为100%,即pmirGLO-TYRP1 CDS重组质粒的构建成功。

2. miR-221-3p与TYRP1基因的靶向验证

双荧光素酶检测结果显示:与TYRP1-wt+NC共转染组相比,TYRP1-wt+miR-221-3p mimic共转染组的荧光素酶活性降低超过30%(图3-12-2),差异极显著($P<0.01$),表明miR-221-3p可以靶向作用于TYRP1基因。

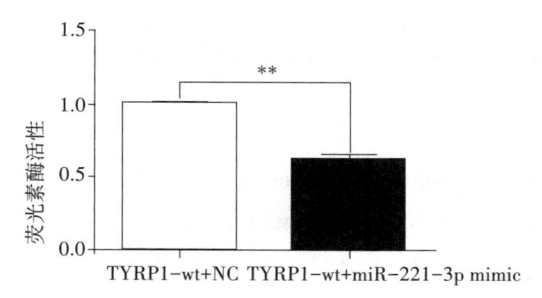

图3-12-2　*TYRP1*-wt+NC和*TYRP1*-wt+miR-221-3p mimic共转染实验结果

【注意事项】

(1)为了保证双荧光素酶检测试剂的稳定性,实验中可将荧光素试剂分装后避光保存,这样可以减少反复冻融和长时间暴露于室温造成的荧光猝灭。

(2)为了取得最佳检测效果,在开展双荧光素酶检测实验前,要制订好实验计划,最好保证同一批次样品在相同的测定时间内测定,通常为10 s。

【思考题】

(1)为什么选择荧光素酶报告基因验证miRNA与靶基因的互作?

(2)通过细胞共转染实验,如何确定miRNA靶向作用于基因?

(本实验编者　陈伟)

实验十三　酶联免疫吸附测定实验(ELISA)

酶联免疫吸附法(enzyme-linkedimmunosorbent assay,ELISA)是一种生物活性物质微量测定技术,因其灵敏度高、特异性好等优点,在生命科学领域得到了广泛应用,现已迈出医药、临床领域,步入农业、渔业、畜牧业和食品加工业。酶联免疫分析法是以酶标记的抗体(或抗原)作为主要试剂,将抗原抗体反应的特异性和酶催化底物反应的高效性、专一性结合起来的一种标记免疫检测技术。该法将具有高效催化活性的酶分子通过化学方法与抗体(或抗原)相结合,当与待测抗原(或抗体)结合后,通过酶催化底物产生肉眼可见的颜色反应,从而达到免疫检测的目的。该方法是一种特异而敏感的技术,检测灵敏度可达到每毫升微克(μg)甚至纳克(ng)级别。

常规的ELISA测定法有:间接法、双抗体夹心法和抗原竞争法。在实际应用过程中,该技术经过不断改进,形成了多种分析方法,并且在检测的灵敏度、特异性、操作简单化以及实时、高效等方面都有很大提高,可以说ELISA是当前应用最广、发展最快的微量测定技术之一。

【实验目的】

(1)掌握ELISA法的实验原理和操作步骤。
(2)了解ELISA法的临床应用。

【实验原理】

ELISA方法的基本原理是酶分子与抗体或抗原分子共价结合,此种结合不会改变抗体的免疫学特性,也不影响酶的生物学活性。此种酶标记抗体可与吸附在固相载体上的抗原或抗体发生特异性结合。滴加底物溶液后,在酶的作用下,底物所含的供氢体由无色的还原型变成有色的氧化型,出现颜色反应。因此,可通过底物的颜色反应来判定有无相应的免疫反应,颜色反应的深浅与标本中相应抗体或抗原的量成正比。此种显色反应可通过ELISA检测仪进行定量测定,这样就将酶化学反应的敏感性和抗原抗体反应的特异性结合起来,使ELISA方法成为一种既特异又敏感的检测方法。

【实验试剂】

1. 主要试剂

纯化的小鼠肿瘤坏死因子α(TNF-α)抗体、HRP标记的肿瘤坏死因子α(TNF-α)抗体、碳酸钠、碳酸氢钠、磷酸二氢钾、磷酸氢二钠、氯化钠、BSA、tween-20、3,3',5,5'-四甲基联苯胺、无水乙醇、柠檬酸、过氧化氢尿素、H_2SO_4、双蒸水等。

2. 溶液的配制

（1）包被缓冲液：0.05 mol/L 的碳酸盐缓冲液（pH 9.6）。配制方法：0.75 g 碳酸钠，1.46 g 碳酸氢钠，加去离子水定容至 500 mL。

（2）0.02 mol/L 的磷酸盐缓冲液（pH 7.4）：0.2 g 磷酸二氢钾，2.90 g 磷酸氢二钠，8 g 氯化钠，加去离子水定容到 1 000 mL。

（3）抗体稀释液：0.02 mol/L 的 PBS（pH 7.4）+0.2% 的 BSA。配制方法：0.2 g BSA 加配好的 0.02 mol/L 的磷酸盐缓冲液溶解定容至 100 mL。

（4）封闭液：0.05 mol/L 的碳酸盐缓冲液（pH 9.6）+2.0% 的 BSA。配制方法：2.0 g BSA 加配好的 0.05 mol/L 的碳酸盐缓冲液（pH 9.6）溶解定容至 100 mL。

（5）洗涤液 PBS-T：0.02 mol/L 的 PBS（pH7.4）+0.05% 的 tween-20。配制方法：将 50 μL tween-20 溶入 100 mL 0.02 mol/L 的磷酸盐缓冲液中，振荡混匀。

（6）显色液：TMB-过氧化氢尿素溶液。

A 液（3,3',5,5'-四甲基联苯胺，TMB）：称取 TMB 20 mg 溶于 10 mL 无水乙醇中，完全溶解后，加双蒸水至 100 mL。

B 液（0.1 mol/L 柠檬酸-0.2 mol/L 磷酸氢二钠缓冲液，pH5.0～5.4）：称取 $Na_2HPO_4 \cdot 12H_2O$ 14.34 g，柠檬酸 1.87 g 溶于 180 mL 双蒸水中，加 0.75% 的过氧化氢尿素 1.28 mL，加双蒸水定容至 200 mL，调 pH 至 5.0～5.4。

将 A 液和 B 液按 1:1（体积比）混合后即成 TMB-过氧化氢尿素溶液。

（7）终止液：2 mol/L 的 H_2SO_4 溶液。配制方法：10 mL 98% 的浓硫酸加入 60 mL 双蒸水中，定容至 100 mL，室温保存。

【实验器材】

酶标仪、排枪、96孔聚苯乙烯酶标板、湿盒。

【实验样本】

细胞上清液。

【实验步骤】

（1）制备酶标包被板。

①将纯化的小鼠肿瘤坏死因子 α（TNF-α）抗体用包被缓冲液稀释至合适浓度（如 5 μg/mL），每孔加入 100 μL 包被 96 孔微量滴定板（过量包被，每孔加入 0.5 μg 抗原，高于酶标板每孔的最大吸附

量 50～100 ng 抗原,形成饱和吸附),用封口膜封口,置于湿盒中,4 ℃包被过夜。

②用洗涤液洗板 3 次,每次 5 min,弃净洗液。

③每孔加入 200 μL 封闭液,放入湿盒中室温孵育 2 h 或 37 ℃孵育 1 h(此步骤用于封闭孔中非特异的吸附位点)。

④倒掉封闭液,用洗涤液洗板 3 次,每次 5 min,弃净洗液。

(2)标准品的稀释与加样。在酶标包被板上设标准品孔 10 孔,在第一、第二孔中分别加标准品 100 μL,然后在第一、第二孔中加标准品稀释液 50 μL,混匀;然后从第一孔、第二孔中各取 100 μL 分别加到第三孔和第四孔,再在第三、第四孔中分别加标准品稀释液 50 μL,混匀;然后在第三孔和第四孔中先各取 50 μL 弃掉,再各取 50 μL 分别加到第五、第六孔中,再在第五、第六孔中分别加标准品稀释液 50 μL,混匀;混匀后从第五、第六孔中各取 50 μL 分别加到第七、第八孔中,再在第七、第八孔中分别加标准品稀释液 50 μL,混匀后从第七、第八孔中分别取 50 μL 加到第九、第十孔中,再在第九、第十孔分别加标准品稀释液 50 μL,混匀后从第九、第十孔中各取 50 μL 弃掉。(稀释后各孔加样量都为 50 μL,浓度分别为 0.48 ng/mL,0.32 ng/mL,0.16 ng/mL,0.08 ng/mL,0.04 ng/mL)。

(3)加样。分别设空白孔(空白对照孔不加样品及酶标试剂,其余各步操作相同)和待测样品孔。在酶标包被板上,往待测样品孔中先加样品稀释液 40 μL,然后再加待测样品 10 μL。加样时将样品加于酶标板孔底部,尽量不触及孔壁,轻轻晃动混匀。置于湿盒中,37 ℃孵育 1 h。

(4)倒掉抗体溶液,用 PBS-T 洗板 3 次,每次 5 min,弃净洗液。

(5)加入 HRP 标记的肿瘤坏死因子 α(TNF-α)抗体(预先用抗体稀释液把酶标二抗做一定比例稀释),每孔 100 μL,置于湿盒中,37 ℃孵育 1 h。

(6)倒掉酶标二抗,用 PBS-T 洗板 3 次,每次 5 min,弃净洗液,然后在吸水纸上拍干。

(7)显色:每孔加入 100 μL 按一定比例稀释的酶反应底物显色液,避光显色 10 min(孔内变成蓝色)。

(8)终止:每孔加终止液 50 μL,终止反应(此时蓝色立转黄色)。

(9)测定:以空白孔调零,450 nm 波长,依序测量各孔的光密度(OD 值)。测定应在加终止液后 15 min 以内进行。

(10)以测定的 OD 值绘制线性回归标准曲线,其中标准蛋白浓度为横坐标,其对应的 OD 值为纵坐标,其相关系数 R^2 应大于 0.95,并用标准曲线的直线方程计算待测样品中抗体的浓度(如图 3-13-1 所示)。

【结果分析】

近年来研究发现乳腺上皮细胞(MECS)不仅具有泌乳的功能,而且能在细菌入侵时做出反应,在启动炎性反应的过程中发挥了重要作用。宿主天然免疫应答乳腺炎的一个重要特征是乳汁中细胞因子浓度急速升高,如TNF-α和IL-8等。这些细胞因子能趋化中性粒细胞进入乳腺感染区,抵抗乳腺炎病原菌的感染。本实验中,采用LPS刺激乳腺上皮细胞,检测细胞上清液中TNF-α的含量,以此验证乳腺上皮细胞是否具有天然免疫功能。

结果表明,在LPS的刺激下,实验组与空白组相比,培养上清液中TNF-α的含量相对于空白组差异极显著升高($P<0.01$),结果详见图3-13-2。这说明,乳腺上皮细胞确实具有天然免疫应答的作用。

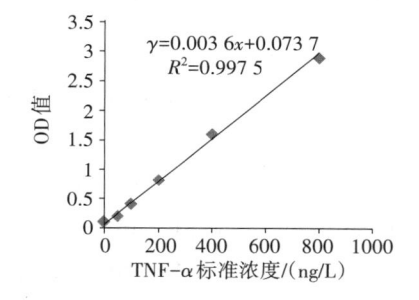

图3-13-1　TNF-α与OD值的标准曲线图

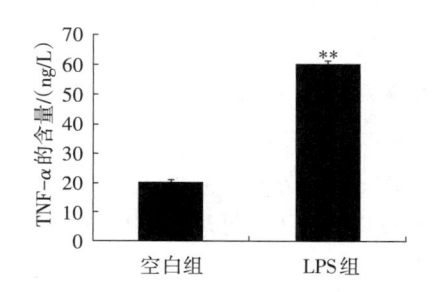

图3-13-2　LPS刺激MECs分泌TNF-α的含量

**与空白组相比,差异极显著

【注意事项】

(1)确保室温保持在18~25 ℃之间,样品于室温下溶解,不可水浴解冻,避免反复冻融。所有试剂应在室温平衡15~30 min后方可使用。

(2)加样器应垂直加入标本或试剂,避免刮擦包被板底部。一次加样时间最好控制在5 min内,如标本数量多,推荐使用排枪加样。

(3)请每次测定的同时做标准曲线,最好做重复孔。如标本中待测物质含量过高(样本OD值大于标准品孔第一孔的OD值),请先用样品稀释液稀释一定倍数(n倍)后再测定,计算时最后乘以总稀释倍数($×n×5$)。

【思考题】

(1)ELISA方法的基本类型及用途是什么?

(2)影响酶联免疫吸附实验结果的常见因素有哪些?

(本实验编者　易琼)

实验十四 稳定转染细胞株的构建与筛选

细胞株是通过选择法或克隆形成法从原代培养物或细胞系中获得的具有特殊性质或标志的培养细胞。从培养代数来讲，细胞株可培养到40~50代，且细胞株的特殊性质或标志必须在整个培养期间始终存在。稳定转染细胞系，就是在瞬时转染对策基础上对靶细胞进行筛选或者应用高转染效率的病毒，根据不同基因载体中所含有的抗性标志选用相应的药物进行细胞传代，从而得到可稳定表达目的基因的细胞系。筛选稳定转染细胞系常用的方法有脂质体转染-药物筛选法和病毒转染-药物筛选法，其中病毒有慢病毒（Lentivirus）、腺病毒（Adenovirus）和逆转录病毒（Retrovirus）。而慢病毒感染-药物筛选法是目前稳定转染细胞株构建最常用的方法，其具有整合高效、目标细胞广泛等特点。

慢病毒属是反转录病毒科下的一个属，包括8种能感染人和脊椎动物的病毒，原发感染的细胞以淋巴细胞和巨噬细胞为主。与其他反转录病毒相比，慢病毒具有感染非分裂期细胞、容纳外源性基因片段大、可长期表达等优点。慢病毒载体介导的转基因表达能持续数月，不会产生任何有效的细胞免疫应答，且无可观察到的病理学现象，因此是体外基因运输的良好工具。对于人类肿瘤细胞而言，在体外培养半年以上，生长稳定，并连续传代的即可称为连续性细胞株或系。海拉细胞是人类历史上第一个克隆的细胞。到目前为止，科学家们培养的海拉细胞质量已经超过5000万吨，在寻找埃博拉病毒、癌症和伤寒等疾病的治疗方法、疫苗研制方面发挥了重要作用。

【实验目的】

(1) 掌握稳定转染细胞系构建和筛选的基本原理。
(2) 掌握脂质体转染-药物筛选法和病毒转染-药物筛选法的基本操作步骤。

【实验原理】

稳定细胞系构建的基本原理是将外源基因克隆到具有某种抗性的载体上，采用瞬时转染或高转染效率的病毒，将载体转染到宿主细胞并整合到宿主染色体上，根据不同基因载体中所含有的抗性标志选用相应的药物进行筛选和传代，从而得到可稳定表达目的蛋白，或者稳定表达沉默特定基因的细胞株。目前，常用真核表达载体的抗性筛选标志物有新霉素（neomycin）、潮霉素（hygromycin）和嘌呤霉素（puromycin），G418作为新霉素的类似物，是稳定转染常用的抗性筛选试剂。

【实验试剂】

（1）FuGENE® HD Transfection Reagent。

（2）DMEM/F-12 完全培养基。

（3）G418：取 G418 1 g 溶于 10 mL PBS 溶液中，终浓度为 100 μg/μL，0.22 μm 微孔滤膜过滤器过滤除菌，4 ℃保存。

（4）GO3000 HiTrans 高效转染试剂。

（5）DMEM 高糖完全培养基。

（6）嘌呤霉素：母液浓度为 10 mg/mL（溶解于 H_2O 中）。

【实验器材】

倒置荧光显微镜、二氧化碳培养箱、生物安全柜。

【实验样本】

前列腺癌 PC3 细胞株、pCI-*3Flag-BLM*[301-650]质粒、猪肠上皮细胞 IPEC-J2 细胞系、pLVX-*Flag-RagC-AcGFP1* 重组质粒。

【实验步骤】

1. 脂质体转染-药物筛选法

（1）PC3 细胞最佳 G418 浓度的筛选（以 24 孔板为例）

①铺板：取待测细胞，制备成细胞悬液，按照 $2×10^5$ 个/孔的细胞量进行铺板，采用含有 10% 胎牛血清的 DMEM/F-12 培养基，在 37 ℃、5% CO_2 的饱和湿度环境下培养 6 h 后开始加药。

②制备筛选培养基：在 100~1 000 μg/mL 范围内确定 100 μg/mL、300 μg/mL、500 μg/mL、700 μg/mL、800 μg/mL、900 μg/mL 6 个浓度梯度，4 个重复，按梯度浓度用培养基稀释 G418 制成筛选培养基。

③加 G418 筛选：吸除培养基，PBS 洗涤一次，每孔中加入不同浓度的筛选培养基 0.5 mL。

④换液：根据培养基的颜色和细胞生长情况，每隔 2 d 更换一次筛选培养基。

⑤确定最佳筛选浓度：在筛选 10~14 d 内能够杀死所有细胞的最小 G418 浓度即为最佳筛选浓度。

（2）PC3-*3Flag-BLM*[301-650] 稳转细胞系的筛选

①转染细胞：待 PC3 细胞生长至 70%~80% 时，开始重组质粒 pCI-*3Flag-BLM*[301-650] 的转染。转染结束后，将培养板置于 37 ℃、5% 的 CO_2 的培养箱中培养。

②转染后细胞铺板：转染 24 h 后将贴壁的细胞传代（传代时，注意在显微镜下观察，控制细胞密度，不能使细胞太密集，应该少于生长表面的 50%，参考值为 20%~30%）至另一 6 孔培养皿中，每孔加入 2 mL DMEM/F-12 完全培养基进行培养。

③G418 筛选阳性细胞：铺板完成后，继续培养细胞 24 h，随后去除旧培养基，用 PBS 清洗细胞 2 次，然后按照 2 mL/孔的量，加入含有最佳 G418 筛选浓度（约 500 μg/mL）的培养基，置于 CO_2 的培养箱中继续培养。

④换液：每日及时观察细胞，根据培养基的颜色和细胞生长情况，及时更换相同浓度的培养基，持续筛选一周左右，直至空白对照组（未转染组）细胞死亡大部分（70% 以上）。

⑤撤药维持阶段：200 μL/孔胰蛋白酶消化实验组（转染组）细胞，2 mL 完全培养基终止消化，1 mL 移液器吹打混匀细胞，取 1 mL 的细胞悬液至 1.5 mL 离心管中。向 96 孔板中加入 100 μL/孔、G418 含量为 50 μg/mL 的 DMEM/F-12 完全培养基，从 1.5 mL 离心管中向 96 孔板第一排加入 50 μL/孔的细胞悬液，移液器混匀后，再从第一排每孔中吸取 50 μL 加入第二排垂直对应的细胞孔中，后面几排依次类推；半小时后观察细胞孔中的细胞，找出仅含有单个细胞的细胞孔，并做好标记。

⑥分离克隆：取 24 孔板 3 个（事先加入 G418 含量为 50 μg/mL 的 DMEM/F-12 完全培养基），分别标记为 A 板、B 板和 C 板；待细胞长满 96 孔板后，用 20 μL 胰酶消化标记的培养孔，100 μL 完全培养基终止消化，移液器吹打混匀，向 A、B、C 3 个板对应的孔中分别加入 40 μL 经消化后的悬液，并做好标记，其他单克隆细胞按照相同的方法处理。

⑦细胞检测：待细胞长满培养孔后，B 板进行间接免疫荧光实验；C 板进行 Western Blot 实验。

⑧阳性克隆的扩大培养：选取 A 板中对应 B 板间接免疫荧光实验和 C 板 Western Blot 实验检测均正确的单克隆细胞孔，胰酶消化，完全培养基终止消化，转至细胞培养瓶中，用 G418 含量为 50 μg/mL 的完全培养基扩大培养 3~4 代后冻存。

（3）间接免疫荧光检测 PC3-BLM[301-650] 稳转细胞系

本实验在 24 孔板中进行，其中实验组为 PC3-BLM[301-650] 单克隆细胞，对照组为 PC3 正常细胞，采用间接免疫荧光法检测。具体操作步骤如下：

①用 PBS 浸洗 3 次培养孔。

②用 4% 的多聚甲醛固定细胞 20 min，PBS 浸洗 3 次。

③0.25%Triton X-100（PBS 配制）室温通透 5 min（细胞膜上表达的抗原省略此步骤）。

④PBS 浸洗 3 次，吸干 PBS，滴加 10% 的胎牛血清，37 ℃封闭 30 min。

⑤吸掉封闭液，每孔滴加足够量的稀释好的一抗并放入湿盒，37 ℃孵育 1 h。

⑥PBS 浸洗细胞 3 次，吸干培养孔中多余液体后滴加稀释好的荧光二抗，37 ℃孵育 1 h，PBS 浸洗培养孔 3 次。

⑦吸干培养孔中的多余液体，在荧光显微镜下观察采集到的图像。

2. 病毒转染-药物筛选法

(1)嘌呤霉素对IPEC-J2细胞最小致死浓度的确定(以96孔板为例)

①铺板:加药前一天以2×10⁴个/孔的细胞量接种,采用含10%胎牛血清的高糖DMEM完全培养基于含5% CO_2 的37 ℃细胞培养箱中培养。

②药物处理:在1~10 μg/mL范围内确定1 μg/mL、2 μg/mL、3 μg/mL、4 μg/mL、5 μg/mL、6 μg/mL、8 μg/mL、10 μg/mL 8个浓度梯度,3个重复,用完全培养基稀释嘌呤霉素母液至相应的浓度,在第二天开始加药筛选。

③换液:每隔一天换加有嘌呤霉素药物的培养基。

④最小致死浓度确定:每天观察细胞状态,3~4天内细胞完全死亡时的浓度即为最小嘌呤霉素致死浓度,即为筛选浓度,维持浓度为筛选浓度的一半。

(2)慢病毒包装及感染IPEC-J2细胞(以6孔板为例)

①将293T细胞接种于6孔板后,置于含5% CO_2 的37 ℃细胞培养箱中培养,待密度达到70%~90%时准备转染(6孔板每孔接种1×10⁶个细胞)。

②在转染前1~2 h,吸去细胞培养液,更换为新鲜的不含抗生素的完全培养液2 mL/孔。

③重组质粒及相应对照与病毒包装质粒共转染

A.重组质粒与病毒包装质粒共转染。按以下比例加入各个试剂及质粒(6孔板1个孔的量):

a:往1.5 mL离心管内加入0.5 μg pMD2.G + 1.5 μg psPAX2 + 2 μg pLVX-*Flag-RagC-AcGFP1*,控制体积在20 μL内,加入12 μL转染试剂(转染质粒与转染试剂质量体积比为1:3),混匀,室温孵育3~5 min。

b:往A中加入500 μL Opti-MEM或DMEM混匀,充分混匀后静置10~15 min。

c:将混合物均匀滴加到整个6孔板内(加入前,吸出原培养板中500 μL培养基),标记为"目的RagC",轻轻晃动培养液混匀后,置于含5%二氧化碳的37 ℃细胞培养箱内培养。

B.对照质粒与病毒包装质粒共转染。用2 μg pLVX-*AcGFP1*质粒,其余操作同A。

④慢病毒收集

A.在共转染后4~6 h左右换液,更换为37 ℃预热的新鲜完全培养液2 mL/孔,继续培养。

B.收集共转染48 h后培养上清液,4 ℃、1 500 r/min离心5 min,收集上清液(病毒液)并1 mL/支分装,短期(2天内)于4 ℃保存,长期于-80 ℃保存。

C.废枪头及废液等装入盛巴氏消毒液的铝杯中,高压灭菌。

⑤慢病毒浓缩与纯化

A.将过滤后的上清液加到超滤杯中(4 mL规格的超滤浓缩管一般可以加3 mL的病毒上清液,Millipore,Centricon Plus),盖上盖子,密封。将超滤杯置于收集杯中,同时做好平衡。

B.以4000×g离心30 min。离心结束后,取出离心装置,将超滤杯和下面的收集杯分开。超滤杯中剩余的即为病毒浓缩液,分装,于-80 ℃以下长期保存。

C. 慢病毒感染 IPEC-J2

接种 IPEC-J2 于 6 孔板中（3×10⁵ 个/孔），待 IPEC-J2 细胞密度达 30%~50% 时，更换新的含 10% FBS 的 DMEM 培养基 1 mL，加入浓缩病毒液 10 μL，再加入聚凝胺（polybrene）至终浓度为 8 μg/mL，轻轻晃动培养板混匀，放入二氧化碳培养箱中继续培养。

(3) 稳定过表达 RagC 细胞株的筛选

感染后 12 h 换液，加入新鲜含 10% FBS 的 DMEM 培养基 2 mL，加入 3 μg/mL 嘌呤霉素（确定的最小致死浓度）进行筛选。筛选 1 周直至镜下观察荧光细胞率超过 90%，换用最小致死浓度一半即 1.5 μg/mL 浓度的嘌呤霉素进行维持及冻存。对照组相应进行操作。

(4) 稳定过表达 RagC 细胞株的鉴定

可以通过 Real-time PCR、细胞免疫荧光技术和 Western blotting 方法检测过表达组与相应对照组的 RagC 表达水平，以验证是否成功获得稳定过表达 RagC 细胞株。

【结果分析】

1. 脂质体转染-药物筛选法

选择稳定转染 pCI-*3Flag-BLM*301-650 质粒的 PC3 单克隆细胞，进行间接免疫荧光实验，结果表明 pCI-*3Flag-BLM*301-650 质粒能够在 PC3 细胞中高效表达（图 3-14-1）。从图片中可以看出，BLM301-650 蛋白的表达部位主要集中在细胞质，部分在细胞核中表达，由此可以推断，BLM301-650 蛋白中可能存在的核定位信号结合位点。

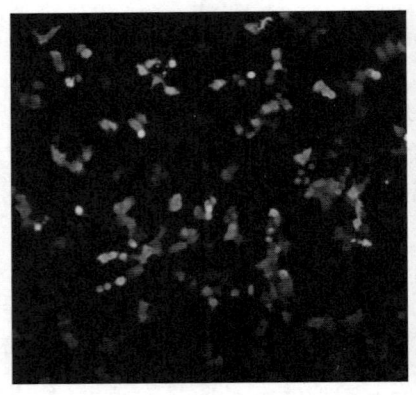

图 3-14-1　PC3-BLM301-650 单克隆细胞的间接免疫荧光图谱

左图为 PC3-BLM301-650 单克隆细胞，右图为正常 PC3 细胞

2. 病毒转染-药物筛选法

选择成功构建 RagC 过表达 IPEC-J2 细胞株进行鉴定。免疫荧光染色实验鉴定 RagC 过表达，红色表示 RagC 荧光信号，DAPI（蓝色）表示细胞核染色。实时荧光定量 PCR 检测空质粒组和过表达组细胞中 RagC mRNA 丰度；RagC 引物序列信息如下，F：ACAGAGGGATATTCATCAAAGGG；R：GGTTGGCAGTTGTGGAATAAGT；扩增序列长度 154 bp。采用 Western blotting 检测空质粒组和过

表达组细胞中RagC蛋白质表达水平（n=3，过表达组中RagC与GFP融合表达）。

【注意事项】

(1) 293T细胞尽量用低代次，且细胞状态良好，有合适的细胞融合度。

(2) 转染质粒应采用无内毒素质粒，且要保证相对高的浓度，一般转染用质粒浓度不能低于0.35 μg/μL。

(3) 病毒转染-药物筛选法的整个实验过程必须在生物安全柜中进行，实验中需小心，不能产生气雾或液体飞溅。

【思考题】

(1) 脂质体转染-药物筛选法和病毒转染-药物筛选法的主要区别有哪些？

(2) 脂质体转染-药物筛选法和病毒转染-药物筛选法的影响因素有哪些？

（本实验编者 赵佳福 朱敏）

实验十五 姐妹染色单体交换频率检测

1938年，McClintock首次提出了姐妹染色单体交换(sister chromatid exchange, SCE)的概念。SCE是指来自一个染色体的两条姐妹染色单体之间同源片段的互换，这种互换是完全对称的。1958年，Taylor首次证实了植物细胞染色体存在SCE的现象。SCE检测技术的核心环节是姐妹染色单体色差显示(sister-chromatid dffentiation, SCD)，即利用5-溴脱氧尿嘧啶核苷(5-bromodeoxy-uridine, BrdU)对DNA分子的掺入来观察姐妹染色单体，或者说观察不同数量胸腺嘧啶核苷(thymidine, T)组成的染色体区域。SCD是SCE检测最重要的一步。Taylor曾用^{3}H来标记DNA中的T，再通过放射自显影的方式观测SCE，但这种方法效果不好，对SCE也很难计数。若用荧光素(一般是Ho-echst-33258)染色来显示SCE，由于荧光消失快，只能立刻照相而不能长期保存。荧光素吉姆萨染色(fluorescent plus Giensa, FPG)法也因程序繁杂而难以推广，但FPG改良法目前已为大多数实验室所采用。BrdU-Giensa法改进和简化了SCD的步骤。此后，活体SCE检测技术也有所突破。1982年，张自立等建立了植物SCD新方法，大大简化了标本后处理程序；接着其又将改良后的去壁低渗标本制作技术应用于植物SCE检测技术，克服了植物染色体标本制作方面的困难。此外，BrdU-Feulgen法因其简易的优点而被认同。总之，SCD方法的不断改进推动了对SCE研究的深入，同时也促进了SCE检测技术的应用。

【实验目的】

(1) 熟悉姐妹染色单体交换的基本原理。
(2) 掌握姐妹染色单体差别染色技术和分析方法。

【实验原理】

姐妹染色单体交换是指染色体复制过程中同一染色体的两条姐妹染色单体间同源片段的交换。它是表示染色体复制过程中DNA双链的等位点交换。其原理是在DNA复制过程中，5-溴脱氧尿嘧啶核苷(5-Bromo-2 deoxy-Uridine, BrdU)能作为核苷酸前体掺入到新合成的DNA中，取代胸腺嘧啶核苷的位置。在细胞进行第一次分裂时，其中期染色体的两条姐妹染色单体的DNA链，一股是原来的老链，一股是含有BrdU的新链；当进行第二次分裂时，中期染色体的两条姐妹染色单体：一条单体的DNA双链只有一股含有BrdU，另一股则是原来的老链；另一条单体则是双股都含有BrdU。这种双股含有BrdU的DNA链具有螺旋化程度较低的特性，在热盐溶液中受光的照射后更易于水解，因而导致其对某些染色剂的亲和力降低。当用Giemsa染色时，这种由双股都含有BrdU的DNA链所组成的单体着色较浅，而由单股含BrdU的DNA链所组成的单体着色较深，这样就能观察到两条明暗不同的染色单体。

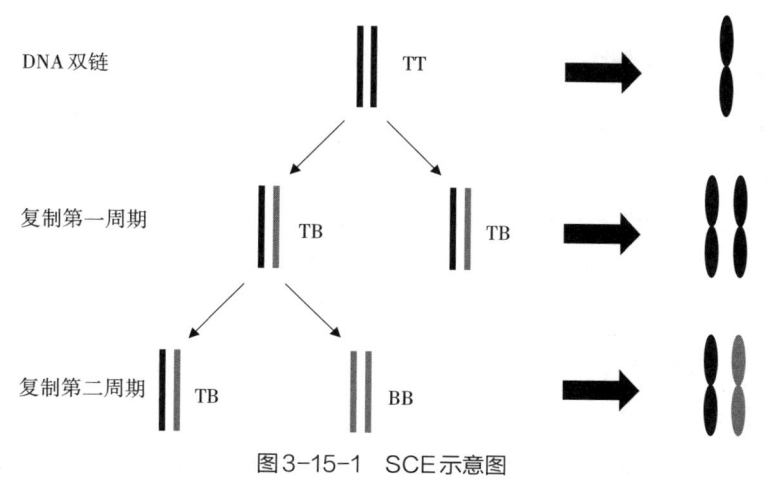

图3-15-1　SCE示意图

未掺入BrdU的为黑链,掺入BrdU的为灰链

　　SEC交换频率是反映DNA损伤程度的最敏感指标之一,由于SCE能灵敏地检测染色体的变化,表现出剂量-效应关系,因此是研究染色体半保留复制、染色体的分子结构与畸变,以及DNA复制、DNA损伤修复及癌变等实验的重要手段。通过与正常对照组的对比,就可对被测物质的毒性做出安全性评价。

【实验试剂】

　　RPMI1640完全培养基、BrdU溶液(50μg/mL)、2×SSC缓冲液、Giemsa染液、秋水仙素溶液(80μg/mL)、0.075 mol/L氯化钾、5%NaHCO$_3$、甲醇、冰乙酸、PBS缓冲液。

【实验器材】

　　CO$_2$培养箱、显微镜、超净工作台、普通离心机、恒温水浴锅、5 mL刻度离心管、巴氏吸管、培养瓶、无菌注射器、肝素钠抗凝管、移液器等。

【实验样本】

　　人外周静脉血、姐妹染色单体交换玻片标本。

【实验步骤】

1. 人类外周血淋巴细胞的培养

（1）先以碘酒和75%乙醇消毒皮肤，采用采血针静脉穿刺，采集外周静脉血1 mL于肝素钠抗凝管中，旋转抗凝管以混匀肝素钠。

（2）在超净工作台内将血液滴入2~3个盛有5 mL培养液的培养瓶内，每瓶0.2~0.3 mL，盖上瓶盖，轻轻摇动混匀，做好标记并置于37 ℃、5% CO_2培养箱中培养24 h。

2. SCE染色体标本的制片

（1）细胞培养24 h后，于培养基中加入50 μg/mL的BrdU，使其终浓度为10 μg/mL，将培养瓶用黑纸包裹后，置于培养箱中继续培养48 h。

（2）终止培养前2 h，在培养基中加入浓度80 μg/mL的秋水仙素，使其终浓度为0.8 μg/mL，继续避光培养1~2 h。

（3）弃掉旧培养液，PBS清洗细胞2次，胰蛋白酶消化细胞1~2 min，待细胞脱壁后加入终止液并转移细胞至新的15 mL离心管中，1 000 r/min离心5 min。

（4）弃上清液留50 μL左右液体，重悬细胞，并缓慢加入10 mL 0.075 mol/L的氯化钾低渗液，边加边摇晃，随后在37 ℃水浴中低渗30 min。

（5）再加入1 mL冰冷的固定液[甲醇∶乙酸=3∶1(体积比)的混合液]预固定，并马上摇匀，1 000 r/min离心10 min。

（6）弃上清液留50 μL左右液体，重悬细胞，再加入10 mL冰冷的固定液，边加边摇匀，室温固定30 min，1 000 r/min离心10 min。

（7）弃上清液留50 μL左右液体，重悬细胞，再加入10 mL冰冷的固定液，边加边摇匀，室温固定15 min，1 000 r/min离心10 min。

（8）重复步骤(7)。

（9）将离心后的上清液弃掉，并加入50~100 μL新鲜固定液重悬细胞(视细胞多少而定)。

（10）滴片：用吸管吸取细胞悬液，从离载玻片(冰片)20~30 cm的高度处滴下，每片在不同部位滴2~3滴，然后顺玻片斜面用口轻轻吹散，立即在酒精灯上烤干或晾干。

（11）分化染色：染色体标本在37 ℃下至少干燥24 h，随后取标本玻片置于培养皿内，正面朝上并覆盖擦镜纸，滴加2×SSC缓冲液将纸浸湿，置于60 ℃水浴锅内温育，同时采用30 W紫外灯垂直照射20 min(紫外灯距离10 cm)；照射后取出标本，自来水缓流冲洗玻片，常规Giemsa染液染色10 min，再用自来水冲洗晾干。

3. SCE观察计数

油镜下观察。在观察中期分裂相时，注意区分各细胞周期分裂相的染色特点。

（1）染色体的两个单体均为深染的细胞记为第一周期的细胞；

(2)染色体的两个单体染色一深一浅的细胞为第二周期细胞;
(3)部分染色体的两个单体染色都为浅色的细胞为第三周期的细胞。

$$SCE平均交换频率(次/细胞)= 交换总次数/细胞数$$

【结果分析】

选择BrdU掺入第二个细胞周期,染色体分散良好,姐妹染色单体分色清洗,且含有46条染色体中期的分裂相。判断依据:如果每条染色体都有一个延续染色的浅色染色单体以及一条延续染色的深色染色体,即没有发生SCE;如果一条染色单体上有一深染区,然后是一浅染区,对应的姐妹染色单体上为一浅染区,然后是一深染区,这样就表示发生了一处SCE。一个在染色上不延续的点计做是一个SCE。 计数30个以上中期分裂相的SCE后,计算每个细胞的SCE平均值,即为该个体的SCE频率。

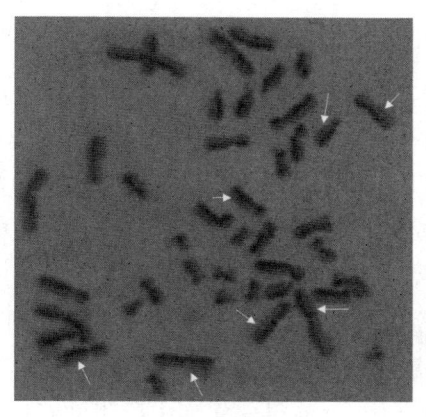

图3-15-2 显微镜观察姐妹染色体互换

【注意事项】

(1)该实验要获得成功,最基本的条件是需要制得高质量的染色体标本,特别是要有足够数量的第二代分裂细胞,且染色体分散好,铺展平,胞浆要除尽。

(2)紫外线照射标本期间,要时常观察标本上的2×SSC溶液不能被蒸干,否则将影响实验结果。

(3)BrdU是一种强突变剂,使用时浓度不宜太高,否则将会产生细胞毒性,实验中常采用5 μg/mL、10 μg/mL和20 μg/mL的添加剂量。

【思考题】

(1)影响SCE实验的因素有哪些?
(2)在动物科学领域,哪些实验需要检测SCE频率?

(本实验编者 赵佳福)

实验十六 细胞外泌体的分离与鉴定

外泌体(exosomes)是指多形性的囊泡样小体,可由各种类型的细胞分泌,发源于细胞内吞系统中的晚期内体(late endosome,或多囊泡内体),直径介于30~100 nm之间。在电子显微镜下,可见外泌体由双层磷脂分子包裹,形态呈扁形或球形小体,有些为杯状;其在体液中的存在形式以球形结构为主,通常可在蔗糖密度梯度溶液中密度1.13~1.19 g/mL的范围获得富集。外泌体具有来源细胞的胞质和脂质包膜成分,可携带多种蛋白质、mRNA、miRNA,参与细胞通讯、细胞迁移、血管新生和肿瘤细胞生长等过程。

近年来的研究发现,外泌体实际上是一种特异性的亚细胞结构而不是简单的细胞残片。对外泌体结构的研究表明,外泌体富含胆固醇和鞘磷脂,是由多囊泡体与细胞膜融合后向胞外分泌的囊泡,具有脂质双分子层结构。几乎所有的外泌体都有微管蛋白、肌动蛋白结合蛋白、四跨膜蛋白(CD63、CD9、CD81、CD82)。由于其特殊的形成方式,外泌体中不含有内质网内的蛋白质,但高表达细胞含内源性蛋白质,如Alix、Tsg101。此外,对外泌体对靶细胞调节作用的研究发现,外泌体靶向细胞主要由自分泌、旁分泌和内分泌三种方式实现,一是直接与靶细胞的细胞膜融合,同时释放mRNA、miRNA进入细胞质;二是通过内吞作用被靶细胞摄取;三是识别细胞表面的特异性受体。根据以上外泌体的主要特性,我们可以通过电子显微镜观察外泌体的形态结构、纳米追踪分析技术检测外泌体的大小计数量和蛋白免疫印迹法分析外泌体表面蛋白表达来鉴定外泌体。

研究还发现多种细胞在正常及病理状态下均可分泌外泌体,且外泌体天然存在于体液中,包括血液、唾液、尿液、脑脊液和乳汁中,这使得它在临床检测方面具有潜在的应用价值,一方面可以作为诊断多种疾病的生物指标,另一方面也可以作为治疗手段,未来有可能作为药物的天然载体用于临床治疗。

【实验目的】

(1)了解外泌体的分离鉴定的常用方法和基本原理。
(2)掌握超速离心法分离外泌体的基本操作步骤。
(3)掌握电子显微镜法鉴定外泌体的方法原理。

【实验原理】

外泌体的分离纯化一直是科研工作者关注的焦点问题,获得高纯度的外泌体对后续的研究至关重要。目前,外泌体提取的方法较多,包括超速离心法、密度梯度离心法、超滤离心法、免疫磁珠法、色谱法、沉淀法和试剂盒等方法。但不同方法提取的外泌体含量、纯度、活性均存在一定程度的差异,其基本原理及优缺点如下。

1. 超速离心法

超速离心法是目前最常用的外泌体纯化手段,采用低速离心、高速离心交替进行,依次在 300 g、2 000 g、10 000 g 离心去除细胞碎片和大分子蛋白,然后在 100 000 g 离心分离到大小相近的外泌体。该方法因操作简单、获得的外泌体较多而广受科研人员欢迎,但过程比较费时,得到的外泌体纯度不足,电镜鉴定时发现外泌体易聚集成块,也有人认为此方法分离得到的并不是外泌体。

2. 密度梯度离心法

密度梯度离心法分为等密度梯度离心法和速率区带离心法。等密度梯度离心法是根据样品中各组分的密度差异,在离心力的作用下使密度小者上浮、密度大者沉降,颗粒移动至各自的等密度区带,以获得不同密度的物质,使用的介质密度大于样品中任何颗粒的密度。速率区带离心法是利用样品中不同颗粒间存在的沉降系数差异,在超速离心力的作用下,不同颗粒在介质的不同区域形成区带的方法来提取,使用的介质密度小于样品中任何颗粒的密度。目前,蔗糖密度梯度离心是外泌体分离常用的方法,在超速离心力的作用下,使蔗糖溶液形成从低到高连续分布的密度阶层,样品中的外泌体将在 1.13～1.19 g/mL 的密度范围富集。该种方法获得的外泌体纯度较高,但步骤繁琐,且比较耗时。

3. 超滤离心法

由于外泌体是一个大小几十纳米的囊状小体,大于一般蛋白质,利用不同截留相对分子质量(MWCO)的超滤膜对样品进行选择性分离,便可获得外泌体。截留相对分子质量是指能自由通过某种有孔材料的分子中最大分子的相对分子质量。超滤离心法简单高效,不需要特殊设备,且不影响外泌体的生物活性,但同样存在得到产物纯度不高的问题。

4. 免疫磁珠法

免疫磁珠是包被有单克隆抗体的球型磁性微粒,可特异性地与靶物质结合。由于外泌体表面有其特异性标记物(如 CD63、CD9 蛋白),可以使用包被抗标记物抗体的磁珠与外泌体囊泡孵育后结合,即可将外泌体吸附并分离出来。磁珠法具有特异性高、操作简便、不影响外泌体形态完整性、不需要昂贵的仪器设备等优点,但是效率低,外泌体生物活性易受 pH 和盐浓度影响,不利于下游实验。

5. 色谱法

色谱法是利用凝胶孔隙的孔径大小与样品分子尺寸的相对关系而对溶质进行分离的分析方法。样品中大分子不能进入凝胶孔,只能沿多孔凝胶粒子之间的空隙通过色谱柱,首先被流动相洗脱出来;小分子可进入凝胶中绝大部分孔洞,在柱中受到更强的滞留,更慢地被洗脱出。分离得到的外泌体在电镜下大小均一,但是需要特殊的设备,应用不广泛。

6. 沉淀法

聚乙二醇(polyethylene glycol,PEG)可与疏水性蛋白和脂质分子结合共沉淀,早先应用于从血清等样本中收集病毒。由于外泌体大小及部分理化性质与病毒极为相似,因此PEG也被用来沉淀外泌体。此法操作简单,无须特殊技术和设备,产量高,可用于下游实验。但也存在不少问题:比如产物纯度和回收率低,杂蛋白较多(假阳性),颗粒大小不均一,产生难以去除的聚合物或者化学添加物等。

7. 试剂盒法

近几年来,市场上出现了许多商业化的外泌体提取试剂盒,其基本原理是通过特殊设计的过滤器过滤掉杂质成分,或者采用空间排阻色谱法(SEC)进行分离纯化,或者利用化合物沉淀法将外泌体沉淀出来。这些试剂盒不需要特殊设备,且随着产品不断更新换代,提取效率和纯化效果逐渐提高,因而逐渐取代超速离心法并被推广开来。

【实验试剂】

30%Acr-Bis(29∶1)、1 mol/L Tris,pH 8.8、10% SDS、10%凝胶聚合催化剂、TEMED、脱脂奶粉、抗体、SDS-PAGE上样缓冲液、电泳缓冲液、转膜液、TBST缓冲液。

【实验器材】

超高速冷冻离心机、透射电镜、多功能酶标仪、SDS-PAGE电泳设备、化学凝胶成像系统。

【实验样本】

前列腺癌PC3细胞。

【实验步骤】

1. PC3细胞外泌体的分离

(1)收集40 mL PC3细胞上清液。300 g×10 min离心去除漂浮的死细胞和细胞碎片,弃沉淀吸取上清液。

(2)采用0.22 μm微孔滤膜过滤。

(3)4 ℃,2 000 g离心10 min,弃沉淀收集上清液。

(4) 4 ℃,10 000 g 高速离心 30 min,弃沉淀收集上清液。

(5) 4 ℃,100 000 g 超速离心 70 min,所得沉淀为外泌体和杂蛋白。

(6) 使用少量 PBS 清洗沉淀后,重复步骤(5),弃上清液。

(7) 用 40 μL PBS 重悬沉淀即为最终提取的外泌体。

2. 外泌体形态鉴定

(1) 将沉淀下来的外泌体用 30 μL PBS 重悬。

(2) 吸取 10 μL 样品滴于铜网上,室温静置 10 min。

(3) 滤纸吸掉铜网上多余液体,然后滴加 20 g/L 的磷酸钨染液 10 μL 复染,室温静置 5 min。

(4) 滤纸吸掉多余液体,白炽灯下干燥后使用投射电镜在 80~120 kv 的电压下成像。

【结果分析】

外泌体结构见如图 3-16-1 所示。由图可见,投射电镜下能够观察到外泌体结构,且背景较为干净,杂质较少,外泌体直径均为 100 nm 左右,符合外泌体的粒径分布范围。

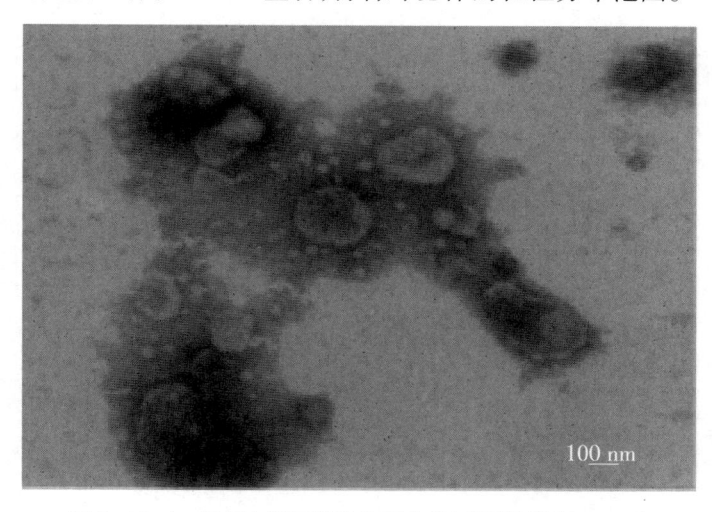

图 3-16-1　透射电镜下外泌体形态结果图(范维肖,2019)

【注意事项】

(1) 由于未经处理的 FBS 中含有大量的外源外泌体,因此在提取细胞外泌体时,细胞培养液需换为无外泌体的 FBS 进行培养,同时在细胞培养过程中,需要注意培养时间、细胞污染、细胞死亡率及 FBS 等方面的问题。

（2）一般细胞培养 24~48 h 后即可收集上清液开始分离外泌体，在特殊情况下，如在培养基中添加特殊的化学物质时，培养 15~60 min 后即可收集细胞上清液。

（3）由于死亡的细胞会分泌小体，所以在研究外泌体时细胞的死亡率一定要控制在 5% 以内。

【思考题】

除透射电镜外，鉴定外泌体的方法还有哪些？

（本实验编者 赵佳福）

附　录

附录Ⅰ　缩略表

英文缩写	英文全称	中文全称
3β-HSD	3β-hydroxysteroid dehydrogenase	3β-羟类固醇脱氢酶
Amp	Ampicillin	氨苄青霉素
AA	amino acid	氨基酸
AbA	Aureobasidin A	金担子素A
ACOD	acyl-CoA oxidase	乙酰辅酶A氧化酶
ACS	acyl-CoA synthetase	硫激酶
AD	activation domain	激活域
AMP	Cyclic Adenosine monophosphate	环腺苷酸
APP	actinobacillus pleuropneumoniae	胸膜肺炎放线杆菌
APTES	3-aminopropyl triethoxysilane	3-氨基丙基三乙氧基硅烷
APS	Ammonium persulphate	过硫酸铵
AR	Analytical Reagent	分析纯
ATP	Adenosine triphosphate	腺苷三磷酸
BCA	Bicinchoninic Acid method	BCA法
BD	binding domain	结合结构域
BrdU	bromodeoxyuridine	溴脱氧尿嘧啶核苷
Cam	Chloramphenicol	氯霉素
Cam	Clarithromycin	克拉霉素
CBB	Coomassie Brilliant Blue	考马斯亮蓝
cDNA	complementary DNA	互补脱氧核糖核酸
CE	cholesterol ester	胆固醇酯
C-ELISA	Cloth-ELISA	布-酶联免疫吸附法
ChIP	Chromatin immunoprecipitation	染色质免疫沉淀
CLSM	Confocal Laser Scanning Microscope	激光扫描共聚焦显微镜
CM	chylomicron	乳糜微粒
CoA	Coenzyme A	辅酶A
Co-IP	Co-Immunoprecipitation	免疫共沉淀
DAB	Diaminobenzidine	二氨基联苯胺
DAPI	4′,6-diamidino-2-phenylindole	4′,6-二脒-2-苯基吲哚
DFP	Diisopropyl fluorophosphate	二异丙基氟磷酸

续表

英文缩写	英文全称	中文全称
DMEM	Dulbecco's Modified Eagle Medium	杜比柯改良的 Eagle 培养基
DMSO	Dimethyl sulfoxide	二甲基亚砜
DNS	3,5 Dinitrosalicylic acid	3,5-二硝基水杨酸
dNTP	Deoxy-ribonucleoside triphosphate	脱氧核糖核苷三磷酸
DOPE	Dioleoyl phosphatidyl ethanolamine	二油酰磷脂酰乙醇胺
DTT	dithiothreitol	二硫苏糖醇
E.coli	Escherichia coli	大肠杆菌
EB	ethidum bromide	溴化乙锭
EDTA	ethylenediamine tetraacetic acid	乙二胺四乙酸
EE	ether extract	粗脂肪
ELISA	enzyme linked immunosorbent assay	酶联免疫吸附法实验
FC	Free Cholesterol	游离胆固醇
FCM	Flow Cytometry	流式细胞术
FFA	Free fatty acid	游离脂肪酸
FPG	flu-orescent-plus-Giensa	荧光素吉姆萨染色
FSHR	follicle-stimulating hormone receptor	促卵泡激素受体
GSH	glutathione	谷胱甘肽
GST	Glutathione S-transferase	谷胱甘肽硫转移酶
HCl	hydrochloric acid	盐酸
HDL	High density lipoprotein	高密度脂蛋白
HE	hematoxylin-eosin staining	苏木精—伊红染色
HPV	human papilloma virus	人乳头瘤病毒
IHC	Immunohistochemistry	免疫组织化学法
IL	Interleukin	白细胞介素
IPTG	isopropylthio-β-D-galactoside	异丙基硫代-β-D-半乳糖苷
Km	michaelis constant	米氏常数
LDL	Low density lipoprotein	低密度脂蛋白
miRNA	microRNA	微RNA
mRNA	Messenger RNA	信使RNA
MW	Molecular Weight	分子量
NC	Negative Control	阴性对照
NC	Nitrocellulose membrane	硝酸纤维素膜
OD	Optical Density	光密度
PBS	phosphate buffer solution	磷酸盐缓冲液
PCR	polymerase chain reaction	聚合酶链式反应
PEG	poly(ethylene glycol)	聚乙二醇
PI	Propyl iodide	碘化丙啶
PMSF	phenylmethylsulfonyl fluoride	苯甲基磺酰氟

续表

英文缩写	英文全称	中文全称
POD	peroxidase	过氧化物酶
PR	Pseudorabies	伪狂犬病
PS	phosphatidylserine	磷脂酰丝氨酸
PVDF	polyvinylidene fluoride	聚偏二氟乙烯
Real-time PCR	Real-time quantitative Polymerase Chain Reaction	实时定量聚合酶链反应
RIPA	Radio Immunoprecipitation Assay	放射免疫沉淀法
RLU	Relative Light Unit	相对光单位
RNA	Ribonucleic Acid	核糖核酸
Rnase	ribonuclease	核糖核酸酶
rRNA	ribosomal RNA	核糖体 RNA
RT-PCR	reverse transcription PCR	反转录 PCR
SABC	streptavidin-biotin- peroxidase complex method	链霉抗生物素蛋白-生物素-过氧化物酶复合物法
SCD	sister-chromatid dffentiation	姐妹染色单体色差别染色
SCE	sister chromatid exchange	姐妹染色单体交换
SDS	Sodium Dodecyl Sulfate	十二烷基硫酸钠
SDS-PAGE	sodium dodecyl sulfate polyacrylamide gel electrophoresis	十二烷基硫酸钠聚丙烯酰胺凝胶电泳
SEC	Steric exclusion chromatography	空间排阻层析
TBS	Tris-buffered saline Solution	TBS 缓冲液
TBST	Tris Buffered Saline with Tween	TBS 缓冲液+吐温20
TC	total cholesterol	总胆固醇
TdR	deoxyribonucleotid thymine	脱氧核糖核苷酸胸腺嘧啶
TE	Tris-EDTA buffer	Tris -EDTA 缓冲液
TEMED	N,N,N',N' tetramethylenediamine	四甲基乙二胺
TAG	triacylglycerol	三酰甘油
TG	triglyceride	甘油三酯
TGE	Transmissible Gastroenteritis	传染性胃肠炎
TMB	tetramethylbenzidine	四甲基联苯胺
TNF-α	Tumor Necrosis Factor-α	肿瘤坏死因子α
tRNA	Transfer RNA	转移核糖核酸
UAS	upstream activating sequence	上游激活序列
VLDL	Very low density lipoprotein	极低密度脂蛋白
WB	Western Blot	蛋白质印迹法
YPDA Medium	Yeast Peptone Dextrose Adenine Medium	酵母浸出粉陈葡萄糖培养基

附录Ⅱ 实验室常用仪器设备的使用注意事项和日常维护

一、高速冷冻离心机的日常维护与保养

(1)驱动轴应涂少许黄油、凡士林或润滑脂,防止生锈,并便于取出转子。

(2)若遇离心管破裂或有分离液滴入转子中,必须及时用清水洗净,认真擦干,特别是孔底部位。

(3)检查转子有无腐蚀斑点、细小裂纹,使用前检查更为必要。

(4)离心管应注意更新。

(5)使用结束,应擦干离心腔中的水迹,清洁离心腔及转子上的污物,转子应取出置于清洁干燥处。

(6)仪器较长时间不用或维修时应将主电源插头取下,否则仪器会带电,特别是维修时容易发生事故。

(7)操作规程上没有提及的按键,不得随意按,否则易造成仪器损坏。

二、显微镜的日常维护与保养

1. 显微镜的防尘、防潮、防腐蚀和防热措施

(1)防潮

显微镜所处的环境如果比较潮湿,可能导致光学镜片生霉、生雾。另外,机械零件受潮后,很容易生锈。所以为了防潮,在存放显微镜时,除了要选择干燥的房间外,存放地点也应离墙、离地、远离湿源。可以在显微镜箱内放置1~2袋硅胶作干燥剂,其颜色变粉红后,应及时烘烤,烘烤后可再继续使用。

(2)防尘

放置比较长时间的显微镜在观察物体时影像没之前那么清晰,就是由于平时不注意防尘导致的。如果光学元件表面落入灰尘,不仅影响光线通过,而且经光学系统放大后,会生成很大的污斑影响观察。灰尘、沙粒落入机械部分,还会增加磨损,引起运动受阻,危害同样很大。因此,必须经常保持显微镜的清洁,不使用显微镜时可以用防尘罩将其盖起来。

(3)防腐蚀

显微镜不能和具有腐蚀性的化学试剂放在一起。如硫酸、盐酸、强碱等。

(4)防热

防热的目的主要是避免热胀冷缩引起镜片的开胶与脱落。

2. 使用时的注意事项

无论是经常使用显微镜还是偶尔使用一次，都必须在使用时按要求正确操作，小心谨慎。以下各项在使用中一定要引起足够的重视：微调是显微镜机械装置中较精细而又容易损坏的元件，拧到了限位以后，就拧不动了。此时，决不能强拧，否则，必然损坏仪器。调焦时，遇到这种情况，应将微调退回3~5圈，重用粗调调焦，待初见物像后，再改用微调。如能事先将微调调至中间位置（一般在微动燕尾的侧面上刻有位置标记"—="，当微动燕尾上的单线对着两横线的中间时，微调即处于中间位置），使正、反两个方向都有大体相等的调节余量。使用高倍镜观察液体标本时，一定要加盖玻片。否则，不仅清晰度下降，而且试液容易进入高倍镜的镜头内，使镜片遭受污染和腐蚀。

每次使用100×油镜后，一定要擦拭干净。香柏油在空气中暴露的时间过长，就会变稠和变干，再去擦拭就比较困难了。镜片上留有油渍，清晰度必然下降。

3. 光学系统的维护

(1) 擦拭范围

目镜和聚光镜允许拆开擦拭。物镜因结构复杂，装配时又要专门的仪器来校正才能恢复原有的精度，故严禁拆开擦拭。拆卸目镜和聚光镜时，要注意以下几点：①小心谨慎；②拆卸时，要标记各元件的相对位置（可在外壳上画线作标记）、顺序和镜片的正反面，以防重装时弄错；③操作环境应保持清洁、干燥。拆卸目镜时，只要从两端旋出上下两块透镜即可。目镜内的视场光阑不能移动，否则，会使视场界线模糊。聚光镜旋开后严禁进一步分解其上透镜。因上透镜是油浸的，出厂时经过良好的密封，再分解会破坏它的密封性能。

(2) 擦拭方法

要求先用干净的毛笔或吹风球除去镜片表面的灰尘，然后用干净的绒布从镜片中心开始向边缘作螺旋形单向运动。擦完一次换一个地方再擦，直至擦净为止。如果镜片上有油渍、污物或指印等擦不掉的污物时，可用脱脂棉蘸少量80%乙醇擦拭。如果有较重的霉点或霉斑无法除去时，可用棉签蘸水润湿后蘸上碳酸钙粉（含量为9%以上）进行擦拭。擦拭后，应将粉末清除干净。镜片是否擦净，可用镜片上的反射光线进行观察检查。要注意擦拭前一定要将灰尘除净。否则，灰尘中的沙粒会将镜面划起沟纹。不准用毛巾、手帕、衣服等去擦拭镜片。乙醇混合液不可用得太多，以免液体进入镜片的连接部使镜片脱胶。镜片表面有一层紫蓝色的透光膜，不要误作污物将其擦去。

4. 机械部分的维护

表面涂漆部分，可用布擦拭。但不能使用乙醇等有机溶剂擦，以免脱漆。没有涂漆的部分若有锈，可用布蘸汽油擦去。擦净后重新上好防护油脂即可。

三、荧光显微镜的日常维护与保养

(1)严格按照荧光显微镜出厂说明书的要求使用和操作,切记不可随意改变程序。

(2)注意防止紫外线对眼睛造成的损害,建议在调整光源时戴上防护眼镜。

(3)荧光显微镜的激发装置及高压汞灯寿命有限,标本应集中检查,节省时间。

(4)应在标本染色后立刻进行观察,否则会因存放时间太久,而使得荧光逐渐猝灭。建议可将染好色的标本用黑纸包裹好,并存放在聚乙烯塑料袋中,4 ℃下保存为宜,这样可有效延缓荧光的猝灭时间。

(5)荧光显微镜适宜在暗室中使用,进入暗室后应接通高压稳压器电源,同时开启3~5 min后再开启激发高压汞灯,在看到高压汞灯完全亮后,方可停止激发,并开始观察标本。

(6)通常检查时间每次以1 h为宜,超过90 min后,高压汞灯发光强度会逐渐下降,同时荧光会减弱,且标本激发15 min后,荧光也将明显减弱。

(7)荧光亮度的判断标准通常为四级,即"-"为无或可见微弱自发荧光;"+"为仅能见明确可见的荧光;"++"为可见有明亮的荧光;"+++"为可见耀眼的荧光。

(8)荧光显微镜镜头上如沾染灰尘,应用柔软的刷子轻轻刷掉,然后在有指纹和油污的地方用柔软干净的脱脂棉、纱布或擦镜纸蘸上无水乙醇(或甲醇)后轻轻进行擦拭,注意,对物镜表面上的油渍一般只能用汽油擦拭。

四、化学凝胶成像系统的日常维护与保养

1. 维护保养

(1)凝胶成像仪的维护保养周期一般是两周左右。

(2)仪器需保持清洁,表面外周干净清洁;打开仪器及软件,观察软件数据线是否正常接触,且软件操作功能是否完好。

(3)仪器电脑专辑要专用,以免感染电脑病毒导致无法使用,同时禁止重装系统,因为重装后仪器软件需要重新激活才能使用。

(4)暗箱的关门操作要使用正确的关门方法。具体过程为将暗箱门掩至60度左右位置,放手,依靠重力,门自行关闭,需要注意的是,忌用力推动关闭暗箱门。

(5)在平时的使用和保养过程中,要注意保持紫外灯箱及投影白光板的清洁,以免影响凝胶成像仪凝胶成像的效果。

(6)在操作凝胶成像仪的过程中,除了要正确使用仪器外,还需要严格遵守实验室的规定。凝胶成像系统可以为蛋白质、核酸、多肽、氨基酸、多聚氨基酸等其他生物分子的分离纯化结果作定性分析。

2. 使用注意事项

(1)先开凝胶成像系统,再开电脑,进入软件。

(2)紫外凝胶照相时要防止EB污染仪器,不能用被污染的手套接触凝胶成像系统的门。

(3)在使用紫外光源照相的过程中,不可以打开凝胶成像系统前面板。

(4)照相后将废胶取出,并用较软的纸擦拭干净。

(5)调焦时动作要轻。

(6)请使用稳压电源。

(7)保持室内环境干燥,及时将遗留在观测板上的水或其他液体擦干。

(8)使用仪器时,要将门及观测台关紧,否则将无法正常使用紫外灯。

(9)尽可能不要将电脑连接到因特网或局域网上,同时在电脑上安装杀毒软件,做到专机专用。

(10)较长时间不用仪器时,请将仪器用防尘罩盖上。

(11)为延长灯管的使用寿命,请观测好凝胶后及时关闭光源。

五、全自动高压灭菌锅的日常维护与保养

1. 日常保养

(1)内置水箱需定期排水:用硅胶管连接水箱排水口至接水容器或下水道,然后打开排水球阀即可排干水箱里的水。建议每周排水一次。

(2)灭菌腔换水:灭菌腔内的水如长期反复使用,水中脏物容易堵塞电磁阀,导致电磁阀生锈并会产生噪声。建议:每周换水一次,若灭菌物中含有轻微腐蚀物,建议一天换水一次。此外,在给灭菌腔换水时还需注意以下事项。

①打开灭菌腔排水阀、水箱排水阀前先确认机器未运行且主控温度低于40 ℃;

②仪器久置不用及运输时,须将腔体内的水及内置水箱的水排空。

(3)灭菌腔清洗:定期清理灭菌腔,去除水垢和杂物,用带柄的刷子清洁灭菌腔底部,注意不要用力过猛损坏电热管及温度控制开关。用润湿的软布将灭菌腔擦洗干净,再用热水冲洗(不要加入任何清洁剂)。建议:每周清洗一次。

(4)电热管的清洗与保养:取出水位板,查看电热管表面是否干净,如有污垢可以用软毛刷轻轻地擦洗冲水,然后将脏水排出。擦洗时注意不要移动、碰坏温度控制开关。建议:每月清洗一次。

(5)水位传感器的清洁与保养:应注意保持水位传感器的清洁,如污垢附着在传感器的表面,容易导致误报,甚至导致仪器停止工作。建议:每周用柔软的布擦拭一次,去除传感器表面附着的污垢。

(6)仪器表面清洁:用柔软的布轻轻擦拭仪器外表,对于较难以除去的污渍可以使用少许中性洗剂擦拭后用布擦干,不要用苯酚或油稀释剂清洁仪器表面,以免损坏仪器表面或导致油漆脱落。

建议:每周清洗一次。

(7)密封圈的保养:检查密封圈是否破损,如果有损坏,须立即更换。应定期清洁密封圈表面,去除污垢,清洁时可加少许清洁剂并用湿布擦拭。建议:每次使用前检查密封圈,每周清洗一次。

2. 仪器的检测与维护

(1)漏电开关检查:按下漏电断路器的测试按钮,如果漏电断路器跳闸,表示正常,否则请关闭漏电断路器,联系经销商。建议:每月检查一次。

(2)安全阀工作测试:进入用户管理员菜单选择安全阀测试程序,如果温度超过后台最高工作温度(依海拔而变化)安全阀仍未启动排汽,则安全阀异常,马上停止测试,联系经销商。建议:每月测试一次并每年将安全阀送当地特检院校验一次。

(3)压力表定期标定:压力表每半年送当地特检院检定一次。建议:多备一套压力表及安全阀。无论是日常的维护还是定期的保养,对于仪器而言定期维护保养都可以延长仪器的使用寿命,降低故障发生概率,减少安全隐患,提高灭菌效率。

六、生物安全柜的日常维护与保养

1. 准备工作

(1)在开始工作以前,要清除生物安全柜内表面的污染。

(2)将所有必需的物品置于安全柜内,以尽可能减少双臂进出前面开口的次数。物品放置要注意以下几点。

①Ⅱ级生物安全柜台面前面和后面的进气格栅不能被物品阻挡。

②所有物品应尽可能地放在工作台后部靠近工作台边缘的位置,并使其在操作中不会阻挡后部格栅。

③可产生气溶胶的设备(如混匀器、离心机等)应靠近安全柜的后部放置。有生物危害性的废弃物袋、盛放废弃吸管的盘子等体积较大的物品,应该放在安全柜内的某一侧。

④洁净的物品应放置在距离产生气溶胶器皿至少15 cm外的地方,降低发生交叉污染的可能性。

⑤容易受紫外线损伤的实验样本可以在紫外线杀菌后的实验之前放入。

⑥不要在工作区内排放过多的物品。

(3)关闭操作前窗,打开生物安全柜的紫外灯,对生物安全柜工作台面,侧壁表面以及后壁内侧进行杀菌处理。

(4)稍微打开操作前窗,让生物安全柜工作区排气几分钟之后再开始工作。

2. 操作注意事项

(1)在使用生物安全柜时应穿着个体防护服并戴手套,防止被污染。在进行一级和二级生物安全水平的操作时,可穿着普通实验服。手套应套在实验服袖口外面。有些操作可能还需要戴口罩和护目镜。

(2)在生物安全柜内,避免使用酒精灯等明火灭菌器。使用明火会对气流产生影响,并且在处理挥发性物品和易燃物品时,也易造成危险。在对接种环进行灭菌时,可以使用红外线电加热器,或者干脆使用一次性塑料接种环。

(3)手和双臂伸入生物安全柜中等待大约1 min,以便安全柜调整完毕并且让里面的空气"扫过"手和双臂的表面以后,才可以开始对物品进行处理。

(4)工作时,尽量减少手臂的移动,移动时要缓慢,防止干扰柜内气流。在移动双臂进出安全柜时,需要小心维持前面开口处气流的完整性,双臂应该与工作区开口垂直地缓慢进出前面的开口。

(5)在工作台面上的实验操作应该按照从清洁区到污染区的方向进行,所有操作在工作台面的中后部进行。

(6)工作时,耐高压灭菌的生物危害性废弃物袋以及吸管盛放盘放在安全柜内,不能拿出安全柜,否则在使用这些物品时双臂必须频繁进出安全柜,这样会干扰安全柜空气屏障的完整性,从而影响对人员和物品的防护。

(7)一旦实验过程中产生溢洒物,用消毒纸巾置于其表面吸附清理。

(8)尽量使安全柜处于持续工作状态,并对所有物品进行表面消毒处理,提供最大程度的人员保护。从安全柜内部拿取可能产生污染的物品时,一定要进行表面消毒处理。

3. 使用完毕后的处理

(1)系紧用过的生物废物袋。

(2)对安全柜内壁、后壁、工作台面和前窗内侧进行清洁和消毒处理。

(3)由于剩余的培养基可能会使微生物生长繁殖,因此在实验结束时,包括仪器设备在内的所有物品都应清除表面污染,并移出安全柜。

(4)从安全柜内移出手臂之前,一定要进行表面消毒处理,然后垂直于工作区开口缓慢地移出。

(5)在每次使用安全柜后,要清除生物安全柜内表面的污染。工作台面和内壁要用消毒剂进行擦拭,所用的消毒剂要能够杀死安全柜里的任何微生物。在每天实验结束时,应擦拭生物安全柜的工作台面、四周以及玻璃的内外侧等部位来清除表面的污染。在对目标生物体有效时,可以采用漂白剂溶液或70%乙醇来消毒。在使用如漂白剂等腐蚀性消毒剂后,还必须用无菌水再次进行擦拭。

(6)关闭前操作窗口并开启紫外灯。

4. 生物安全柜内溢洒的处理

(1)处理溢洒物时不要将头伸入安全柜内,也不要将脸直接面对前操作口,而应处于前视面板的后方。选择消毒灭菌剂时需要考虑其对生物安全柜的腐蚀性。

(2) 如果溢洒的量不足 1 mL,可直接用消毒灭菌剂浸湿的纸巾(或其他材料)擦拭。

(3) 如果溢洒量大或容器破损,建议按如下操作。

① 使生物安全柜保持开启状态;在溢洒物上覆盖浸有消毒灭菌剂的吸收材料,作用一定时间以发挥消毒灭菌作用,必要时,用消毒灭菌剂浸泡工作台表面以及排水沟和接液槽。

② 在安全柜内对所戴手套消毒灭菌后,脱下手套;如果防护服已被污染,脱掉所污染的防护服后,用适当的消毒灭菌剂清洗暴露部位;穿戴好适当的个体防护装备,如双层手套、防护服、护目镜和呼吸保护装置等。

③ 小心将吸收了溢洒物的纸巾(或其他吸收材料)连同溢洒物收集到专用的收集袋或容器中,并反复用新的纸巾(或其他吸收材料)将剩余物质吸净;破碎的玻璃或其他锐器要用镊子或钳子处理。

④ 用消毒灭菌剂擦拭或喷洒安全柜内壁、工作表面以及前视窗的内侧;作用一定时间后,用洁净水擦干净消毒灭菌剂;如果需要浸泡接液槽,在清理接液槽前要先报告主管人员;可能需要用其他方式消毒灭菌后再进行清理。

⑤ 如果溢洒物流入生物安全柜内部,需要评估后采取适当的措施。

5. 定期维护

(1) 每三个月更换一次预过滤器。

(2) 每年更换一次紫外灯。

(3) 有下列情况之一时,应对生物安全柜进行现场检测。

① 生物安全实验室竣工后,投入使用前,生物安全柜已安装完毕时。

② 生物安全柜被移动位置后。

③ 对生物安全柜进行检修后。

④ 生物安全柜更换高效过滤器后。

⑤ 生物安全柜一年一度的常规检测。现场检测应由有资质的专业人员按照生产商的说明对每一台生物安全柜的运行性能以及完整性进行评估,以检查其是否符合国家标准要求。

⑥ 安全柜防护效果的评估应该包括对安全柜的完整性、HEPA过滤器的泄漏、垂直气流的速度、工作窗口气流流向和平均风速、负压/换气次数、气流的烟雾模式以及警报和互锁系统进行测试。还可以选择进行漏电、光照度、紫外强度、噪声水平以及振动性测试。

⑦ 在进行这些测试时,检测人员要经过专门的培训,采用专门的技术和仪器设备。强烈建议由有资质的专业人员来进行测试。

(4) 每周采用与检测空气落菌数相似的方法进行无菌检查。

(5) 生物安全柜在移动以及更换过滤器之前,必须清除污染。最常用的方法是采用甲醛熏蒸,应该由有资质的专业人员来清除污染。

七、CO_2培养箱的日常维护与保养

1. 使用前

(1)仪器应放置在平整的台面上,环境应清洁整齐,干燥通风。

(2)仪器使用前,各控制开关均应处于非工作状态。

(3)确认所使用的CO_2是纯净达标的,避免降低CO_2传感器的灵敏度及缩短CO_2过滤装置的使用寿命。

(4)不可将流入气体压力调至过大,减压阀出气压力最大不能超过0.1 MPa,以免冲破管道。

(5)操作密码设置需至少3人知道,以免遗忘密码而无法设置仪器。

(6)二氧化碳培养箱正确安装好后,向培养箱内加湿盘中加入适量的无菌蒸馏水或无菌去离子水。

(7)不适用于含有易挥发性化学溶剂、低浓度爆炸气体和低着火点气体的物品以及有毒物品的培养。

2. 使用中

(1)培养箱应由专人负责管理,操作面板上的参数确认后,不要随意修改,以免影响细胞培养。

(2)培养箱内细胞培养皿/瓶的放置须整洁有序,方便查找,同时应尽量提高培养箱的使用效率,负责人可视实验情况启用或停止空培养箱的使用,节约资源。

(3)从培养箱取放物品前,用乙醇清洁双手(或戴手套)。

(4)尽量缩短开门时间和减少开门次数,避免实验室空气污染箱内,减少箱内培养环境的波动。

(5)经常注意箱内加湿盘中无菌蒸馏水的量,定期(至少每两周一次)更换加湿盘内的无菌蒸馏水或无菌去离子水,以保持箱内相对湿度,同时避免培养液蒸发;注意等高压灭菌后的蒸馏水或去离子水冷却后再倒入加湿盘。

(6)钢瓶压力低于0.2 MPa时应更换钢瓶。

(7)培养箱可定期高温灭菌,防止微生物感染导致实验失败。

3. 使用后

(1)如果二氧化碳培养箱长时间不用,关闭前必须清除工作室内水分,打开玻璃门通风24 h后再关闭。应将CO_2开关关闭,防止CO_2调节器失灵。

(2)清洁二氧化碳培养箱工作室时,避免碰撞传感器等部件。

(3)搬运二氧化碳培养箱前应拿出工作室内的搁板和加湿盘,防止碰撞损坏玻璃门。

(4)搬运培养箱时不能倒置,同时一定不要抬箱门,以免门变形。

(5)为了保证实验数据和实验结果的准确可靠,在日常使用中,可以测量和校准CO_2培养箱内的温度及CO_2浓度,以确保实际数值与设定数值的一致性。

八、荧光定量PCR仪的日常维护与保养

1. 使用环境要求

（1）环境温度18～35 ℃，湿度0～85%。如果环境温度过低，可能导致检测无效。因为在0 ℃以下进行实验时，弱阳性样品可能无法检出，将室温提高到18 ℃以上，一切恢复正常。

（2）仪器应安放在灰尘较少并远离水源和热源的地方，并无腐蚀性气体或强磁场干扰。

（3）同一环境内放置多台仪器时，仪器之间应保持50 cm以上距离，降低仪器之间的影响。

（4）请勿和其他大功率器件如离心机、空调等共用同一个电源插座以免电源电压波动影响系统运行。

（5）为保护仪器电路和保证实验结果的准确性，仪器建议通过稳压器和UPS（不间断电源）后连接电源。

2. 日常清洁和保养

（1）仪器表面清洁：仪器的表面应定期用软布加少量清水擦洗，清洗后将仪器擦干。若有试剂泄漏在仪器表面，应用软布加70%乙醇擦拭干净。

（2）样品孔清洁：样品孔沾染灰尘或杂质后，会影响PCR扩增和荧光检测，因此要定期清洁，一般3个月一次，可用洗耳球轻轻吹拭。为了防止灰尘进入样品孔，仪器不使用时，必须关闭滑盖。

（3）如果样品孔内有荧光物质污染，可用移液枪吸取90%乙醇加入样品孔内浸泡20 min，然后将乙醇吸出，自然风干或用电吹风吹干。

（4）不要将侧壁和管盖带有记号笔标记的PCR管放入仪器，如必须标记，只可标记在8联管的两端。

（5）热盖用乙醇或纯水定期擦拭，确保热盖清洁、温控性能良好。

（6）清洁荧光定量PCR仪前必须关闭电源，并拔掉电源线。不要将液体倾倒在反应模块中或者仪器内部。不能用强腐蚀性溶剂或者有机溶剂擦洗仪器。

（7）严禁使用氯制剂等消毒液对仪器表面或内部进行擦拭！

（8）不要频繁开关仪器，两次开关间隔时间不得低于30 s。

（9）实验结束后不要立即关闭电源，保持待机状态10 min后（此时仪器内部降温系统仍在持续工作），待模块温度降至室温再关闭电源。

（10）请使用原厂商提供的电源线和通讯线。

（11）非原厂维修人员禁止擅自拆开仪器，如有故障及时与售后联系寻求帮助。

（12）对于ABI的荧光定量PCR仪，建议短则半年，长则一年做一次荧光校正。其他品牌仪器，请咨询售后是否需要定期进行荧光校正。

3. 预防核酸污染

（1）选用热密封性好的 PCR 管进行检测。

（2）PCR 管上机前检查管盖，确认已盖紧。

（3）PCR 结束后，及时将 PCR 管取出。避免温度下降，管盖和管体冷缩系数不同出现缝隙后管内气溶胶溢出。

九、纯水仪的日常维护与保养

1. 日常维护

（1）保持设备及管路外观清洁，定期更换滤芯（1次/3个月）。纯化水系统短期停运期间，每三天需运转 1~2 h，正常运行下每一个月进行一次巴氏消毒，遇到停机超过 7 天或纯化水微生物超标时也需进行巴氏消毒。

（2）砂滤器应经常进行反冲洗，可安排在班前或班后，反冲洗水流量较大，但切记不把滤料冲掉。若砂滤器反冲洗完，出水指标仍不能达到要求时，则应对活性器进行反冲洗，但应使反冲洗水流由小到大，以至不将炭粒冲走。

（3）清洗箱的主要作用是主机的电导率达不到≤15 μs/m 时，用来洗膜。为保持清洁，应定期进行清洗，在洗液时，必须先将水箱清洗干净，洗膜结束须将水箱中剩余酸排净，以备下次使用。

（4）检查紫外线杀菌灯，使用时间达到该产品规定的期限需及时更换。检查设备管路及阀门防止泄漏。检查电器线路连接完好，各开关指示灯显示正常。

（5）原水箱每年拆洗一次，一级RO、二级RO水箱每半年拆洗一次。将水箱连接的管路活节打开，取下水箱后用毛刷刷洗水箱四壁，必要时用消毒液浸泡 4~6 h，用大量自来水冲洗水箱，至无泡沫、无异味。清洗完毕将水箱安装复位，重新接好液位控制器；再在水箱中放水（原水箱可直接放入自来水，一、二级RO水箱需注入纯化水）至高液位，浸泡约 10 min，排空，重复 3 次；清洗完毕后可进行下一水箱清洗。

（6）若石英砂过滤器进出水压差明显增加（一般增加 0.05~0.07 MPa），反冲洗后产水量及水质明显变差达不到使用要求时，则需更换。活性炭过滤器中的活性炭一般一年更换一次，具体可视设备运行情况作适当调整。

2. 反渗透装置维护

（1）在相同条件下，排除温度影响，出现下列情况，应考虑对反渗透膜进行清洗或更换。

①产水电导率比初始或上次清洗后增加 10%。

②产水量比初始或上次清洗后下降 10%。

（2）每年对设备各泵运行进行检修一次，确保无渗漏、无异声。

（3）请专业人员检测 EDI 装置的工作电压、电流是否正常。

十、多功能酶标仪的日常维护与保养

(1)仪器应放置在无磁场和干扰电压、低于40分贝的环境下。

(2)应避免阳光直射以防止设备老化。

(3)操作时环境温度应在15~40 ℃之间,环境湿度在15%~85%之间。

(4)运行中操作电压应保持稳定。

(5)操作环境空气清洁,避免水汽、烟尘。

(6)保持干燥、干净、水平的工作台面,有足够大的操作空间。

(7)使用加液器加液,加液头不能混用。

(8)尽量配套使用洗板机洗板,这样洗得干净,有效避免交叉污染。

(9)严格按照试剂盒的说明书操作,反应时间准确。

(10)在测量过程中,请勿碰酶标板,以防酶标板传送时挤伤操作人员的手。

(11)请勿将样品或试剂洒到仪器表面或内部,操作完成后请洗手。

(12)如果使用的样品或试剂具有污染性、毒性和生物学危害,请严格按照试剂盒的操作说明,以防对操作人员造成伤害。

(13)如果仪器接触过污染性或传染性物品,请进行清洗和消毒。

(14)不要在测量过程中关闭电源。

(15)对于因试剂盒问题造成的测量结果的偏差,应根据实际情况及时修改参数,以达到最佳效果。

(16)使用后盖好防尘罩。

(17)出现技术故障时应及时与厂家联系,切勿擅自拆卸酶标仪。

十一、超声波细胞粉碎仪的日常维护保养

(1)不需预热,使用应有良好的接地。

(2)变幅杆选择开关是用来匹配不同规格的变幅杆与发生器的频率、阻抗的一致性的。如换能器组件的频率与发生器的阻抗不一致时,超声波就不能工作。

(3)温度保护设置点必须比室温或样品温度高5 ℃以上。当发生温度保护时可按SET键4 s以上,重新设置保护值。设错温度时也可按SET键4 s以上复位。

(4)用一定时间后变幅杆末端会被空化腐蚀而变得粗糙不平,可用油石或锉刀锉平,否则会影响工作效果。

(5)严禁在变幅杆未插入液体内(空载)时开机,否则会损坏换能器或超声波发生器。

(6)超声波细胞破碎仪应安放在干燥、无潮湿、无阳光直射、无腐蚀性气体的地方工作。

(7)在超声破碎时,由于超声波在液体中起空化效应,液体温度会很快升高,用户对各种细胞

的温度要多加注意。建议采用短时间(每次不超过5 s)的多次破碎,同时可外加冰浴冷却。

(8)短时间的多次工作,工作时间1~2 s,间隙时间1~2 s,比连续长时间工作的效果要好。为防止液体发热,可设定较长的间隙时间。

(9)对各种细胞破碎量的多少、时间长短、功率大小,有待用户根据各种不同细胞摸索确定,选取最佳值。此仪器输出功率较大,如选用Φ2、Φ3或Φ6变幅杆时,应把功率开得小些,以免变幅杆过载而断裂。

(10)超声波细胞粉碎仪采用无工频变压器的开关电源,在打开发生器机壳后切勿乱摸,以防触电。

十二、高压细胞破碎仪的日常维护保养

1. 使用注意事项

(1)在仪器使用前,请务必将仪器放置在平稳的工作台上。
(2)开机前,请确认电源电压为220 V/50 Hz。
(3)选择材质较好的离心管,防止损坏。
(4)工作过程中,尽量不要移动仪器。
(5)工作过程中,严禁打开仪器的安全盖。
(6)裂解结束后,务必等仪器彻底停止下来后,才能开盖取样。

2. 维护保养

(1)使用环境保持清洁,仪器的主机在不使用时可用布罩子盖起来,以防灰尘堆积。
(2)把样品置于托盘时应小心仔细,不要让溶液溅入仪器内,以防腐蚀。
(3)仪器搬运时应小心轻放,仪器外壳上不可放置重物,以免影响仪器的稳定性和准确度。

十三、细胞室的日常维护与保养

(1)进出细胞房必须换拖鞋,勿将细胞房内拖鞋穿出细胞房,房外拖鞋也不可进入房内。进入细胞房换上细胞房专用白大褂和专用实验服,勿将一楼动物实验的白大褂带进细胞房。

(2)实验结束后及时清理台面,勿将垃圾留在实验台面;整齐摆放各类物品;实验室放置物品请写上姓名和标识;实验后及时清洗实验用品,勿将要洗的用品留在洗涤盆里过夜。

(3)实验后检查显微镜、酶标仪、培养箱、离心机、超净台(显微镜在关闭电源前务必将光源调至最暗),离心时保持两端平衡。

(4)实验中要用到毒害物质或者有感染物质的,请先向管理老师进行汇报,得到同意后才可进行实验。

(5) 注射器针头、玻璃等利器扔进利器盒中，勿直接丢入垃圾桶。

(6) 培养瓶等放进培养箱前可用75%的乙醇消毒培养瓶表面，水平放置。若有培养液渗出培养箱，一定要立即用75%的乙醇擦拭。

(7) 培养箱内发现细菌等污染，立即将污染的培养瓶丢弃，并及时报告实验室工作人员对污染区域进行消毒。

(8) 在使用酒精灯过程中，手上酒精挥发干后方可靠近酒精灯操作，切勿将表面有酒精的物品靠近火苗。

(9) 值日人员需对显微镜、酶标仪、培养箱、离心机、超净台认真检查。

(10) 写好预约本和登记本的各项登记。

主要参考文献

[1] 陈朱波,曹雪涛.流式细胞术:原理、操作及应用[M].2版.北京:科学出版社,2014.

[2] 李燕,张健.细胞与分子生物学常用实验技术[M].西安:第四军医大学出版社,2009.

[3] 陶永光.肿瘤分子生物学与细胞生物学实验手册[M].长沙:湖南科学技术出版社,2014.

[4] 张蕾,刘昱,蒋达和,等.生物化学实验指导[M].武汉:武汉大学出版社,2011.

[5] 翟中和,王喜忠,丁明孝.细胞生物学[M].4版.北京:高等教育出版社,2011.

[6] 朱玉贤,李毅,郑晓峰,等.现代分子生物学[M].5版.北京:高等教育出版社,2019.

[7] 邹思湘.动物生物化学[M].5版.北京:中国农业出版社,2012.

[8] 陈军,刘晶,杜泽鹏,等.索氏法提取植物种子粗脂肪的实验方法改进[J].轻工科技,2018,(01):6-7.

[9] 范维肖,刁艳君,马越云,等.超速离心法与QIAGEN膜亲和柱法提取前列腺癌细胞培养上清外泌体的方法学比较[J].现代检验医学杂志,2019,34(03):6-9.

[10] 郭梦姚,吴靖芳.大肠杆菌感受态细胞制备及转化研究现状[J].河北北方学院学报(自然科学版),2020,36(08):44-48.

[11] 韩富亮,袁春龙,郭安鹊,等.二喹啉甲酸法(BCA)分析蛋白多肽的原理、影响因素和优点[J].食品与发酵工业,2014,40(11):202-207.

[12] 黄瑞津,叶炳辉.等电点聚焦电泳法的原理及其装置[J].南京医学院学报,1985,(03):256-258.

[13] 李若溪.人体外周血淋巴细胞培养及染色体核型分析[J].黑龙江科学,2019,10(16):34-35.

[14] 邵金良,黎其万,董宝生,等.茚三酮比色法测定茶叶中游离氨基酸总量[J].中国食品添加剂,2008,(02):162-165.

[15] 许丹,任伟,郑晓雅,等.染色质免疫沉淀技术分析HePG2细胞TCF7L2蛋白与IDE基因转录启动子的结合[J].生命科学研究,2012,16(01):54-58.

[16] 徐君,张言周,黎循航,等.果聚糖蔗糖酶基因的克隆表达及酶学性质分析[J].食品与生物技术学报,2019,38(03):124-129.

[17] 张雪娇,田欢,刘春叶,等.可见分光光度法测定α-淀粉酶活力[J].化学与生物工程,2020,37(03):65-68.

[18] 张云亮,朵慧,张阳阳,等.微藻细胞破碎及蛋白质提取纯化技术研究进展[J].食品工业,2021,42(06):402-406.

[19] 赵凯,许鹏举,谷广烨.3,5-二硝基水杨酸比色法测定还原糖含量的研究[J].食品科学,

2008,29(8):534-536.

[20] 郑科,潘建伟,姜志明,等.姐妹染色单体交换(SCE)的检测原理及其分子机理[J].细胞生物学杂志,2002,24(06):355-359.

[21] 朱传江,刘苹.葡萄糖氧化酶-过氧化物酶改良法的建立——血糖测定时间窗口的探讨[J].中国药理学通报,2010,26(09):1246~1249.

[22] 赵贵芳.脐带间充质干细胞及其来源外泌体修复皮肤损伤的机制研究[D].长春:吉林大学,2016.

[23] Olivier Dumortier, Charlotte Hinault, Emmanuel Van Obberghen. MicroRNAs and Metabolism Crosstalk in Energy Homeostasis[J]. Cell Metabolism,2013,18(03):312-324.

[24] Veerle Rottiers, Anders M. Näär. MicroRNAs in metabolism and metabolic disorders[J]. Nature Reviews Molecular Cell Biology,2012,13(05):239-250.

[25] Witwer KW, Halushka MK. Toward the promise of microRNAs-Enhancing reproducibility and rigor in microRNA research[J]. RNA Biology,2016,13(11):1103-1116.